华清远见
HQYJ.COM

工业和信息化"十三五"人才培养规划教材

Java
编程详解
微课版

华清远见教育集团 季久峰 刘洪涛 主编

高明旭 马家兴 孙永梅 副主编

U0233942

人民邮电出版社

北 京

图书在版编目（CIP）数据

Java编程详解：微课版 / 华清远见教育集团，季久
峰，刘洪涛主编. -- 北京：人民邮电出版社，2019.4（2022.11重印）
工业和信息化"十三五"人才培养规划教材
ISBN 978-7-115-48709-4

Ⅰ. ①J… Ⅱ. ①华… ②季… ③刘… Ⅲ. ①JAVA语
言－程序设计－高等学校－教材 Ⅳ. ①TP312.8

中国版本图书馆CIP数据核字(2018)第137031号

内 容 提 要

本书主要介绍了 Java 语言的编程技术。全书共 15 章，介绍了 Java 的基本概念、面向对象思想、标识符、关键字、数据类型、运算符、表达式、流程控制、数组、异常处理、泛型、集合、线程、I/O 系统及网络编程等。本书内容由浅入深，通俗易懂。每章都有课后练习题，帮助读者巩固所学知识。

本书可以作为计算机类相关专业的教材，也可供 Java 编程爱好者自学使用。

◆ 主　　编　华清远见教育集团　季久峰　刘洪涛
　　副 主 编　高明旭　马家兴　孙永梅
　　责任编辑　左仲海
　　责任印制　马振武

◆ 人民邮电出版社出版发行　北京市丰台区成寿寺路 11 号
　　邮编 100164　电子邮件 315@ptpress.com.cn
　　网址 http://www.ptpress.com.cn
　　固安县铭成印刷有限公司印刷

◆ 开本：787×1092　1/16
　　印张：17.75　　　　　　　　　2019 年 4 月第 1 版
　　字数：498 千字　　　　　　　2022 年 11 月河北第 7 次印刷

定价：49.80 元

读者服务热线：(010)81055256　印装质量热线：(010)81055316
反盗版热线：(010)81055315
广告经营许可证：京东市监广登字20170147号

前言
Foreword

Java 语言是计算机行业及互联网行业开发人员需要掌握的编程语言之一，也是大学计算机类相关专业的一门重要的专业基础课程。本书主要帮助读者学习 Java 编程语言及面向对象的思想，以边学边练的方式让读者能够熟练编写 Java 代码，同时让其在编写代码时了解每一个知识点的原理，为软件开发打下坚实的基础。

本书没有采取从变量、函数到标识符语句层层递进的顺序讲解，而是从第 2 章开始就介绍面向对象的思想，希望读者能从根源上了解 Java 语言，知其然也知其所以然。另外，本书是一本针对性非常强的教材，除了可以作为学习 Java 语言的参考书之外，还可以用作 Android 应用开发的基础语言书，所以本书针对在 Android 开发中涉及的大部分知识点也进行了详解。

针对高校此类专业教材缺乏的现状，我们以多年来在嵌入式工程技术领域及移动开发行业内的人才培养、项目研发的经验为基础，汇总并分析了近几年积累的数百家企业对 Java 及 Android 研发相关岗位的需求，并结合行业应用技术的最新状况及未来发展趋势，调研了开设 Android 专业的高校的课程设置情况、学生特点和教学用书现状。通过整理和分析，我们对专业技能和基本知识进行合理划分，编写了系列教材，包括《Java 编程详解（微课版）》和《Android 应用程序开发与典型案例（微课版）》。

本书由华清远见教育集团创始人季久峰和教研副总裁、研发中心总经理刘洪涛任主编，高明旭、马家兴、孙永梅任副主编。本书的完成得到了华清远见嵌入式学院及创客学院的帮助，本书内容参考了学院与嵌入式及移动开发企业需求无缝对接的、科学的专业人才培养体系。

读者登录华清创客学院官网，或在微信公众号内搜索并关注"创客学院公会"公众号，即可在线学习海量 IT 课程！欢迎读者加入华清远见图书读者 QQ 群 516633798，获取更多资源与服务。

由于编者水平有限，书中疏漏之处在所难免，恳请读者批评指正。

编 者

2018 年 12 月

平台支撑

华清远见教育集团（www.hqyj.com）是一家集产、学、研于一体的高端IT职业教育品牌，致力于培养实战型高端IT人才，业务涵盖嵌入式、物联网、JavaEE、HTML5、Python+人工智能、VR/AR等众多高端IT学科方向。自成立以来，华清远见不忘初心，始终坚持"技术创新引领教育发展"的企业发展理念，坚持"做良心教育，做专业教育，做受人尊敬的职业教育"的核心育人理念，以强大的研发底蕴、"兴趣学习"的人才培养模式、良好的培训口碑，获得众多学员的高度赞誉。15年来，先后在北京、上海、深圳、成都、南京、武汉、西安、广州、沈阳、重庆、济南、长沙成立12个直营中心。到目前为止，已有超过20万名学员从华清远见走出。

华清远见可以为您提供什么

- **智能时代，高端IT技术的系统化学习**

"智能革命"将成为2019年的关键词，嵌入式、物联网、人工智能、VR/AR、大数据等多种技术也将不断融合创新，推动智能时代的颠覆浪潮。华清远见涉及嵌入式、物联网、JavaEE、HTML5、Python+人工智能、VR/AR等众多高端IT学科方向，并在这些核心技术方向拥有丰富的教学经验与研发经验积累。华清远见课程体系，是在对企业人才需求充分调研的基础上由教研团队精心打磨而成的系统化的教学方案，且保持每年两次课程升级，不断迭代更新。通过华清远见精英讲师团队的输出，学员可真正学有所成，提升技术实力，从而匹配行业最新人才需求。

- **兴趣导向的学习体验，提升实战经验**

华清远见研发中心（www.fesdv.com.cn）自主研发了智能小车、智能仓储、智能家居、人工智能机器人、智能交通、智慧城市、智能农业、VR眼镜等10余种智能产品及实训系统，广泛应用于项目教学，并且根据企业主流需求进行高频率更新。华清远见项目实训导向式的教学模式将技术开发与实训教学完美融合，融趣味性、知识性、实用性于一体，通过最接近企业产品级的项目实训让学员在兴趣中学习，从而拥有企业级项目的研发能力。

- **建立明确的职业发展规划，避免走弯路**

华清远见产、学、研一体化的企业发展模式，可以最大化地帮助每一位学员建立更具职业发展前景的职业发展规划，避免走弯路。华清远见研发中心的50多个研发团队，紧跟行业技术发展，确保华清远见教学体系、实训项目、实训设备始终处于业内领先地位。华清远见拥有华为、三星、Intel等众多500强企业员工内训服务经验，并与全国5000多家企业达成了人才培养合作，庞大的企业关系网确保华清远见第一时间了解行业整体人才需求动向，实时跟进人才培养与企业岗位的无缝对接。

- 5000 多家就业合作企业，帮你实现高薪就业

华清远见拥有全国 5000 多家就业合作企业，可以帮助企业快速搭建人才双选通道，通过全年数百场企业专场招聘会，让学员和企业零距离沟通。同时，华清远见全国 12 大校区的 200 多个就业保障团队，可帮助学员提前做好就业指导、面试、笔试、职场素养培训等求职环节的准备工作，助力学员高薪就业。华清远见实战型人才培养模式也获得了众多合作企业的高度认可，很多华清学员已成为公司的技术骨干人才。

- 55000 个在线课程，随时随地想学就学

华清远见旗下的品牌——创客学院（www.makeru.com.cn）是华清远见重金打造的高端 IT 职业在线学习平台。创客学院的所有线上课程均为华清远见全国 12 大校区专家级讲师及业内名师精心录制的，为广大学员提供一对一专属学习方案、名师大屏授课模式体验、4V1 陪伴式学习、7×12 在线实时答疑服务等，致力于将最高质量的课程及最贴心的服务提供给所有学员。

华清远见业务及优势

- 华清远见 3 大业务，从线下到线上，再到产品研发，全面覆盖

华清远见教育集团紧跟科技发展潮流，专注于高端 IT 开发人才的培养。目前，集团业务包含面授课程、在线课程、研发中心 3 大方向。从长期到短期，从线下到线上，从教学到研发，华清远见教育集团的业务在全面覆盖大学生、在职工程师、高校教师、企业职工等不同人群的同时，也充分满足不同人群的学习时间要求。未来，华清远见将不断提升自身的教研实力，用实际行动打造当之无愧的"高端 IT 就业培训专家"！

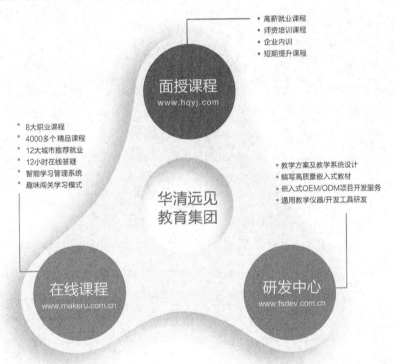

- 华清远见优势，专注高端 IT 教育 15 年，20 万学子口口相传

华清远见自成立以来，始终坚持"做良心教育，做专业教育，做受人尊敬的职业教育"的育人理念，这是我们创业 10 多年最厉害的秘密武器，也是每一步都走得比较踏实的强大后盾。15

年来，我们不忘初心，坚守原则。我们也坚信，只有扎扎实实、真心实意地为学员服务，帮助学员凭借真本事成功就业，才会一次次被市场选择，被行业选择，被学员选择。创业 15 年来，华清远见改变了 20 余万学子的命运，帮助他们实现了梦想，这是华清远见企业价值的实现，更是我们每一个华清人社会价值的实现。

目录
Contents

第1章

Java语言的由来

■ 本章主要介绍 Java 基本概念方面的内容，包括什么是 Java 语言、Java 语言的诞生、Java 的发展经历、Java 现状以及 Java 虚拟机和 Java 开发环境的搭建。

1.1 什么是 Java 语言

Java 是由 Sun 公司开发而成的新一代编程语言。使用它可在不同机器、不同操作平台的网络环境中开发软件。不论哪一种 WWW 浏览器，不论是哪一种计算机，也不论是哪一种操作系统，只要 WWW浏览器上面注明了"支持 Java"，用户就可以看到生动的主页。Java 正在逐步成为 Internet 应用的主要开发语言。它彻底改变了应用软件的开发模式，带来了自计算机出现以来的又一次技术革命，为迅速发展的信息世界增添了新的活力。

Java 简介

Sun 公司的 Java 语言开发小组成立于 1991 年，其目的是开拓消费类电子产品市场，如交互式电视、面包烤箱等。Sun 公司内部人员把这个项目称为 Green，那时 World Wide Web 还在图纸上呢。该小组的领导人 James Gosling（詹姆斯·高斯林）是一位非常杰出的程序员，他出生于 1957 年，于 1984 年加盟 Sun公司，之前在一家 IBM 研究机构工作。他是 SunNews 窗口系统的总设计师，也是第一个用 C 语言实现 EMACS 的文本编辑器 COSMACS 的开拓者。

在研究开发过程中，詹姆斯·高斯林深刻体会到了消费类电子产品和工作站产品在开发哲学上的差异：消费类电子产品要求可靠性高、费用低、标准化、使用简单，用户并不关心 CPU 的型号，也不欣赏昂贵的专用 RISC 处理器，它们需要建立在一个标准基础之上，具有一系列可选的方案，从 8086到 80586 都可以选取。

1.2 Java 语言的诞生

Java 平台和语言最开始只是 Sun 公司在 1990 年 12 月开始开发的一个内部项目。Sun 公司的一个名为帕特里克·诺顿的工程师被自己开发的 C 语言和 C 语言编译器搞得焦头烂额，因为其中的 API 极其难用。帕特里克·诺顿决定改用 NeXT，同时他也获得了研究公司的"Stealth 计划"项目的机会。

Sun 公司预料未来科技将在家用电器领域大显身手，并将"Stealth 计划"改名为"Green 计划"，瞄准下一代智能家电（如微波炉）。詹姆斯·高斯林和麦克·舍林丹也加入了帕特里克·诺顿的工作小组，他们和其他几个工程师一起在加利福尼亚州门罗帕克市沙丘路的一个小工作室里面研究开发新技术。

工作小组使用的是内嵌类型平台，可以用的资源极其有限。团队最初考虑使用 C 语言，但是很多成员，包括 Sun 公司的首席科学家比尔·乔伊，都发现 C 语言和可用的 API 在某些方面存在很大问题。而且 C 语言太复杂，导致很多开发者经常错误使用。他们还发现 C 语言缺少垃圾回收系统，缺乏可移植的安全性、分布程序设计和多线程功能，而他们想要的是一种易于移植到各种设备上的平台。

根据可用的资金，比尔·乔伊决定开发一种集 C 语言和 Mesa 语言于一体的新语言，在一份报告上，比尔·乔伊把它称为"未来"，他提议 Sun 公司的工程师应该在 C 语言的基础上开发一种面向对象的环境。最初，詹姆斯·高斯林试图修改和扩展 C 语言的功能，他自己称这种新语言为 C --，但是后来他放弃了，最后他将创造出的全新的语言命名为"Oak"（橡树），以他办公室外的树命名。

就像很多开发新技术的秘密工程一样，工作小组没日没夜地工作到了 1992 年的夏天，他们能够演示新平台的一部分内容了，包括 Green 操作系统、Oak 的程序设计语言、类库及其硬件。最初的尝试是面向一种类 PDA 设备，被命名为 Star7，这种设备有鲜艳的图形界面和被称为"Duke"的智能代理来帮助用户。1992 年 12 月 3 日，这台设备得以展示。

同年 11 月，Green 计划转化成了"FirstPerson 有限公司"，一个 Sun 公司的全资子公司，团队也被重新安排到了帕洛阿尔托。FirstPerson 团队对构造一种高度互动的设备很感兴趣，当时代华纳公司发布了一个关于电视机顶盒的征求提议书（Request for proposal）时，FirstPerson 改变了他们的目标，作为对征求意见书的响应，提出了一个机顶盒平台的提议。但是有线电视业界觉得 FirstPerson 的平台给予了用户过多的控制权，因此 FirstPerson 的投标败给了 SGI。另外，FirstPerson 与 3DO 公司的另外一笔关于机顶盒的交易也没有成功。由于他们的平台不能在电视工业中产生任何效益，所以公司再次并回 Sun 公司。

1994 年六七月间，在经历了一场历时三天的头脑风暴式的讨论之后，约翰·盖吉、詹姆斯·高斯林、比尔·乔伊、帕特里克·诺顿、韦恩·罗斯因和埃里克·斯库米团队决定再一次改变努力的目标，这次他们决定将该技术应用于万维网。他们认为随着 Mosaic 浏览器的到来，Internet 正在向同样高度互动的远景演变，而这一远景正是他们在有线电视网中看到的。作为原型，帕特里克·诺顿开发了一个小型万维网浏览器 WebRunner，后来改名为 HotJava。同年，商标搜索显示，Oak 已被一家显卡制造商注册，因此团队找了一个新名字，将 Oak 改名为 Java。这个名字是在很多成员常去的本地咖啡馆中杜撰出来的。虽然有人声称 Java 这个名称是开发人员名字的组合，但另一种比较可信的说法是这个名字是出于组员对咖啡的喜爱，所以以 Java 咖啡来命名。类文件的前 4 个字节如果用十六进制阅读，分别为 CA、FE、BA、BE，就可以拼出两个单词 "CAFE BABE"（咖啡宝贝）。

1994 年 10 月，HotJava 和 Java 平台向公司高层进行了演示。1994 年，Java 1.0a 版本已经可以下载，但是 Java 和 HotJava 浏览器的第一次公开发布却是在 1995 年 5 月 23 日的 SunWorld 大会上进行的，由 Sun 公司的科学指导约翰·盖吉宣告 Java 技术的诞生。这个发布是与网景公司的执行副总裁马克·安德森的惊人发布一起进行的，马克·安德森宣布网景将在其浏览器中包含对 Java 的支持。1996 年 1 月，Sun 公司成立了 Java 业务集团，专门开发 Java 技术。

1.3 Java 的发展经历

1995 年 3 月 23 日，San Jose Mercury News 登出一篇题为《Why Sun thinks Hot Java will give you a lift》的文章，文章预言 Java 技术将是下一个重大事件，虽然文章是由当时 Sun 公司的公关经理 Lisa Poulson 安排撰写的，但并不仅仅是商家的宣传伎俩。

纵观 Java 开发环境的发展，其发展历程大致可以划分为如下几个阶段。
- 1995 年的命令行开发环境（Command Line Environment，CLE）阶段。
- 1996—2000 年的集成开发环境（Integrated Development Environment，IDE）阶段。
- 2001—2004 年的扩展开发环境（eXtended Development Environment，XDE）阶段。
- 2005 年至今的协同开发环境（Collaborative Development Environment，CDE）阶段。

对于 Java，1995 年是不平凡的一年，这一年它获得了成功。可令人尴尬的是，1995 年时并没有一个令人满意的 Java 开发环境，开发人员在进行 Java 编程时，大多使用文本编辑器编辑源程序，然后使用命令行进行编译处理。那时的 Java 开发环境还处于 CLE 时代，开发效率非常低，这预示着在 Java 开发工具上会有一番激烈的竞争。

有人称 1996 年为互联网年，有人却称为 Java 年，还有人称为 Web 开发年，但不论如何称呼，它都反映了一个事实，那就是 Bill Joy 将 Java 与互联网相结合的策略取得了成功。这一年的 9 月，Sun 公司推出了其 Java 开发环境——Java WorkShop，这是一款基于浏览器的 Java 开发工具，但由于当时 Java 在许多方面还不成熟，所以实际上 Java WorkShop 并不成功。同年发布的 Symantec Visual Cafe 由于是采用 C/C++ 语言进行开发的，所以在性能与成熟度上比 WorkShop 好得多。Visual Cafe 由 Eugene Wang 主持策划，它是在同一年发布的 Java 开发环境中唯一解决了与数据库连接的问题的开发环境，带有一套可以与数据库相连接的组件，无须太多编程，使用拖曳的方式就可完成大部分工作，这一优点使得 Visual Cafe 受到了 Java 开发人员的欢迎。这一年，IBM 收购了 OTI 公司，从而获得了 Dave Thomas 的弟子 John Duimovich、Dave Thomson、Mike Wilson 等一大批 IT 精英，这之中还包括"生活在技术刀锋上的开发者"Brian Barry。

1997 年，微软垄断案使得微软在 Java 开发环境上的努力受到了限制，Visual Cafe 基于界面直观易用、可以很容易地连接各种数据源等功能再次受到开发人员的欢迎。这一年，IBM 发布了 VisualAge for Java。VisualAge for Java 是面向代码库的开发环境，它提供了代码库和项目管理，以便于开发团队在 C/S 环境下进行项目开发。但由于大多数 Java 开发人员比较熟悉面向文件的开发环境，还不太习惯面向代码库的开发，再加上 VisualAge for Java 对系统资源的要求比较高等因素，使得 VisualAge for Java 一开始就未被 Java 开发人员所认可。

1998—2000 年，比较成功的 Java 开发环境是 JBuilder，这是由于 Borland 较好地把握住了 J2SE、J2EE 和 J2ME 发布后 Java 技术升级的时机，全面支持 Java 1.1 和 Java 1.2 开发平台，它还提供了多种工具方便用户从旧的平台迁移到新的 Java 平台。JBuilder 本身的 80% 是基于 JDK 1.2 进行开发的，它支持 JavaBeans、Enterprise JavaBeans、JDBC 等方面的应用开发，可以连接多种关系数据库。为支持分布式应用开发，JBuilder 还集成了 VisiBroker ORB、JSP server、数据库和 EJB AppServer，并提供 Open Tools API 以便于第三方工具集成。上述种种优点使得 JBuilder 一举超越 Visual Cafe，成为当时最受欢迎的 Java 开发环境。

在众多 Java 开发环境中，1999 年，IBM 发布的 VisualAge for Java Micro Edition 是比较有特色的，它是由 Erich Gamma 和 John Wiegand 共同设计的，采用了 Java 扩展机制，集成了 JUnit 测试框架，其当时所采用的架构深深地影响了后来 Eclipse 1.0 所采用的架构。同时，通过 VisualAge for Java Micro Edition 的开发，那些来自"未来世界"的 IT 精英们全面地对 Java 技术进行了评估，得出了许多结论，这之中包括现在闹得沸沸扬扬的 Swing 和 SWT 的对比。此外，Sun 公司将其收购的 NetBeans 变成了开源的 Java IDE，这也是一件值得一提的事情。

纵观 1996—2000 年这 5 年的时间，随着 Java 及其相关开发应用的发展，Java 开发环境也不断地完善，从 CLEs 进入了 IDEs 阶段。为了提高 Java 开发人员的开发效率，Java 开发环境主要从两个方面进行改进与提高：一方面是提高集成在 Java IDEs 中的开发工具的性能和易用性；另一方面是将 Java 开发环境尽可能覆盖到整个软件的开发生命周期。

随着基于 Web 的采用 N 层结构的应用开发成为 Java 开发人员主要从事的开发任务，Java 开发环境需要支持越来越多的技术，如 XML、JSP、EJB 和 CORBA 等，这就使得 Java IDEs 的规模变得越来越大，许多 Java 开发环境都集成了数据库、JSP Server 和 App Server。软件研究人员将上述 IDEs 不断膨胀的现象称为"IDEs 大爆炸"。

"IDEs 大爆炸"现象产生以后，关于 Java 开发环境是走少而精的发展方向还是走大而全的发展方向，成了广大 Java 开发人员关注的问题。2001 年，Java 开发人员达到了 200 万，成为每个软件供应商都无法忽视的力量，这一年，JetBrains 推出了 Java 开发环境少而精的代表 IntelliJ IDEA。IntelliJ IDEA 明确地表示，只做最好的 Java 代码编辑器，不做什么文件都可以编写的编辑器。它关注 Java 开发人员的工作实际，并将这些工作进行了优化，由于减掉了一些可有可无的工具，所以价格上相对合理公道。当年，IntelliJ IDEA 击败 JBuilder 成为最受 Java 开发人员欢迎的 Java 开发环境。不过 2002 年，随着 JBuilder 将 UML 建模工具、JUnit 测试框架以及 Apache Struts 等开发工具集成进来，大而全的发展方向又一次受到 Java 开发人员追捧。最全还是最好似乎使 Java 开发人员在选择 Java 开发环境时处于两难的状况，但实际上，当 Eclipse 1.0 发布时，这个问题已经得到了初步的解决，最好和最全是可以兼顾的。

Eclipse 的出现不是从天上掉下来的，也不是某个天才拍脑袋想出来的，它是一群 IT 精英们集体的智慧结晶。早在 1998 年，IBM 就打算开发新一代的工具平台，以便将它现有的各种开发工具统一起来，并减少开发各种工具时的重复劳动，同时希望在新的平台上建立新的 Java 开发环境。经过一段时间的准备，IBM 开始建立开发团队，人员主要是 VisualAge for Java Micro Edition 和 VisualAge for Java 两个项目的开发人员，选择的标准是过去 10 年至少开发过 5~6 个 IDE。此外，IBM 还联合 9 家公司共同成立了一个开源组织——Eclipse 基金会，将 Eclipse 提供给开发人员使用，并在开源社区的帮助下进一步完善 Eclipse 本身。Eclipse 在最初设计时，插件模型是静态的，不能实现插件的即插即用功能，即便是大受欢迎的 Eclipse 2.1 也是静态的。所以 2004 年发布 Eclipse 3.0 时，Eclipse 进行了重大改进，采用 OSGi 插件模型，初步实现了插件的即插即用功能，至此，一个完美、可扩展的开发环境展现在 Java 开发者面前，这时 Java 开发人员数量已经达到 300 万。

1.4　Java 的现状

2004 年，Eclipse 3.0 的发布极大地刺激了 Eclipse 用户的增长，一年以后，Java 开发人员使用 Java 开发环境的状况是怎样的呢？

现在的 Java 环境可以分为 3 个集团：第一集团是 Eclispe，它大约占据 1/3 的份额；第二集团是 IntelliJ IDEA、NetBeans 和 JBuilder，占据另外 1/3 的份额，相互之间旗鼓相当；第三集团是以 JDeveloper 和 WSAD 为代表的十几种 Java 开发环境，占据剩下的 1/3 份额。每种开发环境占总份额的比重不超过 5%。尽管在实现手段上各有不同，但通过考察 Eclipse、IntelliJ IDEA、NetBeans 和 JBuilder 这些主流开发环境可以发现它们有一个共同的特点，那就是可扩展。这就是称现在的 Java 开发环境为 XDEs 的原因，IDEs 已经"死亡"了 4 年，专业的开发人员需要了解这个事实，因为 XDEs 也快"死"了。

由于市场的压力，一个软件企业不仅要提高开发人员个体的工作效率，还要提高整个开发团队以及整个企业的开发效率，但在现有的 Java 开发环境 XDEs 下无法完全做到这些，所以新一代开发环境 CDEs 应运而生。Grady Booch 和 Alan W. Brown 的研究表明，一个程序员一天工作时间的分配是这样的：分析约占 16%（从 5%～40% 不等），设计约占 14%（从 1%～40% 不等），编程约占 16%（从 0～60% 不等），测试约占 10%，打电话约占 3%，阅读约占 7%（电子邮件、文档和杂志等），参加开发会议约占 10%，无关的会议约占 7%，其余约占 17%。从这些数据可以发现，开发人员用于交流的时间约占工作时间的 1/3，可见开发人员的相互交流是非常重要的。可是现有的主流 Java 开发环境一般仅将分析、设计、编程和测试等工具集成进来，却未包括用于交流的工具，这显然不合理。因此，所谓 CDEs，就是将人与人、人与团队以及团队与团队进行交流的工具集成进来的开发环境，比如，CDEs 常具有发送电子邮件、进行即时通信和屏幕分享等功能，通过实现无损耗过程的交流提高开发团队的开发效率。

现在已经商业化的 CDEs 是指 CodeBeamer Collaborative Development Platform 和 CodePro AnalytiX，它们都提供 Eclipse 的插件，可以与 Eclipse 集成在一起，使 Eclipse 升级成为一个 CDEs。众所周知，Borland 已经宣布开发基于 Eclipse 的新版 JBuilder——Peloton，Peloton 就是一个 CDEs，它的发布意味着 Java 开发环境进入 CDEs 时代。

1.5　Java 虚拟机

1.5.1　Java 虚拟机的起源与构造

"Java"这个词代表了 4 个相互关联的概念，分别为 Java 语言、Java API、Java Class 文件格式、Java 虚拟机。整个 Java 体系是基于 Java 虚拟机构造的，正因为如此，才能实现 Java 的安全性和网络移动性。Java 并非第一个采用"虚拟机"概念的体系，但却是第一个得到广泛运用的虚拟机平台。"虚拟"是一种隔离物理资源与逻辑资源的手段，Java 虚拟机的"虚拟"则是用来隔离物理机器、底层操作系统与 Java 语言规范实现的手段。

Java 虚拟机讲解

虽然 Java 是一种面向对象的语言，Java 开发人员平时大量使用的是对象间的多态、组合（Composition）、委派（Delegation），但当开发人员讨论虚拟机的时候，看见的基本概念却是"栈（Stack）"和"堆（Heap）"。Java 虚拟机中没有寄存器的概念，方法调用是采用"栈"进行的，这是一种安全、简捷的方法。

Java 虚拟机通过类装载器支持对类的隔离，这也是 Java 实现安全性的基础。每个类都具有自己的命名空间，在具有不同安全级别的沙箱中运行，因此不会产生低安全级别的代码越权访问高安全级别代码的情况。类装载器的出现是 Java 虚拟机与大部分用 C 语言实现的虚拟机的显著不同之处。

Java 虚拟机的另外一个显著特点就是实现了自动垃圾收集。在往常，写程序的时候要牢记对象之间的关联，假若在程序块中申请了对象空间，就必须在出口将其释放掉。而自动垃圾收集功能带给开发者的最大好处就是可以非常方便地从整体上把系统的对象组织成一张对象图，只需往这张图中添加对象，维护对象之间的关联，却不需要自己做复杂的清扫工作。正是这种思维单纯的对象图的支持，使得 OR Mapping（关系数据库与对象映射）技术在最近得以广泛应用，设计模式也更容易被 Java 群体所接受。

1.5.2　虚拟机的优化

1995 年，第一代 JDK（Java Development Kit，Java 开发工具包）出台之时，其虚拟机执行依靠字节码解释器（Byte Code Interceptor），也就是说，每条指令都由虚拟机来当场解释执行，这导致速度非常缓慢。有人开始总结"速度优化经验"，比如说尽量把所有代码都放在较大的方法中执行、少用接口等，这完全与 Java 语言的设计目的背道而驰，当时却是很多程序员津津乐道的经验之谈。原因无他，就是 Java 本身执行太慢了。

于是，Sun 公司的工程师开始拼命想着提高执行速度。JIT 静态编译器是 1996 年 10 月 Sun 公司公布的第一个编译器。JIT 编译器在每段代码执行前进行编译，编译的结果为本地静态机器码，执行速度有了质的提高。Sun 公司当时凭借其傲人的 JIT 编译器，在整个 Java 界受到热烈的追捧。1998 年，Java 1.2 发布时附带了 JIT 编译器，从此 Java 的使用者终于可以抛开"速度优化经验"了。

JIT 静态编译器虽然可以解决一些问题，但是性能仍然和 C/C++有很大的差距。对一段程序而言，一名优秀的程序员是如何来改进运行速度的呢？首先，他不会傻到把所有代码都优化，他会观察、思考到底哪段代码对整体性能影响最大，按照经验，整个程序 10%～20%的代码会占据 80%～90%的运行时间，然后集中精力来优化这一段代码，就可以使整个程序的性能得到很大程度的优化。HotSpot 引擎就是模仿人工的这种方法进行优化的。在程序运行的开始，Java 代码仍然解释执行，HotSpot 引擎开始进行采样（Profiling）。根据采样的结果确定哪段程序占用了较多的运行时间，就认为它是"HotSpot"，它也就是目前程序的瓶颈。引擎会针对这段程序启动一个单独的线程进行优化。HotSpot 引擎不像原始的 JIT 编译器那样无差别地编译所有代码，而是集中精力对 HotSpot 代码进行深度优化，使这部分代码执行起来更加迅捷，之前的静态编译器只能按照预定的策略进行编译优化，而 HotSpot 引擎的优化是基于采样结果的，因此这种方法对所有应用程序都有效。1999 年 3 月 27 日，Sun 公司公布了第一个 HotSpot 引擎。在随后的 2000 年 5 月公布的 JDK 1.3 中包含了 HotSopt 引擎，这也使 JDK 1.3 成了具有里程碑意义的发行版本。

HotSpot 代表的是一种动态编译技术。对 Java 这种大量使用委派、组合等面向对象特性的程序来说，动态编译相比静态编译有显著的优势，比如 Method Inlining。方法的调用是很耗时的操作，假若可以把方法调用直接内嵌到调用者的代码中，就可以节省大量的时间，这就是 Method Inlining。因为涉及类的重载，静态优化很难确切知道哪些属性和方法被重载，因此很难对 Method 进行合并，只好在方法内部进行静态编译，如果每个方法都很小，静态优化能起到的作用也就比较小。而动态编译因为可以随时掌握类的重载情况，就可以把相关的方法合并进行深度优化。现代的 Java 程序，特别是在设计模式教育得到普及之后，大量使用了类的继承、委派，形成了很多短小的方法，动态编译的优势就更加明显了。

继续进行优化的方法有几种：一是研究新的采样算法，因为采样关系到不同的优化策略，会对整体性能有比较大的影响；二是研究深度优化的方法；三是研究垃圾收集的算法。垃圾收集会使程序短暂地停顿，这会带来负面的用户体验，于是针对提高垃圾收集的效率和减少延迟，出现了五花八门的算法，如渐进式收集、火车算法等。在多处理器的时候，如何利用多处理器进行并行收集也是研究的一个热点，这方面，BEA 的 JRocket 走在了前面。

1.5.3　现实生活中的虚拟机

本小节将介绍目前市面上可见的各种虚拟机。

首先要提到的，毫无疑问是 Sun 公司的虚拟机。作为大众心目中的"官方实现"，Sun 公司拥有最大的用户群，并且拥有"兼容基准"的地位，其他虚拟机都必须考虑和 Sun 公司虚拟机的兼容性问题。比如，JRocket 在某些特殊情况下表现出和 Sun 公司产品不同的特性，可能对程序运行有影响。不过 Sun 公司也的确没有让广大用户失望，虽然早期性能比不上 Symantec，后来 1.2 版本的性能又被 IBM 超越，但 Sun 公司一直在努力革新，特别是 1.4.2 版本之后，性能有了长足的进步。虽然 JDK 1.5 的虚拟机在性能上没有什么提高，但是增强了稳定性，据说对 8000 处 Bug 进行了修改。

其次是 IBM。IBM 的 JDK 在 1.3 版本时代创下了最好的性能记录，从此树立了高端形象，特别是 WebSphere 产品，得到了很好的评价。其 JDK 也是最早支持 64bit 的 JDK 之一。直到现在，IBM JDK 在高端领域仍然是和 BEA 有一拼的。

然后是作为后起之秀的 BEA 的 JRocket。BEA 在 Java 虚拟机领域异军突起，不免让人有些瞠目，不过它采取的战略特别简单：自己没有，索性花钱购买在此领域深有研究的 JRocket，再在前面加上 BEA 的标志。JRocket 瞄准高端服务器市场，在多处理器环境下有不俗的表现。

除此之外，还有几个开放源代码的 Java 虚拟机值得一提。首先就是大名鼎鼎的 JikesRVM。说起其大名，大多数人都知道 Jikes 编译器是 IBM 开发的，效率比同时代的 Javac 编译器高得多，很多开发者都使用 Jikes 编译器来取代 Javac。JikesRVM 是 IBM 开源出来的一整套虚拟机技术，包含了 JIT、GC 的完整实现，在其网站上也有众多论文，实在是深入研究 Java 虚拟机的绝佳资源（http://jikesrvm.sourceforge.net）。

Kaffe 是一个老牌的 Java 虚拟机，不过现在已经很少听到了。

GNU 有 GCJ 和 GNU classpath 两个计划。GNU classpath 是一个底层实现，而 GCJ 是支持 Java 的预编译器。

时光流转，轰轰烈烈的 Java 虚拟机性能争论仿佛还在持续之中，新的争论却已经提升到了"Java 的性能是否已经超越 C/C++"。Joakim Dahlstedt 是 JRockit 的主要架构设计师之一。他坚持认为，Java 绝不是一种速度慢、效率低的语言，Java 虚拟机是一个关键的组件，确保了系统的部署与运行和开发一样快速、轻松。特别是目前的开发趋势是采用大量预制的框架，动态编译有可能比 C/C++这样的静态优化获得更好的性能。

1.6　Java 开发环境搭建

Java 应用软件开发需要的开发环境配置要求如表 1–1 所示。

Java 开发环境搭建

表 1-1　Java 应用软件开发需要的开发环境

所需项目	版本需求	说　明	备　注
操作系统	Windows XP/7/10 Mac OS X10.4.8+ Linux Ubuntu Drapper	—	选择自己最熟悉的操作系统
软件开发包	Java SDK	选择最新版本的 SDK	—
IDE	Eclipse IDE+ADT	Mars（4.5），Luna（4.4）ADT（Java Development Tools）开发插件	选择 "for Java Developer"
其他	JDK Apache Ant	Java SE Development Kit 5 或 6 Linux 和 Mac 上使用 Apache Ant 1.6.5+，Windows 上使用 1.7+版本	JDK 和 JRE 一般同时安装；不兼容 GNU Java 编译器（GCJ）（现在 JDK 包含 JRE，所以可以只下载 JDK）

软件开发包的下载地址如下。

（1）下载 Java 安装文件的地址如下。

http://www.oracle.com/technetwork/java/javase/downloads/index-jsp-138363.html

（2）下载 Eclipse IDE for Java Developers 的地址如下。

http://www.eclipse.org/downloads/

1.6.1　安装 JDK 和配置 Java 开发环境

首先下载使用 JDK 的包，并进行安装。例如，得到 JDK 1.6 版本的安装文件 jdk-6u10-rc2-bin-b32-windows-i586-p-12_sep_2008.exe，双击进行安装，接受许可，选择需要安装的组件和安装路径后，单击 "下一步" 按钮，即可完成安装。

安装完成后，打开 CMD 窗口，在 CMD 窗口中输入 java –version 命令，即可检查 JDK 是否安装成功。

1.6.2　Eclipse 的安装

JDK 安装成功后，可以直接安装 Eclipse。例如使用 Eclipse 4.5，得到其压缩包后，该包不需要安装，直接解压即可执行其中的 eclipse.exe 文件，Eclipse 可以自动找到用户前期安装的 JDK 路径。

1.7　本章小结

本章主要介绍了 Java 基本概念方面的内容，包括什么是 Java 语言、Java 语言的诞生、Java 的发展经历、Java 的现状，以及 Java 虚拟机和 Java 开发环境搭建。通过本章的学习，读者可以对 Java 开发有初步认识，在搭建好 Java 开发环境的同时，为后续章节的学习做好准备。

课后练习题

一、选择题

1. Java 语言的作者是（　　）。

A. Brian W.Kernighan
B. Dennis M.Ritchie
C. Bruce Eckel
D. James Gosling

2. Java 开发工具最常用的是（　　）。

A. Ecplise 集成开发环境
B. Notepad++
C. 记事本
D. Ultraedit

3. 以下（　　）是 Java 虚拟机。

A. HotSpot VM
B. J9 VM
C. Zing VM
D. Dalvik VM

二、简答题

简述 Java 语言相比 C 语言有哪些优势。

第2章

面向对象程序初步设计

■ 本章将从面向对象的概念出发，首先介绍程序设计种类、面向对象程序设计的特征；然后介绍面向对象程序设计中的对象、类、属性等重要概念，并描述类、属性、方法的定义和声明，讲述类的构造器的概念及使用，介绍对象的创建和使用；接着介绍如何通过类的定义来实现信息隐藏和封装，介绍 Java 源文件的结构以及 package 语句和 import 语句的用法；最后介绍 JDK 中常用的包。

2.1 面向对象的概念

面向对象类和对象的介绍

2.1.1 从结构化程序设计到面向对象程序设计

面向对象程序设计与结构化程序设计都是设计和构造程序的方法。近年来，面向对象程序设计的方法越来越受到人们的重视，已成为解决软件危机的新途径，而结构化程序设计方法的使用在逐渐减少。几乎每一种最新推出的程序开发工具或语言都采用了面向对象程序设计的思路，面向对象程序设计形成了一套与结构化程序设计具有很大差异的方法。

结构化程序设计方法又称面向过程设计方法，起源于 20 世纪 70 年代。在这之前的程序设计基本采用过程式程序设计，虽然汇编语言已经取代了机器语言，但是对于一般的程序设计人员而言，它还是太抽象、太隐晦。如果计算机要得到更大的发展，必须发明一些比汇编语言更易于阅读和编写的程序语言。在这种需求的刺激下，结构化程序设计方式产生了结构化程序设计，主要特点是采用自顶向下逐步求解的程序设计方法：使用 3 种基本控制结构构造程序，任何程序都可由顺序、选择、重复 3 种基本控制结构构造。结构化设计的根本目标就是把复杂的系统分解成简单模块的层次结构。例如装修房子，以前的过程式程序设计要求必须从客厅开始装修，然后是卧室、厨房、卫生间，顺序不能颠倒；而结构化程序设计方式将客厅、卧室、卫生间、厨房分别独立成一个模块，互相之间可以互不干扰地逐个进行。

虽然结构化程序设计解决了软件设计开发中的一部分问题，但是它仍然存在不足。用结构化方法开发的软件，稳定性、可修改性和可重用性都比较差，这是因为结构化方法的本质是功能分解，从代表目标系统整体功能的单个处理着手，自顶向下不断把复杂的处理分解为子处理，这样一层一层分解下去，直到仅剩下若干个容易实现的子处理功能，再用相应的工具来实现各个最底层的功能。因此，结构化方法是围绕实现处理功能的"过程"来构造系统的。然而，用户需求的变化大部分是针对功能的，因此，这种变化对于基于过程的设计来说是灾难性的。用这种方法设计出来的系统结构常常是不稳定的，用户需求的变化往往会造成系统结构的较大变化，从而需要花费很大的代价才能实现这种变化。

结构化程序设计的局限性催生了面向对象的思想。面向对象（Object Oriented，OO）并不是一个新概念，它在 20 世纪 70 年代就出现了，因为受到软/硬件的限制，直到 20 世纪 90 年代才为大众所接受，并成为程序设计的主流思想。面向对象的方法与结构化程序设计的根本区别在于把系统看成一个完成某项任务的对象集合，对象是系统对消息做出响应的事物，所以面向对象方法中关注的不是它应该做什么，而是它如何做出反应，也就是消息。

在面向对象设计思想的指导下，产生了第一个面向对象的语言——20 世纪 60 年代的 Simula-67。它的作用是解决模拟问题。典型应用是模拟银行系统的运作（银行是最早采用计算机的行业之一），将银行的出纳部门、客户、业务等实体模拟成一个个对象，把这些程序的运行中除了状态外其他方面都一样的对象归纳在一起，就成了更高抽象层面的"类"。然后，在面向对象的思想指导下产生了成功的面向对象编程语言——Smalltalk，并在其基础上诞生了应用更加广泛的面向对象编程语言——C++及 Java。

2.1.2 面向对象的特征

1. 对象唯一性

每个对象都有自身唯一的标识，通过这种标识，可找到相应的对象。在对象的整个生命期中，它的标识都不改变，不同的对象不能有相同的标识。

2. 抽象性

抽象性是指将具有一致的数据结构（属性）和行为（操作）的对象抽象成类。一个类就是这样的一种抽象，它反映了与应用有关的重要性质，而忽略其他一些无关内容。任何类的划分都是主观的，但必须与具体的应用有关。

3. 封装性

封装性就是把对象的属性和服务结合成一个独立的单位，并尽可能隐蔽对象的内部细节。

4. 继承性

继承性是子类自动共享父类数据结构和方法的机制，这是类之间的一种关系。在定义和实现一个类的时候，可以在一个已经存在的类的基础上进行，把这个已经存在的类所定义的内容作为自己的内容，并加入若干新的内容。

继承性是面向对象程序设计语言不同于其他语言的最重要的特点，是其他语言所没有的。

5. 多态性

多态性是指相同的操作或函数、过程可作用于多种类型的对象上并获得不同的结果。不同的对象收到同一消息可以产生不同的结果，这种现象称为多态性。

2.2 面向对象程序设计

2.2.1 知识准备：面向对象编程术语

- 类（Class）：类是对某种类型的对象定义变量和方法的原型。它表示对现实生活中的一类具有相同特征的事物的抽象，是面向对象编程的基础。
- 对象（Object）：也称为实例（Instance），是类的具体存在。
- 属性（Attribute）：也称为成员变量、实例变量（Instance Variable）、字段（Field），表示一个对象所具有的状态。
- 方法（Method）：用于表示对象可以执行的动作，包括名称、参数、返回类型及方法体等内容。
- 构造器（Constructor）：也称为构造方法，是用于创建和初始化一个实例的特殊方法，包括名称、参数及方法体等。需要注意的是，它的名称必须和类名一致。
- 包（Package）：可以用来组织编写类，使得类的组织更加有序。

2.2.2 知识准备：对象

人们每天的生活、工作无时无刻不在和"对象"打交道，如衣服、食物、房子、汽车等。当处理这些对象时，人们不会将这些对象的属性（对象所具有的特点）和操作分开，例如进出"房间"时，不会将"房门"这个属性和"开门"这个操作分开，它们是联系在一起的。

面向对象的编程思想力图使程序和现实世界中的具体实体完全一致。对象的属性描述了对象的状态，对象的行为描述了对象的功能。人们通过观察对象的属性和行为来了解对象。对象一般有如下特性，可以让程序员乃至非专业人员更好地理解程序。

（1）有一个名字以区别于其他对象。

（2）有一些状态用来描述它的某些特征。

（3）有一组操作，每个操作决定了对象的一种功能或行为。

对象涉及一个从"具体"到"抽象"，再从"抽象"到"具体"的过程。所谓"从'具体'到'抽象'"，也就是将现实世界中一个个具体的"物体"（或称为"实体"（Entity））相应的特征和行为抽象出来，并且将各种具有相同特征的"物体"分为一个"类"，如"汽车"类、"人"类、"房子"类等；而所谓的"从'抽象'到'具体'"，就是将上面抽象出来的对应物体的"类"，使用具体的计算机语言来描述。使用 Java 语言来描述"汽车"类、"人"类、"房子"类等，和使用 C++语言来描述这些类是有区别的。

正如前面所述，"类"相对于现实世界中的"实体种类"（Entity Category），是现实生活中某类实体的抽象，而对象或者实例（Instance）指的是这些种类中的一个个具体存在，如 Benz-600、Santana-2000 等具体的汽车，或者张三、李四等具体的个人。类和对象是面向对象编程思想的核心和基础。类是作为对象的蓝图而存在的，所有对象都依据相应的类来产生，在面向对象的术语中，这个产生对象的过程称为"实例化"。

2.2.3　知识准备：类

如果说一切都可以成为对象，那么是什么决定了某一类对象的外观和行为呢？

类用来描述一组具有相同特征的对象的行为特征和应包括的数据。

类包含有关对象动作方式的信息，包括它的名称、方法、属性和事件。实际上类本身并不是对象，因为它不存在于内存中。当引用类的代码运行时，就在内存中创建了类的一个新的实例，即对象。类应该包括如下两个方面的内容。

（1）属性：用来描述对象的数据元素，也称为数据/状态。

（2）方法：用于对对象的属性进行的操作，也称为行为/操作。

2.2.4　知识准备：类的声明

Java 语言中，类的声明也称类的定义，其语法规则如下。

```
[< modifiers>] class < class_name> {
[<attribute_declarations>]
[<constructor_declarations>]
[<method_declarations>]
}
```

<modifiers>为修饰符，可用的关键字有 public、abstract 和 final 等（关键字是 Java 语言中赋予特定含义的并用作专门用途的单词，类名、方法名、属性名及变量名不能是关键字），用于说明所定义的类有关方面的特性。对于各种关键字和它们的含义及各自的适用范围，请看本书后续相应章节的介绍。

类成员有 3 种不同的访问权限：一是公有（用 public 关键字修饰）类成员，可以在类外访问；二是私有（用 private 关键字修饰）类成员，只能被该类的成员函数访问；三是保护（用 protected 关键字修饰）类成员，只能被该类的成员函数或派生类的成员函数访问。

class 关键字表明这是一个类的定义，将说明一个新类型的对象看起来是什么样的。<class_name>是类的名字。

<attribute_declarations>是属性（Attribute）声明部分。

<constructor_declarations>是构造器（Constructor）声明部分。

<method_declarations>是方法（Method）声明部分。

这里，将这些操作属性的方法定义得很简单：每个属性都有相应的设置（setter）和获取（getter）方法，设置方法将传入的参数赋给对象的属性，获取方法取得对象的属性。例如，将"学生"实体的基本特征当成"学生"类的属性，再定义一些方法来对这些属性进行操作。

源文件：Student.java。具体示例代码如下。

```java
public class Student {
    //定义属性
    String name;
    String sex;
    int grade;
    int age;

    //定义属性name的设置方法
    public void setName(String _name) {
        name = _name;
    }

    //定义属性name的获取方法
    public String getName() {
        return name;
    }

    //定义属性sex的设置方法
    public void setSex(String _sex) {
        sex = _sex;
    }

    //定义属性sex的获取方法
    public String getSex() {
        return sex;
    }

    //定义属性grade的设置方法
    public void setGrade(int _grade) {
        grade = _grade;
    }

    //定义属性grade的获取方法
    public int getGrade() {
        return grade;
    }

    //定义属性age的设置方法
    public void setAge(int _age) {
        age = _age;
    }

    //定义属性age的获取方法
    public int getAge() {
        return age;
    }
}
```

2.2.5　知识准备：属性的声明

类的定义中所包含的数据称为属性，也称为数据成员，比如 2.2.4 小节示例中的 Student 类中定义了 4 个属性——name、sex、grade、age。属性声明的语法规则如下。

[< modifiers>] <data_type> < attr_name>;

< modifiers>为修饰符，可用的关键字有 public、private、protected、final、static 等，用于说明该属性的一些性质。

<data_type>是该属性的数据类型，属性可以是 Java 基本类型的一种，例如下述示例的 MyClass 类中声明的属性 classID 等，也可以是任何类型的对象，通过引用它进行通信，例如 MyClass 类中声明的属性 myTeacher。

<attr_name>是属性名称，属性名称的首字母一般采用小写方式。

源文件：MyClass.java。具体示例代码如下。

```java
public class MyClass {
    int classID;
    String className;
    int studentNumber;
    Teacher myTeacher;

}
Teacher.java
public class Teacher {

    String name;
    int id;
    String course;
}
```

2.2.6　知识准备：方法的声明

类的定义中还可以包含方法的声明，Java 的方法决定了对象可以接收什么样的信息。方法的基本组成部分包括名称、参数、返回值和方法体，声明语法规则如下。

```
< modifiers> <return_type> <name>([<argu_list>]) {
[< method body>]
}
```

< modifiers>为修饰符，可用的关键字有 public、private、protected、abstract、static 和 final，用于说明方法的属性。

<return_type>是该方法的返回值类型，可以是任何合法的 Java 数据类型。

<name>是方法名。

<argu_list>是方法的参数列表，包括要传给方法的信息的类型和名称。如果有多个参数，中间用逗号"，"分隔。

<method body>是方法体，可以有 0 到多行 Java 语句。

如下示例在 MyClass 类中声明了一个名为 ChangeTeacher 的方法，当大多数同学对老师不满意时，可以使用这个方法来换个给力的老师，并返回老师的名字。

源文件：MyClass.java。具体示例代码如下。

```java
public class MyClass {
    int classID;
```

```
String className;
int studentNumber;
Teacher myTeacher;
public String ChangeTeacher(Teacher t){
    System.out.print("change a teacher");
    this.myTeacher = t;
    return t.name;
    }
}
```

> **注意：**
> （1）参数列表传递的实际上是引用，引用的对象类型必须和参数类型一致，不然编译器会报错；
> （2）Java 语言对类、方法及属性声明的次序并无严格要求。

2.2.7　知识准备：构造器（构造方法）

在 Java 程序中，每个类都必须至少有一个构造器。构造器是创建一个类的对象时需要调用的一个特殊的方法。

利用构造器可以产生一个类的对象，并且提供一个地方来定义创建类的对象时需要执行的初始化（initialize）代码。构造器的定义语法如下。

```
<modifier>  <class_name>  ([<argument_list>])
{
    [<statements>]
}
```

从上述语法中可以看出，它和类中的方法定义很类似，可以有访问修饰符（modifier）、自己的方法名称、参数列表、方法体，因此，可以将构造器当成一个特殊的方法（许多资料里面都将 Constructor 称为构造方法），这个方法的作用就是产生一个类的对象。构造器与普通方法的区别主要表现在以下 3 个方面。

（1）修饰符：和方法一样，构造器可以有修饰符关键字，包括 public、protected、private，或者没有修饰符；不同于方法的是，构造器不能有非访问性质的修饰符关键字，包括 abstract、final、native、static 或者 synchronized。

（2）返回值：方法能返回任何类型的值或者无返回值（void）；构造器没有返回值，也不需要 void。

（3）命名：构造器使用和类相同的名字，通常为名词；而方法则不同，通常为描述一个操作的动词。按照习惯，方法通常以小写字母开始，而构造器通常以大写字母开始。

如下示例定义了一个用来表示"美食"的类 Food。

源文件：Food.java。具体示例代码如下。

```
public class Food {
    private   String food_name ;
    public Food(String name){
        this.food_name = name;
    }
}
```

Food 类中定义了一个属性 food_name，还定义了一个构造器，构造器中传入一个字符串类型的参数，将参数值赋给属性 food_name，此时就可以通过这个构造器来实例化这个类，代码如下。

```
Food myDinner = new Food("pizza");
```

这样就得到了一个 food_name 值为"pizza"的对象，还可以再创建一个 food_name 值为"cola"的对象来搭配晚餐。

如果程序中没有定义任何构造器，则编译器将会自动加上一个不带任何参数的构造器。默认的构造器不带任何参数，也没有"方法体"。

通过上述示例，Food 类中定义了一个带一个参数的构造器。如果没有定义构造器，则编译器会自动加上一个构造器，代码如下。

```
public class Food {
    private   String food_name ;
  public Food(){
  }
}
```

所以，这时可以用如下语句来实例化上述 Food 类。

```
Food myDinner = new Food();
```

如果在程序中定义了构造器，即使定义的构造器同样没有参数，编译器也不再提供默认的构造器。如果再使用默认构造器，编译器会报错。

2.2.8　知识准备：对象的创建和使用

正确声明了 Java 类之后，便可以在其他类或应用程序中使用该类。使用类是通过创建该类的对象并访问对象成员来实现的。对象成员是指一个对象所拥有的属性或可以调用的方法，现阶段可以理解为对象所属的类中定义的所有属性和方法。一个对象的声明，实际上只是对该类的引用，需要使用 new+构造器（又称为构造方法）创建对象，此时存储器会给此对象分配相应的存储空间。对象成功创建后，可以使用"对象名.对象成员"方法访问对象成员。

2.2.9　任务一：创建并引用一个对象

1. 任务描述

创建一个美食类，并引用该类的对象，列出一天的食谱。

2. 技能要点

● 声明类、属性及方法。
● 对象的创建和引用。

3. 任务实现过程

（1）定义一个用于表示"食物"的类 Food；在类中声明一个 food_name 属性；给 food_name 属性添加 get()、set()方法。

（2）在 Recipe 类中，通过 Food 的默认构造方法创建 3 个 Food 对象，通过 setFood_name(String name)方法给 food_name 赋值，并通过 getFood_name()方法获得 food_name 属性值，并输出。

源文件：Recipe.java。具体示例代码如下。

```
public class Recipe {
  public static void main(String args[]) {
      Food breakfast = new Food();
      breakfast.setFood_name("bread");
      Food lunch = new Food();
      lunch.setFood_name("nuddle");
      Food dinner = new Food();
      dinner.setFood_name("pizza");
      System.out.print("my breakfast is "+breakfast.getFood_name()+"\n");
```

```
        System.out.print("my lunch is "+lunch.getFood_name()+"\n");
        System.out.print("my dinner is "+dinner.getFood_name());
    }
}
class Food {
    private   String food_name ;

    public String getFood_name() {
        return food_name;
    }
    public void setFood_name(String foodName) {
        food_name = foodName;
    }
}
```

程序运行结果如下。

```
my breakfast is bread
my lunch is nuddle
my dinner is pizza
```

> **提示：**
> 　　对于 Java 程序中创建的对象，并不用担心销毁问题，因为 Java 对象不具备和基本类型一样的生命周期，由 new 创建的对象会一直保留下去，直到 Java 的垃圾回收器辨别出此对象不会再被引用，便会自动释放该对象的内存空间。

2.2.10　技能拓展任务：带参数构造器的声明与使用

1. 任务描述

改写任务一的程序，使用带参数构造器实现同样的输出结果。

2. 技能要点

带参数构造器的声明和引用。

3. 任务实现过程

（1）定义一个用于表示"食物"的类 Food；在类中声明一个 food_name 属性；给 food_name 属性添加 get()、set()方法。

（2）给 Food 类添加两个构造方法，一个带参数，一个不带参数。

（3）在 Recipe 类中，通过带参数构造方法创建两个 Food 对象，通过 getFood_name()方法获得 food_name 属性值，并输出。

（4）在 Recipe 类中，通过不带参数构造方法创建一个 Food 对象，通过 setFood_name(String name) 方法给 food_name 赋值并输出。

源文件：Recipe.java。具体示例代码如下。

```
public class Recipe {
    public static void main(String args[]) {
        Food breakfast = new Food("bread");
        Food lunch = new Food("noddle");
        Food dinner = new Food();
        dinner.setFood_name("pizza");
    System.out.print("my breakfast is "+breakfast.getFood_name()+"\n");
```

```
        System.out.print("my lunch is "+lunch.getFood_name()+"\n");
        System.out.print("my dinner is "+dinner.getFood_name());
    }
}
class Food {
    private   String food_name ;

    public String getFood_name() {
        return food_name;
    }
    public void setFood_name(String foodName) {
        food_name = foodName;
    }
    public Food(String name){
        this.food_name = name;
    }
    public Food(){}
}
```

程序运行结果如下。

```
my breakfast is bread
my lunch is nuddle
my dinner is pizza
```

> **注意：**
> 　　因为类 Food 定义了一个带参数的构造器，所以编译器不会给它加上一个默认的不带参数的构造器，此时如果还试图使用默认的构造器来创建对象，将不能通过编译。如果需要不带参数的构造器，可自行定义使用。

2.3　信息的封装和隐藏

2.3.1　知识准备：信息的封装

　　封装指的是将对象的状态信息（属性）和行为（方法）捆绑为一个逻辑单元的机制。

　　Java 程序通过将数据封装声明为私有的（private），再提供一个或多个公开的（public）方法实现对该属性的操作，可以实现下述目的。

面向对象的封装

　　（1）隐藏一个类的属性和实现细节，仅对外公开接口，控制程序中属性的可读和可修改的访问级别。

　　（2）增强安全性，防止对封装数据的未经授权的访问。使用者只能通过事先定制好的方法来访问数据，可以方便地加入控制逻辑，限制对属性的不合理操作。

　　（3）有利于保证数据的完整性。

　　（4）增强代码的可维护性，便于修改。

　　（5）实现封装的关键是不要让方法直接访问其他类的属性，程序应该只能通过指定的方法与对象交互数据。封装赋予对象"黑盒"特性，这是实现重用性和可靠性的关键。

2.3.2　知识准备：信息的隐藏

　　如果允许用户对属性直接访问，可能会引起一些不必要的问题。例如，声明一个 Group 类表示一个程序开发小组，由属性 number 来记录小组成员数，如果允许程序随意给 number 属性赋值，例如，将值设置为 1000，虽然这在语法上没有问题，但是一个程序小组不可能有这么多的编程人员，如果在程序的其他部分用到了这个 number 属性，可能会出现问题。因此，应该将属性定义为私有的（private），只有类本身才可以访问这个属性，外部程序或者其他类不能访问它。可以定义一些 public 或 default 方法来访问这些属性，在方法中加入一些逻辑判断的方法来操作属性，例如将 number 的属性值设置为 2~100 之间的数字，小于 2 人时计 2 人，大于 100 人时计 100 人。

源文件：Group.java。具体示例代码如下。

```java
public class Group {

    private int number;
    public void setNumber(int s_number) {
        if (s_number > 100) {
            this.number = 100;
        } else if (s_number< 2) {
            this.number = 2;
        } else {
            this.number = s_number;
        }
    }

}
```

2.4 Java 源文件结构

Java 语言的源程序代码由一个或多个编译单元（Compilation Unit）组成，每个编译单元只能包含表 2-1 所示的内容（空格和注释除外）。

表 2-1 Java 源文件结构

结　构	作　用	要　求
package 语句	声明类所在的包	0 或 1 个，必须放在文件开始
import 语句	从特定的包引入类	0 或多个，必须放在所有类定义之前
public classDefinition	公共类定义部分	0 或 1 个
classDefinition	非公共类定义部分	0 或多个
interfaceDefinition	接口定义部分	0 或多个

注意：
（1）需要特别注意的是，Java 语言是严格区分大小写的；
（2）定义为 public 的类名必须与 Java 文件名称完全一致，每个 Java 源文件只能有一个定义为 public 的类，但可以有几个非 public 的类。

2.4.1 知识准备：package 语句

在大型项目开发中，为了避免类名的重复，经常使用“包”来组织各个类。例如，公司甲开发了一个类 Student，公司乙也开发了一个类 Student，为了将这两个类区分开来，可以将这两个文件放在两个不同的目录下。现在需要同时用到这两个类，那么如何准确地找到需要的类呢？这就需要用到 package 语句。

在 Java 程序中可以用 package 语句来指明这两个类的引用路径：将甲公司开发的 Student 类放到

一个包中，将乙公司开发的 Student 类放到另一个包中。为了避免不同公司之间类名的重复，Sun 公司建议使用公司 Internet 域名的倒写作为包名，例如，使用域名 farsight.com.cn 的倒写 cn.com.farsight 作为包的名称。假如现在有一个名为 Student 的类，将它放到目录 cn\com\farsight 下，然后在程序中加入如下语句，这个类就可以和其他名称为 Student 的类区分开了。

```
package cn.com.farsight;
```

package 语句的基本语法如下。

```
package  <top_pkg_name> [ .<sub_pkg_name>] * ;
```

在同一个项目组中，经常用功能或模块的名称来作为子包名。例如，现在开发一个学员管理系统，一个用于华清远见的管理模块，一个用于清华附中的管理模块，这两个功能模块中均有一个 Student 类，将华清远见管理模块中使用的 Student 类放到 cn\com\farsight\college 目录下，将清华附中管理模块的 Student 类放到 cn\com\farsight\school 中，这两个文件就不会冲突了。

注意，当将开发的类放到包中时，必须将类的源文件放到与包名的元素一致的目录结构中，例如上述 Student 类，如果在文件中加入了 package 语句 package cn.com.farsight，则必须将这个 Student 类文件放到 cn\com\farsight 目录下。磁盘目录结构中使用 "\"（Windows）或 "/"（UNIX/Linux/BSD）来分隔各个层级的目录，Java 类文件中使用 "." 来分隔包的层次。

Java 的核心包都放在 Java 包及其子包中，很多扩展包放在 javax 包及其子包中。Java 核心包中也有一些重复的类名，例如在 java.sql 包中有一个 Date 类，而在 java.util 中也有一个 Date 类，通过将它们放在不同的包中就可以区分这两个类。

一般来说，如果在程序中使用 package 语句将程序打包，则将程序放到对应的目录下才不违背 package 的设计初衷。如果将类的源文件（.java 文件）都放到同一个路径下，只是将编译后的 class 文件放到不同的目录下，则上述文件名冲突的问题依然存在（同一个路径下不允许两个文件同名），因此需要将源文件保存在不同的路径中。这时，可以使用如下命令来编译文件。

```
javac cn\com\farsight\college\Student.java
```

如果程序是一个带 main() 方法的应用程序，可以在 cn 目录的上一级目录下执行这个文件，命令如下。

```
java cn.com.farsight.college.Student
```

这里必须注意编译和执行时的分隔符。因为在编译时，需要指明的是文件的路径，所以使用 "\" 来分隔；而在执行类文件时，需要指明的是包名称，所以使用 "." 来分隔。

下面是一个使用 package 语句的示例。

源文件：Student.java。具体示例代码如下。

```java
package cn.com.farsight;

public class Student {
    //定义属性
    private String studentId;

    //定义属性studentId的设置方法
    public void setStudentId(String student_Id) {
        studentId = student_Id;
    }

    //定义属性studentId的获取方法
    public String getStudentId() {
        return studentId;
    }
}
```

这个程序最好放在路径 cn\com\farsight 下，然后在 cn 的上一级路径执行如下指令编译程序。

```
javac cn\com\farsight\Student.java
```

编译后的 class 文件必须放置在 cn\com\farsight 路径下，才可以成功地被其他程序引用。

如果 Student 是一个应用程序（有一个 main() 方法），要执行这个程序，必须在 cn 的上一级目录执行如下指令。

```
java cn.com.farsight.Student
```

2.4.2　知识准备：import 语句

在编译器定位所创建的类访问的其他类的过程中，包扮演了重要的角色。当编译器碰到一个类对另一个类的引用时，它会在当前的包中和设置的 classpath 中寻找这个类，以检查这个类是否能在这些路径中找到。

import 语句应该出现在 package 语句之后（如果有），类的定义之前。一个 Java 程序中，package 语句只能有一个，但是 import 语句可以有多个。

使用 import 语句可以引入包中的一个类，也可以引入指定包中的所有类。

import 语句的基本语法如下。

```
import  <pkg_name>[.<sub_pkg_name>].<class_name>;
```

或

```
import <pkg_name>[.<sub_pkg_name>].*;
```

引入一个类的 import 语句如下。

```
import cn.com.farsight.college.Student
```

引入指定包中的所有类需使用通配符"*"，import 语句如下。

```
import cn.com.farsight.college.*
```

这两种方式对于引入相应的类并没有什么区别。但是，如果只是需要一个包中有限的几个类，建议采用第一种方式（写明引入的类名），会让人一目了然。另外需要注意的是，通过 import 语句引入包中的类的时候，它并不会递归地执行引入动作，比如，通过如下语句会引入 cn.com.farsight 包中的所有类，但它并不会引入 cn.com.farsight.school 和 cn.com.farsight.colleage 包中的类。要使用这两个包中的类，还需要使用 import 语句将它们分别引入。

```
import cn.com.farsight.*;
```

Java 编译器默认为所有 Java 程序引入 JDK 的 java.lang 包中的所有类（import java.lang.*; ），其中定义了一些常用类，如 System、String、Object、Math 等，因此可以直接使用这些类，而不必显式引入。如果要使用其他非无名包中的类，必须先引入后使用。

另外，通过在类名前加上不同的限制符（如 public 等），可以控制类的适用范围。关于这些限制符及相应的使用范围，本书将在后续章节介绍。

> **注意：**
> 使用 import 语句并不会将相应的类或者包加载到 class 文件（或者 Java 源文件），也不会包含到 Java 源文件（或者 class 文件）中，它的作用仅仅是对需要用到的类进行定位（location）。它表示程序中用到某个类的时候，如果没有在类前指定包名，应该到当前目录或者 import 指定的包中去寻找（java.lang 包是默认引入的）。

2.4.3　任务二：package 语句和 import 语句实例

1. 任务描述

编写一个 Parent 类，在构造器中输出"I am a parent"，放在 parent 包中；编写一个 Child 类，在构造器中输出"I am a child",放在 child 包中;child 包是 parent 包的子包。使用 package 语句生成包,并使用 import 语句引用子包。

2. 技能要点

● 包的创建和使用。
● 通过给包命名创建包的层次。

3. 任务实现过程

(1)在 scr 默认包中创建 parent 包,在此包中创建 Parent 类,不带参数,在构造器中输出"I am a parent"。

(2)创建 parent 的子包 parent.child,在此包中创建 Child 类,不带参数,在构造器中输出"I am a child "。

(3)在 Parent 类中使用 import 语句引入 parent.child 包,并创建 Parent 类和 Child 类对象,实现输出。

源文件:Parent.java。具体示例代码如下。

```
Parent.java
package parent;

import parent.child.Child;

public class Parent {
    public Parent(){
        System.out.print("I am a parent");
    }
    public static void main(String[] args) {
        Child c = new Child();
        Parent p = new Parent();
    }
}
Child.java
package parent.child;

public class Child {

    public Child(){
        System.out.print("I am a child \n");
    }
}
```

运行结果如下。

```
I am a child
I am a parent
```

2.5　JDK 中常用的包

JDK 核心类库中提供了几千个类,通过这些类,用户可以基本实现用户界面设计、输出/输入、网络和日期设置等操作。这些类都根据它们的功能、作用放在不同的包中。作为 Java 开发人员，应该熟悉这些包，并掌握下述比较常用的包。

（1）java.lang——包含一些 Java 语言的核心类，如 String、Math、Integer、System 和 Thread，提供常用功能。要使用这个包中的类，可以不用 import 语句来显式引入。在默认情况下，编译器会将这个包自动引入任何 Java 程序中，所以这个包中的类可以直接在程序中使用。

（2）java.net——包含执行与网络相关的操作的类。

（3）java.io——包含能提供多种输入/输出功能的类。

（4）java.util——包含一些实用工具类及数据结构类，如定义系统特性，使用与日期日历相关的函数、集合、堆栈等。

（5）java.sql——包含用于访问数据库的类。

虽然 JDK 中已经定义了大量的类供开发人员使用，但还是需要在此基础上定义自己的类来实现自己的目的。当然，在定义自己的类时，可以使用类库中的类。

2.6　本章小结

本章从面向对象的概念出发，首先介绍了程序设计的种类、面向对象程序设计的特征和常用术语，使读者对面向对象的概念和特点有初步了解；然后介绍了面向对象程序设计中的对象、类、属性等重要概念，使读者可以掌握类、属性、方法的定义和声明以及构造器的概念和使用；之后介绍了对象的创建和使用，使读者可以掌握类与对象的创建和使用方法，并了解如何通过类的定义来实现信息隐藏和封装；接着介绍了 Java 源文件的结构，使读者可以掌握 package 语句和 import 语句的用法；最后介绍了 JDK 中常用的包。

课后练习题

一、选择题

1. 下面的说法错误的是（　　）。

A. 在 Java 中用引用来操纵对象

B. Java 中类和对象的关系是父子关系

C. 一个类中可以有多个构造器

D. 构造器用来申请内存空间和初始化变量

2. 对于构造方法，下列叙述错误的是（　　）。

A. 构造器必须与类名相同

B. 构造器的返回类型只能是 void 型，且书写格式是在方法名前加 void 前缀

C. 类的默认构造器是无参构造器

D. 创建新对象时，系统会自动调用构造器

3. 下面说法错误的是（　　）。

A. 用 package 语句可以引入一个包

B. 用 import 语句可以引入一个包中的类

C. package 语句必须是文件中的第一行非注释代码

D. import 语句可以放在代码中的任何地方

4. 下面包中的类不需要显式引入就可以直接使用的是（　　）。

A. java.net　　　　　B. java.io　　　　C. java.util　　　　　D. java.lan

5. 下面说法正确的是（　　）。

A. 一个.java 文件中可以有多个 public 类

B. 一个.java 文件中可以有多个类，编译后生成一个 class 文件

C. 一个.java 文件中有几个类，编译后就生成几个 class 文件

D. 一个 Java 类中必须有一个 main()方法

二、简答题

1. 简述类和对象的区别和联系。

2. 简述类的构造器。

3. 简述什么是封装及封装的意义。

三、编程题

1. 汽车有 3 个属性（型号、颜色、车牌号），编写一个 Car 类来描述它，要求能用带参数的构造器赋值。

2. 编写一个计算器类，里面有两个操作数及加、减、乘、除 4 个方法。编写应用程序生成该类的对象，并使用它的方法进行计算。

第3章

标识符、关键字
与数据类型

■ 本章主要介绍 Java 中使用注释的方法和使用规则，包括特殊注释（javadoc 注释）的使用方法；介绍了分号和空格等分隔符及 Java 中标识符的组成规则；介绍了 Java 中的数据类型和简单类型间的数据类型转换；分析了对象的构造和初始化；介绍了局部变量和成员变量的定义、声明及其作用范围；阐述了 Java 中如何通过值传递方式传递参数；最后介绍了使用 Java 编写优雅代码的一般规则。

3.1 Java 注释

在编写程序时，为了说明某段代码的用途、某个方法的功能、某个方法的参数或者输入/输出值等的含义，需要在程序的关键部分加一些注释。各种编程语言都提供了各自的用于放置到程序代码中的注释语句，这些语句和程序语句混杂在一块，因此，需要一种特殊的机制让注释和代码不会在编译时发生冲突和混淆。比如，在 VB 中可用单引号 "" 表示单行注释等。和其他语言相比较，Java 语言提供的注释方式更灵活，更多样，更强大。

Java 语言提供了 3 种注释方式，分别为短（单行）注释、块（多行）注释及文档注释。单行和多行注释很容易理解，编译和运行时会将这部分内容忽略。

Java 语言中比较特殊的是 javadoc 注释，包含在这部分中的注释可以通过 javadoc 命令自动生成 API 文档。使用 javadoc 工具，可以保证程序代码和技术文档的同步。在修改程序中的注释后，只需要使用 javadoc 工具，就可以方便地生成相应的技术文档。

3.1.1 知识准备：Java 注释使用规则

（1）单行注释：单行注释就是在程序中注释一行代码。

注释规则：在代码中单起一行注释，注释前最好有一行空行，并与其后的代码具有一样的缩进层级。如果单行无法完成，则应采用多行注释。

注释格式如下。

```
//注释内容
```

（2）多行注释：一次对程序中的多行代码进行注释。

注释规则：注释若干行，通常用于说明文件、方法、数据结构等的意义与用途，或者描述算法，一般位于一个文件或者一个方法的前面，起引导的作用，也可以根据需要放在合适的位置。

注释格式如下。

```
/*
注释内容
*/
```

下面是单行注释和多行注释的应用示例。

源文件：MessageComment.java。具体示例代码如下。

```java
//这是一个单行注释
/*
 这是一个
 多行注释
*/
public class MessageComment {
    public static void main(String[] args) {
        System.out.println("发信息");
        //System.out.println("此条信息不会显示");
    }
}
```

3.1.2 知识准备：利用 javadoc 生成 API 文档

在软件开发过程中，文档的重要性不亚于程序代码本身。如果代码与文档是分离的，那么在每次修改代码时都需要修改相应的文档，这会是一件很麻烦的事情。Java 中有一种特别的注释方式，即文档注释。利用这种注释，可以通过 javadoc 将代码同文档"连接"起来，从 Java 源文件中提取这些注释的内容，可以生成 HTML 格式的 API 文档。

文档注释的基本格式如下。

```
/**
文档注释内容
*/
```

这里需要注意文档注释和多行注释的区别，文档注释的开始标记是"/**"，而多行注释的开始标记是"/*"。

由于文档注释最重要的功能就是生成 HTML 格式的 API 文档，因此很多用于 HTML 格式化的 HTML 标记也可以用在文档注释中。从这些注释中提取注释并生成 HTML 文件的时候，在生成的 HTML 文件中将使用这些 HTML 标记来格式化 HTML 文件内容。常用的 HTML 标记有\…\、\<code>…\</code>等，关于这些 HTML 标记及其他 HTML 标记的含义，请读者参考相关的 HTML 资料。

文档注释和多行注释的另一个不同之处是，文档注释并不可以放在 Java 代码的任何地方，因为利用 javadoc 工具从 Java 代码中提取注释并生成 API 文档时，主要从包、公有（public）类与接口、公有方法和受保护（protected）方法、公有属性和受保护属性几项内容中提取信息，因此，文档注释也应该放到相应的位置。

1. 文档注释位置

（1）类注释。类注释用于说明整个类的功能、特性等，它应该放在所有 import 语句之后，在 class 定义之前。

这个规则也适用于接口（interface）注释。

（2）方法注释。方法注释用来说明方法的定义，比如方法的参数、返回值及作用等。方法注释应该放在它所描述的方法定义前面。

（3）属性注释。默认情况下，javadoc 只对公有（public）属性和受保护（protected）属性产生文档，通常是静态常量。

（4）包注释。类、方法、属性的注释直接放到 Java 源文件中，而对于包的注释，无法放到 Java 文件中去，只能通过在包对应的目录中添加一个 package.html 文件来达到这个目的。当生成 HTML 文件时，package.html 文件的\<body>…\</body>部分的内容将会被提取出来作为包的说明。关于包注释，本书后面还会有更进一步的解释。

（5）概要注释。除了包注释外，还有一种类型的文档无法从 Java 源文件中提取，就是对所有类文件提供概要说明的文件。同样，为这类注释单独新建一个 HTML 文件，这个文件的名字为 overview.html，它的\<body>和\</body>标记之间的内容也可以都被提取。

2. javadoc 标记

在文档注释中，常用@来表示一个 javadoc 标记，常用的 javadoc 标记如下所述。

- @author：作者。
- @version：版本。
- @docroot：产生文档的根路径。
- @deprecated：不推荐使用的方法。
- @param：方法的参数类型。
- @return：方法的返回类型。
- @see：指定参考的内容。
- @exception：抛出的异常。

● @throws：抛出的异常，和@exception 同义。

需要注意的是，这些标记的使用是有位置限制的，其中可以出现在类或者接口文档注释中的标记有@see、@deprecated、@author、@version 等；可以出现在方法或者构造器文档注释中的标记有@see、@deprecated、@param、@return、@throws 及@exception 等；可以出现在属性文档注释中的标记有@see、@deprecated 等。

3. javadoc 命令语法

javadoc 的命令语法如下，参数可以按照任意顺序排列。

```
javadoc [ options ] [ packagenames ] [ sourcefiles ] [ @files ]
```

（1）packagenames：包列表这个选项可以是一系列的包名（用空格隔开），例如，java.lang java.lang.reflect java.awt。因为 javadoc 不递归作用于子包，不允许对包名使用通配符，所以必须显式地列出希望建立 API 文档的每一个包。

（2）sourcefiles：源文件列表。这个选项可以是一系列源文件名（用空格隔开），可以使用通配符。javadoc 允许 4 种源文件：类源代码文件、包描述文件、总体概述文件、其他杂文件。

● 类源代码文件：类或者接口的源代码文件。
● 包描述文件：每一个包都可以有自己的包描述文件。包描述文件的名称必须是 package.html，与包的.java 文件放置在一起。包描述文件的内容通常是使用 HTML 标记写的。javadoc 执行时将自动寻找包描述文件，如果找到，javadoc 将首先对描述文件中<body>…</body>之间的内容进行处理，然后把处理结果放到该包的 Package Summary 页面中，最后把包描述文件的第一句（紧靠<body>）放到输出的 Overview Summary 页面中，并在语句前面加上该包的包名。
● 总体概述文件：javadoc 可以创建一个总体概述文件来描述整个应用或者所有包。总体概述文件可以被任意命名，也可以放置到任意位置。−overview 选项可以指示总体概述文件的路径和名称。总体概述文件的内容是使用 HTML 标记写的，javadoc 在执行的时候，如果发现−overview 选项，会首先对文件中<body>…</body>之间的内容进行处理；然后把处理后的结果放到输出的 Overview Summary 页面的底部；最后把总体概述文件中的第一句放到输出的 Overview Summary 页面的顶部。
● 其他杂文件：这些文件通常是指与 javadoc 输出的 HTML 文件相关的一些图片文件、Java 源代码文件（.java）、Java 程序（.class）、Java 小程序（Applets）及 HTML 文件。这些文件必须放在 doc-files 目录中。每一个包都可以有自己的 doc-files 目录。例如要在 java.awt.Button 的 HTML 文档中使用一幅按钮的图片（Button.gif），首先必须把图片文件放到 java\awt\doc-files\中，然后在 Button.java 文件中加入以下注释。

```
/**
* This button looks like this:
* <img src="doc-files/Button.gif">
*/
```

（3）@files：包含的文件。为了简化 javadoc 命令，可以把需要建立 API 文档的文件名和包名放在一个或多个文本文件中。例如简化以下命令。

```
javadoc −d apidoc com.oristand.college com.oristand.school
```

可以建立一个名称为 mypackage.txt 的文件，其内容如下。

```
com.oristand.college
    com.oristand.school
```

然后执行以下命令。

```
javadoc −d apidoc @mypackage.txt
```

（4）options：命令行选项。

① public：只显示公共类及成员。

② protected：只显示受保护的和公共的类及成员，是默认选项。

③ package：只显示包、受保护的和公共的类及成员。

④ private：显示所有类和成员。

-classpath classpathlist 指定 javadoc 查找"引用类"的路径。引用类是指带文档的类加上它们引用的任何类。javadoc 将搜索指定路径下的所有子目录，classpathlist 可以包含多个路径（使用"；"隔开）。

一切就绪后，就可以使用 JDK 中的 javadoc 工具生成相关的 API 文档。

3.1.3　任务一：使用 javadoc 生成 API 文档

1. 任务描述

写一段代码，加入文档注释，并使用 javadoc 工具生成相关 API 文档。

2. 技能要点

- 添加文档注释。
- 使用 javadoc 命令生成 API 文档。

3. 任务实现过程

（1）编写一个 JavaDoc 类，声明变量，并加入文档注释。

源文件：JavaDoc.java。具体示例代码如下。

```
/**
 * javadoc演示程序——<b>JavaDoc</b>
 *
 * @author Alex Wen
 * @version 1.0 2009/12/15
 */
public class JavaDoc {
  /**
   * 在main()方法中使用的显示用的字符串
   *
   * @see #main(java.lang.String[])
   */
  static String SDisplay;

  static String 变量;

  /**
   * 显示JavaDoc
   *
   * @param args
   * 从命令行中输入字符串
   */
  public static void main(String args[]) {
      SDisplay = "Hello World ";
```

```
        变量 = "test";
        System.out.println(SDisplay + 变量);
    }
}
```

（2）用如下 javadoc 命令生成 API 文档，在控制台上将会列出正在生成的文件。

```
javadoc –private –d doc –author –version JavaDoc.java
```

从图 3-1 中可以看出生成了哪些文件。

（3）打开 index.html 文件，如图 3-2 所示，因为没有包，所以没有包列表文件。

图 3-1　生成的 API 文档

图 3-2　生成的 index.html 显示结果

3.2　分隔符和标识符

Java 中有一类特殊的符号，称为分隔符，包括空白分隔符和普通分隔符。

3.2.1　知识准备：空白分隔符

空白分隔符包括空格、回车、换行和制表符 Tab 键。空白分隔符的主要作用是分隔标识符，帮助 Java 编译器理解源程序。例如如下语句，若标识符 int 和 a 之间没有空格，即 inta，则编译器会认为这是用户定义的标识符，但实际上，该语句的作用是定义变量 a 为整型变量。

```
int a;
```

另外，在编排代码时，适当的空格和缩进可以增强代码的可读性。例如如下 HelloAndroid.java 代码示例。

```
public class HelloAndroid{
    public static void main(String args[]){
        System.out.println("Hello Android!");
    }
}
```

程序中用了大量缩排的空格，主要是制表符和回车。如果不使用缩排空格，这个程序可能会是如下的模样。

```
public class HelloAndroid{
public static void main(String args[]){
System.out.println("Hello Android!");
}
}
```

相比较而言，不使用制表符来进行缩排，显然在层次上差很多，甚至还可能是如下情况，所有的语句都写在同一行上，可读性更差。

```
public class HelloAndroid{public static void main(String args[]){System.out.println ("Hello Android!");}}
```

因此，在写程序的时候，一定要灵活地使用空格来分隔语句或者进行格式上的缩排等。使用空白分隔符要遵守以下规则。

- 任意两个相邻的标识符之间至少有一个分隔符，以便编译程序能够识别；变量名、方法名等标识符不能包含空白分隔符。
- 空白分隔符的多少没有含义，一个空白符和多个空白符的作用相同，都用来实现分隔功能。
- 空白分隔符不能用非普通分隔符替换。

3.2.2　知识准备：普通分隔符

普通分隔符具有确定的语法含义，如表 3-1 所示。

表 3-1　分隔符功能说明表

分隔符	名　　称	功能说明
{}	大括号 （花括号）	用来定义块、类、方法及局部范围，也用来包括自己初始化的数组的值。大括号必须成对出现
[ ]	中括号 （方括号）	用来进行数组的声明，也用来撤销对数组值的引用
( )	小括号 （圆括号）	在定义和调用方法时，用来容纳参数表。在控制语句或强制类型转换的表达式中用来表示执行或计算的优先权
;	分号	用来表示一条语句的结束。语句必须以分号结束，否则即使一条语句跨一行或者多行，仍是未结束的
,	逗号	在变量声明中用于分隔变量表中的各个变量，在 for 控制语句中用来将圆括号里的语句连接起来
:	冒号	说明语句标号
.	圆点	用于类/对象和它的属性或者方法之间的分隔

3.2.3　知识准备：Java 语言标识符的组成规则

在 Java 语言中，标识符是赋予变量、类或方法的名称，程序通过这些名称来访问或修改某个数据的值。标识符可由一个字母、下画线（_）或美元符号（$）开始，随后也可跟数字。在这里，字母的范围并不局限于 26 个英文字母，可以是任何一门语言中表示字母的任何 Unicode 字符。标识符未规定最大长度。

在定义和使用标识符时需要注意，Java 语言是对大小写敏感的，比如，"abc" 和 "Abc" 是两个不同的标识符。

在定义标识符的时候，需要注意以下问题。

（1）标识符不能有空格。

（2）标识符不能以数字开头。

（3）标识符不能是 Java 关键字。

（4）标识符不能有@、#等符号。

> 问：定义标识符可以用中文字符吗？
>
> 答：可以使用中文名称作为标识符，但是并不建议这么做。因为在 Java 中使用中文字符容易引起一些编码方面的问题。

3.2.4 任务二：综合使用 Java 分隔符和标识符

1. 任务描述

编写程序，输出手机开机问候语，体会 Java 分隔符的作用和标识符的使用规范。

2. 技能要点

- 各类分隔符的功能。
- 标识符命名规范。

3. 任务实现过程

（1）编写一个类，名为 OpenGreetings，类中定义一个方法 theDate()，用于打印日期和开机问候语。在 main() 方法中调用 theDate() 方法，并传入当天的日期作为参数。

（2）声明并初始化日期变量时要注意标识符的命名规则，当使用 @、数字开头时，或者使用关键字作为标识符时会报错。

源文件：OpenGreetings.java。具体示例代码如下。

```java
public class OpenGreetings {

    public static void main(String[] args) {
        int day = 20, month = 5, year = 2011;
        //以下3种命名标识符不合法
        //int @day; int 12abc; int private;
        OpenGreetings og = new OpenGreetings();
        og.theDate(day, month, year);
    }

    public void theDate(int theDay, int theMonth, int theYear){
        String greetings = "Welcome To Android World~!";
        System.out.println("Today is "+theYear+"/"+theMonth+"/"+theDay+"\n"+greetings);
    }
}
```

（3）运行程序，运行结果如下。

```
Today is 2011/5/20
Welcome To Android World~!
```

3.3 Java 关键字/保留字

3.3.1 知识准备：Java 关键字使用规范

Java 中，一些赋予特定含义的具有专门用途的单词称为关键字（keyword）。在定义自己的标识符的时候，不要和这些关键字重名，否则在编译时将会出现错误。比如，如下语句试图定义一个 int 类型的变量 byte，但是因为 byte 是关键字，不能用来作为变量名，所以定义就是错误的。

```
int byte;
```

所有 Java 关键字都是小写的，如 TURE、FALSE、NULL 等都不是 Java 关键字，goto 和 const

虽然从未被使用，但也作为 Java 关键字保留。Java 中一共有 51 个关键字，如表 3-2 所示。

表 3-2　Java 关键字

abstract	assert	boolean	break	byte	continue
case	catch	char	class	const	double
default	do	extends	else	final	float
for	goto	long	if	implements	import
native	new	null	instanceof	int	interface
package	private	protected	public	return	short
static	strictfp	super	switch	synchronized	this
while	void	throw	throws	transient	try
volatile	long	false			

3.3.2　知识准备：重点关键字解析

- abstract：Java 中的一个重要关键字，可以用来修饰一个类或者一个方法为抽象类或者抽象方法。
- extends：表示继承某个类，继承之后可以使用父类的方法，也可以重写父类的方法。
- super：表示超（父）类的意思。
- this：代表对象本身。
- interface：声明一个接口。
- implements：实现接口关键字。
- private：访问控制修饰符，声明类的方法、字段、内部类只在类的内部可访问。
- protected：访问控制修饰符，声明类成员的访问范围是包内可访问。
- public：访问控制修饰符，声明类成员对任何类可见。
- static：表示该实体与该实体所在的类有关，与该实体所在的类的对象无关。
- final：用来修饰类或方法，表示不可扩展或重写。

Java 数据类型

3.4　数据类型

3.4.1　知识准备：简单类型

Java 中有 8 种简单数据类型，其中 4 种为整型，两种为浮点型，一种为字符型，一种用于表示 true/false 的布尔类型。表 3-3 列出了这 8 种简单数据类型的大小和默认值。

表 3-3　简单数据类型

数据类型	数据类型名称	大小（bit）	默认值
boolean	布尔类型	1	false
char	字符型	16	0
byte	字节型	8	0

续表

数据类型	数据类型名称	大小（bit）	默认值
short	短整型	16	0
int	整型	32	0
long	长整型	64	0
float	单精度浮点型	32	0.0
double	双精度浮点型	64	0.0

在这些数据类型中，int、short、byte、long 都是整型数据，double 和 float 是浮点型数据。char 也可以看成是整型数据，但它是无符号的（没有负数）。

1. 布尔类型

与 C 语言不同，Java 语言中定义了专门的布尔类型，用于表示逻辑上的"真"或"假"。Java 语言中的布尔类型用关键字 boolean 来定义，数据只能取值 true 或 false，不能用整型的 0 或 1 来替代。布尔类型不是数值型变量，它不能被转换成其他任意一种类型。布尔类型常常用在条件判断语句中，示例如下。

```
boolean sendMsg = true;
boolean recieveMsg = false;
```

> **注意：**
> 这里的 true 和 false 是不能用双引号引起来的，如果用双引号引起来，就变成 String 类型的数据了。

2. 字符型

字符（Char）型数据用来表示通常意义上的"字符"。字符常量是用单引号括起来的单个字符。

Java 语言与众不同的特征之一就是 Java 对各种字符的支持，这是因为 Java 中的字符采用 16 位的 Unicode 编码格式。Unicode 被设计作表示世界上所有书面语言的字符，Unicode 字符通常用十六进制编码形式表示，范围是\u0000~\uffff，其中前缀\u 标志着这是一个 Unicode 编码字符，其中前 256 个字符（\u0000~\u00FF）与 ASCII 码中的字符完全相同。

以下为字符型数据的应用示例。

源文件：CharTest.java。具体示例代码如下。

```
public class CharTest {
 public static void main(String args[]) {
     char Msg1 = 'M';
     char Msg2 = '中';
     char Msg3 = '5';
     char Msg4 = '\u0001';
     System.out.println(Msg1);
     System.out.println(Msg2);
     System.out.println(Msg3);
     System.out.println(Msg4);
 }
}
```

字符型数据只能记录单个字符值，不能表述更多的文字信息，Java 语言还提供了 String 类型，用于记录由多个字符组成的字符串。String 类型数据的表达形式为双引号引起来的 0 个或多个字符，例如如下示例。

```
String s = "Java小能手";
```

```
System.out.println("Hello, Android!");
```

> **注意：**
> String 类型不是基本数据类型，而属于引用类型。

字符型的数据用单引号引用，注意它和 String 类型数据的区别，例如，'A'表示的是一个字符型的数据，"A"表示的是一个 String 类型的数据，它们的含义是不同的。

Java 语言中还允许使用转义字符 "\" 来将其后的字符转变为其他的含义，例如，如果需要在输出结果时换行，应给编译器换行指令\n，但是直接在程序中写语句 "System.out.println("n");" 不会起到换行的效果，此时需要在 n 之前输入\，这时编译器才会知道 n 是被转义的字符。

还有一种特殊情况，在 Java 中使用一个绝对路径时，如 c:\learning\ java，如果直接在程序中写语句 "String path ="c:\learning\java";"，则不会得到期望的结果，因为 Java 会将\当成转义字符，这时候应该这样写：

```
String path = "c:\\learning\\java";
```

这时，第一和第三个 "\" 都是转义字符，表示后面的那个字符（此处都为 "\"）有特殊的含义。

3. 整型

整型分为 byte、short、int 及 long 4 类，它们的差别在于所占用的内存空间和表数范围不同。表 3-4 列出了这 4 种整型数据的存储空间及表数范围。

表 3-4　整型的存储空间和表数范围

类　　型	占用存储空间	表数范围
byte	1 字节	$-128 \sim 127$
short	2 字节	$-2^{15} \sim 2^{15}-1$　（$-32768 \sim 32767$）
int	4 字节	$-2^{31} \sim 2^{31}-1$　（$-2147483648 \sim 2147483647$）
long	8 字节	$-2^{63} \sim 2^{63}-1$

通常情况下，int 是最常用的一种整型数据，也是 Java 中整数常量的默认类型。在表示非常大的数字时，则需要用到更大范围的长整型 long。对于前面 3 种整数数据类型的数据，只需要直接写出数据就可以了，而对于长整型数据，需要在长整型数据后面加上 L 或 l 来表示。

整型常量虽然默认为 int 类型，但在不超过其表数范围的情况下，可以将 int 类型的数据直接赋给 char、byte、short 类型的变量。

整型数据类型的应用示例如下。

```
byte b = 12;
short s = 12345;
int i = 1000000;
long l = 1000000000L;
```

Java 语言允许使用 3 种不同的进制形式表示整型变量，分别为八进制、十进制、十六进制。

（1）八进制整数，以 0 开头，如 0123 表示十进制数 83，-011 表示十进制数-9。

（2）十进制整数，如 123、-456、0。

（3）十六进制整数，以 0x 或 0X 开头，如 0x123 表示十进制数 291，-0X12 表示十进制数-18。

4. 浮点型

Java 浮点型有 float 和 double 两种。Java 浮点型数据有固定的表数范围和字段长度。和整型一样，在

Java 中，浮点类型的字段长度和表数范围与机器无关。表 3-5 列出了浮点型数据的存储空间和表数范围。

表 3-5　浮点型数据的存储空间和表数范围

类　　型	占用存储空间	表数范围
float	4 字节	−3.403E38 ～ 3.403E38
double	8 字节	−1.798E308 ～ 1.798E308

double 类型的浮点型数据正如它的名字所揭示的，表示精度是 float 的两倍（因此也将 double 类型的数据称为双精度类型的数据）。float 类型的数据需要在数字后面加上 f 或 F，用于和 double 类型数据相区别。

Java 浮点型常量有如下两种表示形式。

- 十进制数形式，必须含有小数点，如 3.14、314.0、0.314，否则将被当作 int 型常量处理。
- 科学计数法形式，如 3.14e2、3.14E2、314E2。注意，只有浮点类型才能采用科学计数法表示，因此，314E2 也是浮点型常量，而不是 int 型。

Java 浮点型常量默认为 double 型。要声明一个常量为 float 型，则要在它数字的后面加 f 或 F，例如，3.0 表示一个 double 型常量，占 64 位内存空间；3.0f 表示一个 float 型常量，占 32 位内存空间。

3.4.2　知识准备：非布尔型简单数据类型之间的转换

在 Java 程序中，一些不同的数据类型之间可以进行数据类型的相互转换。简单数据类型的转换一般分为两种：一种为低级到高级的自动转换；另一种为高级到低级的强制类型转换。二者的区别主要在于数据类型的表数范围不同。比如将一个 int 类型的数据赋给一个 long 类型的变量，或者反之，这就类似于将水（数据）从一个容器（某种数据类型）倒入到另一个容器（另一种数据类型）一样，因为容器的大小不同，能够装盛的水的量也是不同的。如果将小容器中的水倒入大容器中，不会有什么问题；但是，如果将大容器中的水倒入小容器中，就可能会造成部分水溢出。同样，在数据类型转换方面也有类似的问题，如果将表数范围比较小的数据类型的数据转换成表数范围大的数据类型数据，则可以顺利转换；反之，则有可能发生数据的溢出（损失一部分信息）。

在图 3-3 所示的数据类型转换中，实线条表示这种转换不会引起数据的损失，而虚线条表示此种转换可能会引起数据的损失。

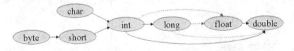

图 3-3　不同数据类型之间的合法数据转换

如果要让数据的转换按照图 3-3 中箭头所示的方向来完成，则程序会自动转换，不需要在程序中进行干预，这种转换是低级到高级的自动转换，也称为扩展转换（Widening Conversion）。但是，如果不按照图中的方向来转换，则可以通过强制类型转换的方式来完成，此时，可能会引起数据的丢失。当按照图 3-3 中箭头所示的反方向来转换时，非常有可能造成数据精度的损失，这种转换也经常称为缩小转换（Narrowing Conversion）。

例如，int 类型的数据在必要时可以自动转换成 double 的数据，但是，如果需要将 double 类型的数据转换成 int 类型的数据，则需要通过强制类型转换来完成。如下语句可以实现这个功能，可以将 double 类型的数据 d 转换成 int 类型的数据，此时，i 的值为 1，显然，小数后面的值都丢失了。

```
double d = 1.2345;
int i = (int)d;
```

3.4.3　任务三：简单数据类型转换实例

1. 任务描述

编写程序验证低级到高级的自动转换和高级到低级的强制类型转换。

2. 技能要点

- 类型转换的原理。
- 强制类型转换的方法和用途。

3. 任务实现过程

（1）编写源文件 DataOper.java，使 int 类型变量自动转换为 double 类型变量，double 类型变量强制转换为 int 类型变量。

源文件：DataOper.java。具体示例代码如下。

```java
public class DataOper {
  public static void main(String[] args) {
      //int类型数据将会自动转换成double类型
      double db1;
      int i = 123;
      db1 = i;
      System.out.println("db1=" + db1);
      //double 类型数据转换成int时，将会损失精度
      double db2 = 1.234;
      int j = (int) db2;
      System.out.println("j=" + j);
  }
}
```

（2）编译并运行这个程序，可以得到如下输出。

```
Db1=123.0
j=1
```

可见，int 类型的数据已经自动转换成了 double 类型的数据，而 double 类型数据在强制转换成 int 类型数据的时候，小数点后面的值已经损失了。

3.4.4　知识准备：引用类型

Java 语言中，8 种基本数据类型以外的数据类型称为引用类型，或复合数据类型。引用类型的数据都以某个类的对象的形式存在，在程序中声明的引用类型变量只是为该对象起一个名字，或者说是对该对象的引用，变量的值是对象在内存空间中的存储地址，而不是对象本身。

Java 语言中的所有对象都要通过对象引用访问，引用类型数据以对象的形式存在，其构造和初始化及赋值的机制都与基本数据类型的变量有所不同。声明基本数据类型的变量时，系统会同时为该变量分配存储器空间，此空间将直接保存基本数据类型的值。声明引用类型变量时，系统只为该变量分配引用空间，并未创建一个具体的对象，或者说并没有为对象分配存储器空间，将来在创建一个该引用类型的对象后，再使变量和对象建立对应关系。

这就好比用遥控器（引用）操纵电视机（对象），只要控制遥控器就可以保持与电视机的连接。例如换台，实际上操控的是遥控器（引用）。此外，即使没有电视机，遥控器也可以独立存在。也就是说，

拥有一个引用，并不是一定需要有一个对象与它关联。因此，如果想操纵一个词，可以创建一个 String 引用，语句如下。

```
String s;
```

这里所创建的只是引用，并不是对象。如果此时向 s 发送一个消息，就会返回一个运行时的错误，一种比较安全的做法是创建引用的同时进行初始化，语句如下。

```
String s = "Hello android";
```

这里用到了 Java 语言的一个特性，即字符串可以用带引号的文本初始化。通常，需要对其他对象使用一种更通用的初始化方法，详情参看任务四的引用过程。

3.4.5　任务四：引用类型程序实例

1. 任务描述

编写程序，定义引用类型变量，了解引用类型的使用方法和特点。

2. 技能要点

● 引用类型的声明。
● 引用类型和普通类型在使用上的区别。

3. 任务实现过程

（1）构造有引用类型成员变量的类 Email，在这个类中定义了 address、title、group 3 个属性，以及一个具有 3 个参数的构造器，用于在创建对象时初始化 3 个属性。通过定义这个类，也就定义了一个引用类型的数据类型：Email。

源文件：Email.java。具体示例代码如下。

```java
public class Email {
//定义属性
String address;

String title;

int group;


//定义一个构造器
public Student(String Email_address, String Email_title, int Email_group)
{
    address = Email_address;
    title = Email_title;
    group = Email_group;
}

//定义属性address的设置方法
public void setAddress (String Email_address) {
    address = Email_address;
}

//定义属性title的获取方法
```

```
    public String getTitle() {
        return title;
    }
    //其他属性的设置和读取方法略
}
```

（2）再定义一个 TestEmail.java 类，用于说明引用类型的用法。

源文件：TestEmail.java。具体示例代码如下。

```
public class TestEmail {
    public static void main(String[] args) {
        Email e1;
        e1 = new Email("Android@gmail.com", "capter 3", 2);
        System.out.println("第一封邮件地址是: " + e1.getAddress());
        Email e2;
        e2 = e1;
        e1.setAddress("Java@gmail.com");
        System.out.println("第二封邮件地址是: " + e2.getAddress());
    }
}
```

（3）执行 TestEmail 应用程序，可以在控制台上得到如下输出结果。

```
第一封邮件地址是: Android@gmail.com。
第二封邮件地址是: Java@gmail.com。
```

3.4.6　技能拓展任务：分析对象的构造和初始化

1. 任务描述

分析任务四的代码，了解对象的构造和初始化的原理及过程。

2. 技能要点

引用类型变量的初始化过程和内存分配过程。

3. 任务实现过程

源文件：TestEmail.java。具体示例代码如下。

```
Email e1;
e1 = new Email("Android@gmail.com", "capter 3", 2);
System.out.println("第一封邮件地址是: " + e1.getAddress());
Email e2;
e2 = e1;
e1.setAddress("Java@gmail.com");
System.out.println("第二封邮件地址是: " + e2.getAddress());
```

这个代码段的作用是建立并初始化两个 Email 引用类型数据，这里以对象 e1 为例讲解引用类型数据的初始化过程（对象的初始化过程）。

（1）执行语句"Email e1;"时，系统为引用类型变量 e1 分配引用空间（定长 32 位），此时只是定义了变量 e1，还未进行初始化等工作，因此还不能调用 Email 类中定义的方法。图 3-4 所示为此时内存的分配情况。

（2）执行语句"e1 = new Email("Android@gmail.com", "capter 3", 2);"时，先调用构造器创建一个 Email 类的对象，新对象分配的内存空间用来存储该对象所有属性（address、title、group）的

值，并对各属性的值进行默认初始化（关于默认初始化请参考 3.5 节内容）。注意，在这个程序中，因为 address 和 title 都是 String 类型，属于引用类型，所以它们的默认初始值也为 null。图 3-5 所示为此时内存中的情况。

图3-4　步骤（1）执行后的内存情况　　　　图3-5　步骤（2）执行后的内存情况

（3）接下来执行 Email 类的构造器，继续此新对象的初始化工作，构造器中又要求对新构造的对象的成员变量进行赋值，因此，此时 address、title、group 的值变成了 Android@gmail.com、capter 3 和 2。图 3-6 所示为此时的内存情况。

图3-6　步骤（3）执行后的内存情况

（4）至此，一个 Email 类的新对象的构造和初始化构成已完成。最后执行 "e1=new Email("Android@gmail.com", "capter 3", 2);" 语句的赋值操作，将新对象存储空间的首地址赋值给 Email 类型变量 e1。图 3-7 所示为此时的内存情况。

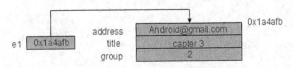

图3-7　步骤（4）执行后的内存情况

此时，引用类型变量 e1 和一个具体的对象建立了联系，可称 s1 是对该对象的一个引用。
对象的构造及初始化程序的步骤总结如下。
（1）分配内存空间。
（2）进行属性的默认初始化。
（3）进行属性的显式初始化。
（4）执行构造器。
（5）为引用类型变量赋值。

3.5　变量及其初始化

在编写程序时，通常需要使用一个"别名"来表示某种类型的可变值，这就是"变量"。在前文中的示例程序中已经多次用到了"变量"，比如任务四中就定义了变量 address、title 等。

3.5.1　知识准备：局部变量

大多数面向过程的语言都有作用域的限制，作用域决定了其内的变量名的可见性和生命周期。Java 语言允许变量在任何程序块内被声明。变量的作用域为指定的局部程序块（可以是方法体、程序段等），这种类型的变量通常称为局部变量。要注意的是，局部变量在其作用域内被创建，离开其作用域时被撤销。因此，一个局部变量的生存期就被限定在它的作用域中，若超出作用域，它将无效。

1. 在程序块中声明局部变量

所谓程序块，就是用"{"和"}"包含起来的代码块。它是一个单独的模块，和方法有点类似，但不能像方法一样可以用方法名来调用。这个程序块中的变量是局部变量，不论这个程序块是否处于类的定义中。例如如下程序段，其中的变量 goBed 就是局部变量，它只在自己所处的代码块中起作用。

```
public class Clock{
    int getUp = 6;
    {
        int goBed = 11;
    }
    public void printit() {
        System.out.println(getUp);
        System.out.println(goBed);//出错，因为goBed是局部变量，不能用于变量所在的程序块范围之外
    }
}
```

在 Java 程序中，所有变量必须先声明再使用。基本的变量声明方法如下。

```
<data_type> var_name [=var_value]
```

其中，data_type 是变量类型，它可以是基本类型之一，也可以是类及接口类型的名字。变量类型后面跟着此变量的名称，名称必须是一个符合 Java 命名规范的标识符。然后可以给这个变量赋一个值，注意，这个值的数据类型必须和变量的数据类型一致（或者兼容）。变量声明示例如下。

```
int i;
double d1 = 123.4;
double d2 = 123;
```

声明同一类型的多个变量时，可使用逗号将各变量分隔开，示例如下。

```
int i,j,k;
int a=1,b,c=100;
```

2. 在方法体中声明局部变量

如果在方法体中声明局部变量，此变量的作用范围只局限于此方法体内，示例如下。

```
public class ClockTest{
    static int getUp = 6;
    {
        int goBed = 11;
    }
    public void alarm() {
        int al = 20;
    }
    public void close() {
        System.out.println(al);//出错，al的作用范围只局限于方法alarm()中
    }
}
```

因为变量 al 是定义在方法 alarm()中的，所以它的作用范围只局限在方法 alarm()中。在方法 close()中试图使用这个变量，在编译的时候将会报错。

局部变量在方法体或程序块执行时创建，在方法体或程序块执行结束时销毁。局部变量在使用前必须先初始化。

3.5.2　知识准备：成员变量

不在方法体内，也不在程序块中的变量，称为成员变量。成员变量定义在类中，是类成员的一部

分，整个类都可以访问它。只要类的对象被引用，成员变量就将存在。Java 程序中，成员变量声明的形式如下。

> [修饰符] 成员变量类型 成员变量名列表;

成员变量的修饰符有默认访问修饰符、public、protected、private、final 和 static 等。具有默认访问修饰符的成员变量可以被同一包中的任何类访问。

下面是成员变量应用示例。

源文件：Contact.java。具体示例代码如下。

```
public class Contact{
    public static void main(String args[]) {
        //实例化SendMsg后可以访问具有访问权限的成员变量
        SendMsg send = new SendMsg();
        System.out.println(send.word);
    }
}

class SendMsg {
    int word = 12;//成员变量

    public int getWord() {
        return word;
    }
}
```

这个示例中定义了一个类 SendMsg，在这个类里面定义了一个 int 类型的成员变量 word，在用于测试的类 Contact 中首先实例化这个类，然后通过"实例名.变量名"的方式来访问它。

3.5.3 知识准备：变量初始化

所有局部变量在使用之前都必须初始化，也就是说必须要有值。

在初始化变量时，应该把变量名写在左边，随后是赋值操作符=，然后在操作符右边加上一个恰当的 Java 表达式或值。

变量的初始化有两种方法，一种是在声明变量的同时给它赋一个值，示例如下。

```
int i  = 4;
```

还有一种是先声明变量，然后在适当的时机给它赋值，示例如下。

```
int k;
...
k = 10;
```

3.5.4 知识准备：局部变量的初始化

局部变量也可以像成员变量一样先声明再初始化，或者在声明的同时对其进行初始化，也可以一次声明几个同一数据类型的变量。但是，系统不会对局部变量进行默认初始化，因此，局部变量在使用之前，必须对其进行显式初始化。

例如如下代码，因为 n 没有初始化，所以这个时候如果对它进行操作将会报错。

```
public class Test{
    ...
    public void aMethod(int j){
        int m,n,k;
        m = j;
```

```
            k = 100;
            System.out.println(m);
            System.out.println(n);//Error
            System.out.println(k);
        }
    }
```

注意，示例程序中的变量 m 根据方法的传入参数 j 来初始化，所以这个时候在方法体中可以对其进行任何与其数据类型相匹配的操作。

3.5.5　知识准备：成员变量的初始化

变量在使用之前，必须首先对它进行初始化。成员变量的初始化方式有如下 3 种。

（1）成员变量的初始化可以在声明时进行，那么创建一个新对象时，此成员变量的值固定不变。

（2）成员变量在类的构造器或其他方法中动态初始化。

（3）使用成员变量的默认初始化值。

默认初始化是 Java 成员变量的特性，可以不需要手动地显式初始化成员变量，因为系统在创建一个新的对象的时候，会给这些成员变量赋一个初值。在这里需要注意的是，对于引用变量，它的默认初始化值是 null，而非相应的引用类型对象，也就是说，它并不指向任何对象的首地址。特别是不能通过该引用类型变量去调用任何方法或属性，否则将会出现错误。

虽然成员变量可以不用显式初始化即可使用，但是系统给不同数据类型的成员变量初始化时，它们的初始化值是不同的，比如 int 类型数据的初始化值是 0，boolean 类型数据的初始化值是 false。

注意：

系统只对成员变量指定默认的值，不会对局部变量赋值。

3.5.6　任务五：成员变量的 3 种初始化方式

1. 任务描述

编写一个类，有 3 个成员变量，分别用 3 种方式进行初始化，打印它们的值，查看初始化结果，并验证 Java 实行了成员变量的默认初始化。

2. 技能要点

- 3 种初始化方式。
- 3 种初始化方式的区别和应用场合。

3. 任务实现过程

（1）编写一个名为 Initialize 的类，该类中声明 3 个 int 类型变量 a、b、c。对 a 进行声明时的初始化，确定 a 的值；对 b 在构造器中进行动态初始化；对 c 不进行初始化。

（2）在 main()方法中声明并初始化一个 Initialize 对象，打印其成员变量 a、b、c 的值。

源文件：Initialize.java。具体示例代码如下。

```
public class Initialize {

    int a = 10;//成员变量a在声明时初始化
    int b;
    int c;
```

```
    public Initialize(int i){
        this.b = i;//在构造器中初始化成员变量b
    }
    public static void main(String[] args) {
        Initialize init = new Initialize(20);
        System.out.println("声明时初始化变量a="+init.a+
                "\n构造方法初始化变量b="+init.b+"\n变量默认初始化c="+init.c);
    }
}
```

（3）运行程序，输出结果如下。

```
声明时初始化变量a=10
构造方法初始化变量b=20
变量默认初始化c=0
```

3.6 值传递和引用传递

3.6.1 知识准备：Java 中的值传递

程序中经常需要将一个变量的值赋给另一个变量，赋值后，两个变量的值相同，那么，在 Java 程序中，它的实现机制是怎样的呢？首先来看如下示例。

源文件：CallByValuePri.java。具体示例代码如下。

```
/**
 * <DL>
 * <DT><b>功能：</b>
 * <DD>简单类型数据传值调用演示</DD>
 * </DL>
 */
public class CallByValuePri {
    void half(int n) {
        n = n / 2;
        System.out.println("half方法n=" + n);
    }

    public static void main(String args[]) {
        CallByValuePri cb = new CallByValuePri();
        int m = 10;
        System.out.println("Before the Invocation,m=" + m);
        cb.half(m);
        System.out.println("After the Invocation,m=" + m);
    }
}
```

编译并用如下程序执行 CallByValuePri.java 程序。

```
java CallByValue
```

得到如下输出。

```
Before the Invocation,m=10
half方法n=5
After the Invocation,m=10
```

可以看到，在调用方法的前后，m 的值不变。因为在 Java 程序中传递的是值，只是将 m 的值传递给了方法 half()，而 m 本身的值并没有发生改变。值传递的重要特点为传递的是复制的值，也就是说传递后就互不相关了。

3.6.2 知识准备：Java 中的引用传递

引用传递指的是在方法调用时传递的参数按引用进行传递，其实传递引用的地址也就是变量所对应的内存空间的地址。示例如下。

源文件：PassByReference.java。具体示例代码如下。

```java
public class PassByReference {

 private void printNumber(AddressBook a){
        a.number = 20;
        System.out.println("printNumber()方法中的number="+a.number);
    }
    public static void main(String[] args) {
    PassByReference p = new PassByReference();
    AddressBook a = new AddressBook();
    a.number = 10;
    System.out.println("执行printNumber()方法前main()方法中的number="+a.number);
    p.printNumber(a);
    System.out.println("执行printNumber()方法后main()方法中的number="+a.number);
    }
}
class AddressBook{
        /电话簿中联系人数量
    public int number;
}
```

运行结果如下。

```
执行printNumber()方法前main()方法中的number=10
printNumber()方法中的number=20
执行printNumber()方法后main()方法中的number=20
```

可以看到，当 printNumber() 方法将引用对象 a 的成员变量 number 值改变后，方法外的对象 a 的成员变量 number 值同样改变。引用传递传递的是值的引用，也就是说，传递前和传递后都指向同一个引用（也就是同一个内存空间）。

> **注意：**
> 在 Java 程序中，只有基本类型和直接使用双引号定义字符串方式的 String 类型数据是按值传递的，其他都是按引用传递的。

Java 编码规范

3.7 Java 编码规范

在一个大型的项目中，如果程序员在给包、类、变量、方法取名的时候没有约定，都是随心所欲的，可能会带来如下问题。

（1）程序可读性极差。

（2）在相互有交互的程序中，给其他程序员理解程序带来很大的麻烦。

（3）对于测试员来说，在测试中如果需要检查源程序，将会无从下手。

（4）在后续的维护中，可能会因为程序根本没法看懂而不得不重新编写一个新的程序。

因此，程序设计的标准化非常重要，原因在于这能提高开发团队各成员编写代码的一致性，使代码更易理解，这意味着更易于开发和维护，从而降低软件开发的总成本。为实现此目的，和其他语言类似，Java 语言也存在非强制性的编码规范。

3.7.1 知识准备：命名规范

命名规范也称命名约定，在声明包名、类名、接口名、方法名、变量名及常量名时，除必须符合标识符命名规则外，还应尽量体现各自描述的事物或属性、功能等。例如，可定义 Student 类描述学生信息。一般性命名规范如下所述。

- 尽量使用完整的英文单词或有通用性的英文缩写。
- 尽量采用所涉及领域的通用或专业术语。
- 词组中大小写混合，使之更易于识别。
- 避免使用过长的标识符（一般小于 15 个字母）。
- 避免使用类似的或者仅仅是大小写不同的标识符。

Java 编程的具体命名规范如表 3-6 所示。

表 3-6　Java 编程命名规范

元素名称	命名规则	示　　例
包（Package）	采用完整的英文描述符，应该都由小写字母组成。对于全局包，将 Internet 域名反转并接上包名	com.srt.moa.action
类（Class）	类名一般使用（动）名词或（动）名词组合来表示，并且各个名词的首字母大写，其他字母小写	Customer SavingsAccount
接口（Interface）	接口名与类名类似，一般使用（动）名词或（动）名词组合来表示，并且各个名词的首字母大写，其他字母小写	Contactable Prompter
方法（Method）	方法一般用一个动宾短语组成，表示一个动作。方法的首字母小写（通常是动词的首字母），而其他单词的首字母大写（通常是一个名词的首字母）	public void balanceAccount(int deposit){…}
异常（Exception）	通常采用字母 e 表示	Exception　e
变量名	变量的名称一般使用一个(动)名词或其组合来表示，并且首字母小写，其他单词的首字母大写	private int age private String student Name
静态常量字段（Static Final）	全部采用大写字母，单词之间用下画线分隔	static final int MAX_SIZE=10;
数组	数组应该总是用如下方式来命名的： byte[] buffer； 而不是如下方式： byte buffer[]。	byte[] buffer

3.7.2 知识准备：代码编写格式规范

Java 代码编写格式规范如下所述。

- 缩进一般是每行两个或 4 个空格，使排版整齐，语句可读。
- 关键词和操作符之间加适当的空格。
- 相对独立的程序块与块之间加空行。
- 较长的语句、表达式等要分成多行书写。
- 若函数或过程中的参数较长，需要进行适当的划分。
- 一行只写一条语句，即使是短语句也要分行。
- 程序块由大括号{…}界定，大括号必须成对出现，且编程时"{"和"}"应各占独立一行，同时与引用它们的语句左对齐。例如如下程序块。

```
if (i>0) { i ++ }; //错误 "{"和"}"在同一行

if (i>0)
{
i ++
};        //正确，"{"单独作为一行
```

3.8 本章小结

本章介绍了 Java 注释、分隔符和标识符、关键字、数据类型等 Java 编程基础知识；分析了变量的种类和几种初始化方法；描述了 Java 中值传递和引用传递两种传递方式的方法和区别；最后给出了 Java 编码规范。本章所述均为 Java 编程中最基础、最关键的技术要点，读者通过学习并完成章节任务，可以对 Java 编程的理解深入一步，并为之后的学习打下基础。

课后练习题

一、选择题

1. 一个 byte 表示的数据范围是（   ）。

A. −128 ~127   B. −32768 ~32767

C. −255 ~ 256   D. 跟 Java 虚拟机相关

2. 下面（   ）是不合法的 Java 标识符。

A. example123   B. _for

C. $apple   D. #student

3. 下面（   ）不是 Java 的保留字。

A. goto   B. null   C. While   D. native

4. 关于 javadoc 命令正确的说法是（   ）。

A. javadoc 可以提取所有的注释生成注释文档

B. javadoc 生成的注释文档是一个 Word 文件

C. javadoc 生成的注释文档是一个 HTML 文件

D. javadoc 只能提取/**...*/之间的注释

5. 下面（　　）不是 Java 基本数据类型。
A. String　　　　　B. boolean　　　　C. float　　　　D. byte

二、简答题

1. 简述程序块的概念。
2. 简述标识符和保留字的区别。
3. 简述 Java 语言中的数据类型。
4. 简述局部变量、成员变量的区别。
5. 简述参数的值传递和引用传递。

三、编程题

编写一个类，它有一个 char 类型的属性和一个 int 类型的属性，不对它们进行初始化，打印它们的值，以验证 Java 程序执行了默认的初始化。

第4章

运算符、表达式
与流程控制

■ 本章将介绍 Java 运算符的概念和用法，并介绍表达式中各种运算符结合使用的情况，分析运算符的优先级；最后，介绍分支语句和循环语句等流程控制语句的用法。

4.1 运算符

Java 语言提供了丰富的运算符，主要包括四大类，即算术运算符、位运算符、关系运算符和逻辑运算符。

4.1.1 知识准备：算术运算符

Java 语言常用的算术运算符有 5 种，如表 4-1 所示。

表 4-1 常用算术运算符

运算符	含义
+	加法运算
−	减法运算
*	乘法运算
/	除法运算
%	取模运算

这些算术运算符可以用于 Java 程序基本数据类型中的数值型（byte、short、char、int、long、float、double）数据。+、−和*运算符都很容易理解，它们分别接收两个操作数，通过运算后返回得到的新值。需要注意的是除法运算和取模运算。

1. 除法运算

在数学运算中，0 作为除数是没有意义的。在 Java 程序中，对于以 0 作为除数的情况，根据操作数的数据类型做了不同的处理。对于整型数据的运算，它将会出现异常；而对于浮点型数据的运算，它将得到一个无穷大值或者 NaN。请看以下示例。

源文件：Division.java。具体示例代码如下。

```java
public class Division {
    public static void main(String[] args) {
        System.out.println("123.0/0 = " + 123.0 / 0);
        System.out.println("123/0 = " + 123/ 0);
    }
}
```

编译运行这个程序，将得到如下结果。

```
123.0/0 = Infinity
Exception in thread "main" Java.lang.ArithmeticException: / by zero
    at Division.main(Division.Java:5)
```

Exception 是 Java 的异常处理机制，将在后面的章节详细讲解。

2. 取模运算

取模运算即求余运算，对于 Java 语言来说，其操作数可以是浮点数，计算结果也将是浮点数。

源文件：Mode.java。具体示例代码如下。

```java
public class Mode {
    public static void main(String args[]) {
        System.out.println("123.5 mod 4 = " + 123.5 % 4);
```

```
            System.out.println("123 mod 4 = " + 123 % 4);
    }
}
```

编译运行这个程序，将得到如下输出结果。

```
123.5 mod 4 = 3.5
123 mod 4 = 3
```

取模运算可以用于判断奇偶数，一个整数 n 对 2 取模，如果余数为 0，则表示 n 为偶数，否则 n 为奇数。此外，判断素数、求最大公约数的运算中也会用到取模运算。

> **注意：**
> 取模运算也会执行除法操作，所以，对于整型数据来说，也不能使用 0 作为取模运算中的"除数"，否则也会出现和除法运算一样的异常。

3. 二元运算符简捷赋值方式

+、-、*、/、%运算如果用在赋值语句中，还可以使用二元运算符的简捷方式来实现，比如语句"a =a+5;"可以使用运算式"a =5;"表示，它们的运算结果是相同的。

其他 4 个运算符也可以这样使用，也就是说，可将运算符放在=的左边，如 a*=5、a/=5 等。

4.1.2　知识准备：位运算符

位运算是以二进制位为单位进行的运算，其操作数和运算结果都是整型值，可以使用运算符直接处理组成这些整数的各个二进制位，适用的数据类型有 byte、short、char、int、long。

位运算符共有 7 种，分别是位与（&）、位或（|）、位非（~）、位异或（^）、右移（>>）、左移（<<）、0 填充的右移（>>>）。其功能说明如表 4-2 所示。

表 4-2　位运算符功能表

运 算 符	名 称	示 例	说 明
&	位与	x&y	把 x 和 y 按位求与
		位或	x|y	把 x 和 y 按位求或
~	位非	~x	把 x 按位求非
^	位异或	x^y	把 x 和 y 按位求异或
>>	右移	x>>y	把 x 的各位右移 y 位
<<	左移	x<<y	把 x 的各位左移 y 位
>>>	0 填充的右移	x>>>y	把 x 的各位右移 y 位，左边添 0

位运算的位与（&）、位或（|）、位非（~）、位异或（^）与逻辑运算的相应操作的真值表完全相同，其差别是位运算操作的操作数和运算结果都是二进制整数，而逻辑运算相应操作的操作数和运算结果都是逻辑值。

例如有如下程序段，即运算结果 z 等于二进制数 01000000。位或、位非、位异或的运算方法相同。

```
int x = 64;      //x等于二进制数的01000000
int y = 70;      //y等于二进制数的01000110
int z = x&y      //z等于二进制数的01000000
```

>>运算是将一个二进制数按指定移动的位数向右移位，移掉的被丢弃，左边移进的部分或者补 0（当该数为正时），或者补 1（当该数为负时）。这是因为整数在机器内部采用补码表示法，正数的符号

位为 0，负数的符号位为 1。例如如下程序段，运算结果 z 等于二进制数 00010001，即十进制数 17。

```
int x = 70;          //x等于二进制数的01000110
int y = 2;
int z = x>>y         //z等于二进制数的00010001
```

又如如下程序段，运算结果 z 等于二进制数 11101110，即 z 等于十进制数-18。

```
int x = -70;         //x等于二进制数的11000110
int y = 2;
int z = x>>y         //z等于二进制数的11101110
```

要透彻理解右移和左移操作，读者需要掌握整数机器数的补码表示法。

0 填充的右移（>>>）是不论被移动数是正数还是负数，左边移进的部分一律补 0。

> **注意：**
> 没有与>>>对应的<<<运算。

4.1.3　知识准备：关系运算符和逻辑运算符

1. 关系运算符

Java 语言提供了完整的关系运算符，共有 6 种，用来对两个简单类型的操作数进行比较运算，所组成的表达式结果为布尔类型的值 true 或 false，如表 4-3 所示。

表 4-3　Java 关系运算符

运算符	名　称	示　例	功　能
<	小于	a<b	a 小于 b 时返回 true，否则返回 false
<=	小于等于	a<=b	a 小于等于 b 时返回 true，否则返回 false
>	大于	a>b	a 大于 b 时返回 true，否则返回 false
>=	大于等于	a>=b	a 大于等于 b 时返回 true，否则返回 false
==	等于	a==b	a 等于 b 时返回 true，否则返回 false
!=	不等于	a!=b	a 不等于 b 时返回 true，否则返回 false

关系运算符的优先顺序如下所述。

（1）表 4-3 中，前 4 种关系运算符的优先级别相同，后两种相同，前 4 种高于后两种。

（2）关系运算符的优先级低于算术运算符。

（3）关系运算符的优先级高于赋值运算符。

简单示例如下。

```
2>3;          //返回false
2==3;         //返回false
2!=3;         //返回true
```

需要注意，在 Java 程序中，不等于是用!=表示的，而不是一些编程语言的<>，等于使用==，而非=。在 Java 程序中，=用于赋值操作，而非关系运算符。==和!=除了用于简单类型的操作数外，还可以用于比较引用类型数据。

> **注意：**
> 除==和!=外，其他关系运算符都不能用于 boolean 类型的操作数。

2. 逻辑运算符

逻辑运算符也称为布尔运算符，是进行逻辑运算的符号。逻辑运算符主要包括!、&、|、^、&&、||，这些运算符分别实现非、与、或、异或、短路与及短路或等逻辑运算。和关系运算一样，逻辑运算结果也是布尔类型值 true 或 false，参与逻辑运算的数据也必须是布尔类型。关于逻辑运算符的种类和功能说明如表 4-4 所示。

表 4-4　逻辑运算符的种类和功能说明

符　号	名　称	功能说明
!	非	只操作一个数据，对数据取反
&	与	两个条件同时为 true 才为 true，否则为 false
|	或	两个条件有一个为 true 则为 true，否则为 false
^	异或	两个条件真值不相同，则异或结果为 true，否则为 false
&&	短路与	同&，两个条件同时为 true 才为 true，否则为 false
||	短路或	两个条件有一个为 true 则为 true，否则为 false

对于逻辑运算符，需要特别说明的是，短路与&&和短路或||是按照"短路"的方式进行求值的。也就是说，如果第一个表达式已经可以判断出整个表达式的值，就不进行后面的运算了。例如对表达式 a&&b 进行运算，如果表达式 a 的值为 false，将不再对 b 的值进行计算；对表达式 a||b 进行运算时，如果 a 的值为 true，将不再对 b 的值进行计算。

4.1.4　任务一：短路布尔运算

1. 任务描述

编写一个程序，包含几个返回值为布尔类型数据的方法，方法向控制台输出调用信息。在主函数中通过含短路与和短路或的逻辑表达式调用这些方法，验证短路布尔运算的特点，然后将短路布尔运算符换成普通布尔运算符，比较输出结果。

2. 技能要点

● 使用布尔运算符。
● 比较短路布尔运算符与普通布尔运算符的异同。

3. 任务实现过程

（1）编写一个名为 LogicalOperators 的类，定义 3 个返回值为 boolean 类型的方法 Msg1()、Msg2() 和 Msg3()，返回值分别为 true、false、false，并在每个方法里都输出一条语句，显示该方法被调用。在 Mail() 方法中调用 3 个方法，将 3 个方法的返回值进行短路与运算和短路或运算，查看输出结果和方法调用情况。

源文件：LogicalOperators.java。具体示例代码如下。

```
public class LogicalOperators {

    public static void main(String[] args) {
        LogicalOperators lg= new LogicalOperators();
        System.out.println("短路或运算");
```

```
        System.out.println(lg.Msg1() || lg.Msg2() || lg.Msg3());
        System.out.println("短路与运算");
        System.out.println(lg.Msg1() && lg.Msg2() && lg.Msg3());
    }
    boolean Msg1() {
        System.out.println("显示信息1");
        return 1 < 2;//true
    }

    boolean Msg2() {
        System.out.println("显示信息2");
        return 1 == 2;//false
    }

    boolean Msg3() {
        System.out.println("显示信息3");
        return 1 > 2;//false
    }
}
```

（2）编译运行程序，将得到如下输出结果。

```
短路或运算
显示信息1
true
短路与运算
显示信息1
显示信息2
false
```

分析上述示例程序，方法 Msg1() 的值为 true，或运算中如果有一个表达式为真（true），则整个表达式均为真（true），因此，无须计算后面的方法 Msg2() 和方法 Msg3() 两个表达式就可以得到整个表达式的值。第二条"短路与"语句，因为在逻辑与运算中只要一个表达式的值为假（false），则整个表达式的值都为假（false），Msg1() 为真（true），所以要进行第二个表达式的运算，它将调用方法 Msg2()，而此时，Msg2() 方法的返回值为假（false），所以将不用进行后面的运算。

（3）将 LogicalOperators.java 中的短路布尔运算符修改成普通布尔运算符，即将如下语句修改，程序的其他语句不变。

```
System.out.println("短路或运算");
System.out.println(lg.Msg1() | lg.Msg2() | lg.Msg3());
System.out.println("短路与运算");
System.out.println(lg.Msg1() & lg.Msg2() & lg.Msg3());
```

执行程序，输出结果如下。

```
短路或运算
显示信息1
显示信息2
显示信息3
true
短路与运算
显示信息1
显示信息2
显示信息3
false
```

Java 三元运算符

由上分析，运算符&&和&所求得的结果相同，||和|所求得的结果相同。它们的区别在于，&和|不会进行"短路"运算，而是会计算运算符两边各个参数的值。

4.1.5　知识准备：三元运算符

Java 还支持三元运算符?:，也称为条件运算符，这个运算符的用法如下。

```
condition? a:b
```

其中，条件 condition 是一个布尔表达式，如果 condition 为 true，则表达式的值为 a，否则表达式的值为 b。简单示例如下。

```
public class demo {
public static void main(String[]args){
int a=10,b=20,y;
a>b?(y=a):(y=b;)  //1，这样写是错误的
y=a>b?a:b; //2，这样写是正确的
}
}
```

由示例程序可以看到，a>b 的时候，执行 y=a，本例中 a<b，所以条件表达式 a>b 的值为 false，执行 y=b，此时 y 的值为 20。

4.1.6　知识准备：递增/递减运算符

在编写 Java 程序时，经常需要对一个变量进行加 1 或者减 1 运算，这时通常使用递增或递减运算符来完成。其中递增运算符实现对操作数加 1，递减运算符实现从操作数减 1。

递增和递减操作符有前缀版和后缀版两种形式。前递增++运算符位于变量或表达式的前面，后递增++运算符位于变量或表达式的后面。类似的，前递减--运算符位于变量或表达式的前面，后递减--运算符位于变量或表达式的后面。前递增和前递减（如++A 或--A）会先执行运算，再生成值；后递增和后递减（如 a++或 a--）会先生成值，再执行运算。示例如下，此时，counter 的值为 21。

```
int counter =20;
counter++;
```

前缀方式和后缀方式的作用都是对操作数加上或减去 1，区别在于运算符在表达式中的位置。例如如下示例。

```
int a = 10;
int b = 10;
int m = 2*++a;
int n = 2*b++;
```

在进行 m=2*++a 运算时，程序会先将 a 加上 1，然后进行乘法运算；而对于 n=2*b++的后缀递增运算，则会先取出 b 的数值进行乘法运算，然后将 b 递增 1。所以，此时 m 的值是 22（m=2*(10+1)），n 的值是 20（n=2*10），a 和 b 的值都为 11。

> **注意：**
> 递增/递减操作符只能用于变量，而不能用于数字本身，如 10--、5++这样的用法是错误的。

4.1.7　知识准备：赋值运算符

赋值运算将=右边的值赋给（更准确地说是"复制到"）左边的变量。=右边的值可以是任何变量、常量或者一个可以产生值的表达式，左边必须是一个明确的、命名的变量，不可以为常量。如 a=10 是合法的，而 10=a 却是不允许的。

基本类型数据的赋值非常简单，直接将=右边的值赋值到左边的变量中；对于引用类型数据的赋值，因为操作的并非是对象本身，而是它的"对象引用"，所以实际上是将=右边的引用（而非对象本身）赋值到左边的变量中。

1. 扩展赋值运算

将赋值运算符和其他运算符结合起来，就可以作为一种特别的扩展赋值运算符。扩展赋值运算符有+=、-=、*=、/=、%=、&=、|=、^=、>>=、<<=及>>>=等。注意，并非所有的运算符都可以和赋值运算符结合成扩展赋值运算符。

扩展赋值运算符的引入只是为了简化赋值运算的表达形式，例如将 "a=a operator b；" 简化为 "a operator=b；"，其作用是相同的。

2. 运算中的数据类型转换

简单类型数据之间是可以相互转换的，那么在表达式中，它是如何转换的呢？比如，一个表达式中既有 float 类型的数据，又有 double 类型的数据，那么，得出来的结果到底是什么数据类型呢？

Java 程序在编译期间就会进行扩展类型检查，并且对于数据从一种类型转换到另一种类型有严格的限制。在 Java 语言中，存在隐式转换和强制转换两种不同类型的类型转换。

隐式转换：在对包含非 boolean 型的简单数据类型的表达式求值的时候，Java 程序会进行大量的隐式转换。这些转换有很多的限制，但最基本的原则是这种转换必须是提升（widening，或称为扩大）转换，而不是下降（narrowing，或称为缩小）转换。也就是说，隐式转换只能将一种简单数据类型转换到比它范围更大的类型。

强制转换：当隐式转换不能被所要求的表达式支持，或者是有特殊的需求时，需要使用类型转换运算符进行强制转换。

对于一元运算符，例如++或一，隐式转换比较简单，byte、short、char 类型的数被转换成 int 型，而其他类型的数据保持不变。

对于二元运算符，情况比较复杂，但是这种转换基本上遵循"表达式中最长的类型为表达式的类型"的原则，具体的运算规则如下。

（1）如果两个操作数中有一个是 double 类型的，则另一个也会被转换成 double 类型，最后的运算结果也是 double 类型的。也就是说，表达式的类型为 double 类型。

（2）如果两个操作数中有一个是 float 类型的，则另一个操作数也会被转换成 float 类型，此时表达式类型是 float 类型。

（3）如果两个操作数中有一个是 long 类型的，另一个将会被转换成 long 类型，此时表达式的类型也为 long 类型，否则两个操作数都会被转换成 int 类型。

（4）对于 byte、char、short 类型的数据，在进行计算时都会转换成 int 类型来计算，得出的结果也是 int 类型。

下面是具体示例。

源文件：TypeConversion.java。示例代码如下。

```
public class TypeConversion {
    public static void main(String[] args) {
        short s = 11;
        long l = 111;
        int  i = 1;
        byte b1 = 2, b2 = 3;
        char c = 'c';
        System.out.println(l * s);          //将会得到一个long类型的数值
```

```
            int j = b1 + c;                          //byte类型+char类型结果为int类型
            // byte f = b+e;                          //将会报错，因为计算得出的结果应该是int类型
            int m = 1123456789;
            float n = m;                              //将会损失精度，得到的结果是1.12345677E9
            System.out.println(j);
            System.out.println(n);
        }
    }
```

在这个例子中，如果将两个 byte 类型的数据相加，再将结果赋给一个 byte 类型的变量，编译的时候将会出错。这是因为，两个 byte 类型的值相加返回的是 int 类型的值。如果将一个整型的值赋给一个 float 类型的变量，则会保留正确的数值级数，但是，转换后会损失一些精度。

虽然不能将一个会产生 int 类型结果的表达式的值赋给 byte 类型变量，但是实际上可以将整型值直接赋值给 byte、short、char 等 "更窄" 类型的变量，而不需要进行强制转换，前提是不超出其表数范围。例如如下示例。

```
byte b1 = 33;               //合法
short s = 456;              //合法
char ch = 345;             //合法
byte b2 = 142              //非法，超出byte型数据表数范围
```

隐式转换不但会发生在表达式中，还会发生在方法调用的时候。比如，在调用方法时参数不是方法定义中所规定的参数类型的时候。

Java 可以自动 "提升" 数据类型，但是实际中经常需要将数据从较长的类型转换到较短的类型，如将 double 类型的数据转换成 int 类型的数据，这时，Java 不会自动完成这个动作（默认情况下只会将 int 类型的数据转换成 double 类型的），所以，需要在程序中对其进行强制转换。当然，这种操作可能会引起信息的丢失，所以应该小心使用。

除了简单数据类型外，类型转换还可以用于引用类型的数据。任何对象都可以被转换成它的基类或任何它所实现的接口，一个接口也可以被转换成它所扩展的任何其他接口。

4.1.8　任务二：简单数据类型和引用数据类型的赋值操作

1. 任务描述

写一段程序，分别给简单类型变量和引用类型变量进行赋值操作，要求输出赋值后的变量值，并体现出引用类型赋值前后的变量指向同一对象。

2. 技能要点

● 简单的赋值操作。
● 引用类型变量赋值和简单类型变量赋值的区别。

3. 任务实现过程

（1）编写源程序，定义一个类 Clock，它有一个 time 属性。在类 Assignment 的 main() 方法中定义两个 int 简单数据类型的变量 a、b，并给 b 赋值 100，然后将 b 的值赋给变量 a。此时，实际上是将 b 的值的副本复制给了 a，因此，a 和 b 中的任何一方变化都不会影响到另一方。

（2）定义两个 Clock 引用类型的变量 c1、c2，并给 c1 初始化一个对象引用，然后将 c1 的值赋给 c2。此时这个操作实际上是将 c1 的对象引用复制给了 c2，c1 和 c2 所指向的是同一个对象。因此，无论通过变量 c1 还是 c2 去改变对象，改变的都是同一个对象。

源文件：Assignment.java。具体示例代码如下。

```java
public class Assignment {

    public static void main(String[] args) {
        //简单数据类型
        int a, b = 100;
        a = b;
        b = 10;
        System.out.println("a = " + a);
        System.out.println("b= " + b);

        Clock c1 = new Clock(10);
        Clock c2;
        c2 = c1;
        c1.setTime(12);
        System.out.println("Clock1的time=" + c1.getTime());
        System.out.println("Clock2的time=" + c2.getTime());
    }
}
class Clock {
    private int time;

    //构造器
    public Clock(int clockTime) {
        time = clockTime;
    }

    public int getTime() {
        return time;
    }

    public void setTime(int time) {
        this.time = time;
    }
}
```

（3）编译并运行程序，将得到如下输出结果。

```
a = 100
b= 10
Clock1的time=12
Clock2的time=12
```

4.1.9　知识准备：运算符的优先顺序

除了上述运算符外，Java 还提供了其他运算符来进行运算。

Java 运算符在风格和功能上都与 C 和 C++极为相似，按优先顺序列出的运算符如下。

分隔符：　　[] () ; ,

从右到左结合：　++ −− + − ~ ! (data type)

从左到右结合：　* / %

从左到右结合：　+ −

从左到右结合：　<< >> >>>

从左到右结合：　< 　> 　<= 　>= 　instanceof

从左到右结合：　== 　!=

从左到右结合：　&

从左到右结合：　^

从左到右结合：　|

从左到右结合：　&&

从左到右结合：　||

从右到左结合：　?:

从右到左结合：　= 　*= 　/= 　%= 　+= 　-= 　　<<= 　>>= 　>>>= 　&= 　^= 　|=

注意：

instanceof 是 Java 编程语言特有的运算符。

4.1.10 技能拓展任务：字符串连接运算符

Java 字符串连接

1. 任务描述

运算符+除了可以用于数值类型的加法运算外，在字符串类型（String）数据中，它还是一个用于连接字符串的特殊运算符。在表达式中用+连接两个操作数，其中如果一个操作数是字符串类型（String），Java 会自动将另一个操作数也转换成字符串，然后将这两个字符串相连，生成一个新的字符串。

要求通过实例来验证这一转换过程，编写程序，输出一月和二月的手机数据流量值。

2. 技能要点

使用+连接字符串。

3. 任务实现过程

（1）写一个类 StringConnect，在该类中通过将数字和一个空字符串相连的方式将数字转换成字符串类型。

源文件：StringConnect.java。具体示例代码如下。

```java
public class StringConnect {

    public static void main(String[] args) {
        double jan = 98.987;
        double feb = 76;                         //自动将int型的数值1提升到double类型1.0
        double total = jan + feb;
        String flow = "January Dataflow is: " + jan;
//上面得到一个字符串："Price is:9.987"
        String sflow = "The Total DataFlow is: " + total;
//上面得到一个字符串："Total Price is:10.987"
        System.out.println(flow);
        System.out.println(sflow);
        System.out.println("" + jan + feb);      //打印出一个字符串：9.9871.0
        System.out.println(jan + feb +"");        //打印出一个字符串：10.987
    }
}
```

（2）运行程序，输出结果如下。

```
January Dataflow is: 98.987
The Total DataFlow is: 174.987
98.98776.0
174.987
```

从上述示例可以看到，String 和一个数字类型的数据进行+运算时，将会得到一个新的字符串，这个字符串由旧的字符串和这个数字组成。

再例如如下程序行，根据运算符从左到右的结合原则，空字符串首先和 jan 进行运算，得到一个字符串，这个字符串的内容就是 98.987，然后这个字符串再和数字 y 进行运算，此时得到一个由 x 和 y 组合成的新的字符串 98.98776.0。

```
System.out.println("" + jan + feb);
```

将如下语句与上述语句进行比较，这条语句首先进行数值+运算，得到一个新的数值 174.987，然后和空字符串进行连接运算，得到一个新的字符串 174.987。

```
System.out.println(jan + feb +"");
```

4.2　表达式

表达式就是运算符和操作数的结合。Java 中的表达式分为算术表达式和逻辑表达式两种。当代码执行的时候，由 Java 解释器进行求值，如果结果可以预先计算，可以由编译器来进行求值。

4.2.1　知识准备：表达式中运算符的结合性

所有数学运算都默认是从左到右结合的，在 Java 中，大部分运算也是从左到右结合的，只有单目运算符、赋值运算符和条件运算符例外。

乘法和加法是两个可结合的运算，也就是说，这两个运算符左右两边的操作符可以互换位置而不会影响结果。

4.2.2　知识准备：表达式中运算符的优先顺序

在进行表达式转换的过程中，必须了解各种运算的优先顺序，使转换后的表达式能满足数学公式的运算要求。表 4-5 所示为运算符的优先级（表中优先级从上到下依次降低，优先级最高的为分隔符，最低的为赋值符）。

表 4-5　运算符的优先级

运算符说明	Java 运算符
分隔符	.　[]　()　,　;
单目运算符	+　-　~　!　++expr　--expr
创建或类型转换	new　(type)expr
乘法、除法、取模	*　/　%
加法、减法	+　-
移位	<<　>>　>>>
关系	<　<=　>=　>　instanceof
等价	==　!=

续表

运算符说明	Java 运算符
按位与	&
按位异或	^
按位或	|
条件与	&&
条件或	||
条件	?:
赋值	=

问：如果是同级的运算符，要怎么办呢？

答：如果是同级的运算符，运算从左到右依次进行，多层括号由里向外进行。

4.3 分支语句

从结构化程序设计角度出发，Java 程序有顺序结构、选择结构、循环结构 3 种结构。顺序结构的程序设计是最简单的，只要按照解决问题的顺序写出相应的语句就行，它的执行顺序是自上而下依次执行的。

选择结构主要通过分支语句实现程序流程控制，即根据一定的条件有选择地执行或跳过特定的语句。Java 分支语句分为下述两种。

（1）if…else 语句：一种控制程序流程的最基本的方法，else 子句可有可无。

（2）switch 语句：另一种程序流程控制语句，当必须在程序中检测一个整型表达式的多个值时将会用到。

4.3.1 知识准备：if 语句

if 条件语句是最常用的一种分支语句，它的基本格式有如下 3 种。

1. 形式一

```
if (boolean条件表达式){
    语句A;
}
```

在 if 后面的条件语句，必须是一个可以转换成 boolean 型的表达式，这个表达式需要用括号括起来。当表达式的值为 false 时执行语句 A，否则跳过语句 A。

2. 形式二

```
if (boolean条件表达式){
    语句A;
} else {
    语句B;
}
```

表达式为 true 时执行语句 A，表达式为 false 时执行语句 B。

3. 形式三

```
if(boolean条件表达式1)
    语句1
else if(boolean表达式2)
    语句2
else if(boolean表达式3)
    语句3
...
else if(boolean表达式n)
    语句n
else
    语句n
```

表达式 1 为 true 时执行语句 1,表达式 1 为 false 时判断表达式 2,表达式 2 为 true 时执行语句 2,表达式 2 为 false 时判断表达式 3,如此直至表达式 n 为 false,则执行最后一个 else 后的语句 n。

4.3.2 任务三:if 语句的用法

1. 任务描述

使用 if…else 语句编程实现对手机电池电量使用情况的提示。当手机电池电量大于 30% 时,显示手机电量充足;当电量处于 10%～30% 时,提示手机电量低;当电量处于 10% 以下时,提示更换电池;当电量小于 5% 时,提示电量耗尽将自动关机。

2. 技能要点

使用 if…else 多分支语句。

3. 任务实现过程

(1)定义一个名为 Battery 的类,该类中有一个名为 warning() 的方法,该方法入口处传入一个 int 类型的参数,该参数表示当前手机电量。该方法中使用 if…else 语句进行多分支条件的判断。当电池电量小于等于 5% 时,直接输出信息;当电量大于 5% 时,进行下一层判断,电量小于 10% 时,输出信息;当电量大于 10% 时,再继续进行判断;如果电量小于 30%,输出信息;电量大于 30% 时,不再进行判断,执行最后的 else 语句,输出信息。

(2)在 main() 方法里声明 4 个 int 类型变量,覆盖 4 个分支条件。调用 warning() 方法将这 4 个变量依次作为参数传入。

源文件:Battery.java。具体示例代码如下。

```java
public class Battery {

    public static void main(String[] args) {
        int a = 40,b=20,c=6,d=5;
        Battery bat = new Battery();
        bat.warning(a);
        bat.warning(b);
        bat.warning(c);
        bat.warning(d);
    }
    public void warning(int power){
```

```
        if (power <= 5) {
            System.out.println("*The power runs out,about to shutdown!*");
        } else if (power < 10) {
            System.out.println("*Replace the battery!*");
        } else if(power < 30){
            System.out.println("*The power is low*");
        } else
            System.out.println("*The power is enough*");
    }
}
```

（3）运行程序，它将向控制台输出如下信息。

```
*The power is enough*
*The power is low*
*Replace the battery!*
*The power runs out,about to shutdown!*
```

4.3.3 知识准备：switch 语句

对于多选择分支的情况，可以用 if 语句的 if…else 形式或 if 语句嵌套处理，但大多数情况下略显麻烦。为此，Java 提供了 switch 语句，也称开关语句。一个 switch 语句由一个控制表达式和一个由 case 标记描述的语句块组成。和 if 语句不同，switch 语句后面的控制表达式求出的值应该是整型的，而不是 boolean 类型的。控制表达式的值决定哪一个 case 分支将被执行，每一个 case 分支都用唯一的常量表达式或常量来标识，用于控制这个 case 是否必须被执行。程序将执行到表达式值与控制表达式值相匹配的 case 分支。如果不存在这样的匹配，则执行 default 后面的程序块。如果没有 default 标记（并不推荐这样做），则控制被传递到 switch 程序块后的第一条语句，也就是退出 switch 程序块。控制表达式必须是可以转换为 byte、short、char 或 int 类型的值的表达式。

关于 switch 语句，需要了解 4 个关键字——switch、case、break 和 default，它们的意思分别是开关、情况、中断、默认（值）。用一句话套起来说就是根据不同开关值执行不同的情况，直到遇上中断；如果所有情况都不符合开关值，就执行默认的分支。注意，每一个 case 标记的程序块最后都有一个 break 语句，这条语句具有很大的作用，如果没有这条语句，当与 case 分支相连续的程序块执行完毕后，将会继续运行与下一个 case 分支相联系的程序块。

4.3.4 任务四：switch 语句实例

1. 任务描述

使用分支语句 switch 输出一周内的车辆限行尾号（默认周一、周六限行）。

2. 技能要点

使用 switch 语句及 case、default、break 关键字。

3. 任务实现过程

（1）定义一个名为 MorningGreetings 的类，在该类中定义一个 greetings()方法，该方法传入一个 int 类型变量 n。使用 switch 语句对 n 进行判断，如果 n 是 1，则代表周一，限行车号为 n=1 和 m=5+n；n=2、3、4 时计算方法相同，n=5 时 m=5-n，输出 m、n。

（2）当 n=6、7 时为周末，输出信息为车辆自由行驶。将 case 6 的执行语句设置为空，则程序会执行与紧随其后的 case 语句相同的动作，就是 n=7 时的动作。

（3）如果传入 n 的值不是 1~7 中的值，程序执行 default 之后的语句提示错误信息。

源文件：MorningGreetings.java。具体示例代码如下。

```java
public class MorningGreetings {

    public static void main(String[] args) {
        MorningGreetings mg = new MorningGreetings();
        int day1=1,day2=5,day3=6,day4=7,day5=9;
        mg.greetings(day1);
        mg.greetings(day2);
        mg.greetings(day3);
        mg.greetings(day4);
        mg.greetings(day5);
    }
    public void greetings(int n){
        int m;
        switch (n) {
        case 1: {
            m = n+5;
            System.out.println("Monday,Driving restrictions is "+n+","+m);
            break;
        }
        case 2: {
            m = n+5;
            System.out.println("Tuesday,Driving restrictions is "+n+","+m);
            break;
        }
        case 3: {
            m = n+5;
            System.out.println("Wednesday,Driving restrictions is "+n+","+m);
            break;
        }
        case 4: {
            m = n+5;
            System.out.println("Thursday,Driving restrictions is "+n+","+m);
            break;
        }
        case 5: {
            m = n-5;
            System.out.println("Friday,Driving restrictions is "+n+","+m);
            break;
        }
        case 6:
        case 7: {
            System.out.println("Great!Today is freedom!");
            break;
        }
        default:
            System.out.println("Not of the week");
        }
    }
}
```

（4）执行程序，显示如下输出。

```
Monday,Driving restrictions is 1,6
Friday,Driving restrictions is 5,0
Great!Today is freedom!
Great!Today is freedom!
Not of the week
```

4.4　循环语句

实现循环结构的语句是循环语句。循环语句是由循环体和循环终止条件两部分组成的，其功能是在循环条件满足的情况下反复执行一段代码，直到不再满足循环条件为止。循环可分为如下 3 类。

- 条件变为 false 之前重复执行语句。
- 条件变为 true 之前重复执行语句。
- 按照指定的次数重复执行语句。

Java 语言支持 3 种循环构造类型，分别为 for、while 和 do…while。3 种循环结构均通过一个条件表达式控制。在 while 和 for 结构中，条件判断均先于语句块执行，所以有可能程序块一次也不执行。在 do…while 循环中，程序块先于条件判断，所以，程序块至少执行一次。

4.4.1　知识准备：for 语句

for 语句的基本格式如下。

```
for ( 初始化语句;循环条件;迭代语句){
    循环体;
}
```

初始化语句是循环的初始状态，循环条件是条件判断的布尔表达式，如果表达式的值为 true，则执行后面的语句，接下来执行后面的迭代语句。如果条件判断表达式第一次求值就为 false，那么 for 循环不会进行任何的迭代，后面的循环体和迭代语句也不会执行任何操作。

一次循环结束后，下一次循环开始前，执行迭代部分的语句，然后判断循环条件表达式的值，决定是否进行下一次循环。

循环语句 for 语句

for 循环示例如下，它实现了一个简单的阶乘运算 $n*(n-1)*(n-2)*\cdots*1$，在这里，n 的值为 5，因此，它运算的结果是 $5*(5-1)*(5-2)*(5-3)*(5-4)=5*4*3*2*1=120$。

```
int counter = 1;
for (int i = 5;i>1;i--)    {
    counter = counter * i;
}
```

上述示例中，初始化语句只有一个初始化值，条件判断表达式也只有一个条件，步进代码也是每次递减一个数字。但是，其实 Java 允许在 for 语句的循环控制的各个部分放置任何表达式。例如下例，初始化的变量有 3 个，但是只能有一个声明语句，所以，如果需要在初始化表达式中声明多个变量，那么这些变量必须是同一种数据类型的。

```
for(int b = 0,s = 0,p = 0;(b<10)&&(s<4)&&(p<10);p++){
    //代码块
    //更新b和s的值
}
```

在这个例子中，for 循环并没有限制它的 for 语句的每一部分都必须提供一个表达式，这 3 个部分都可以为空，此时是一个无限的循环。这在语法上是没有错误的，只是这种循环在实际应用中会引起很多的问题，应该避免使用这种会引起无限循环的 for 语句。

for 语句中各部分为空时的控制示例如下。

```
int sum=0;
//注意for语句，它的步进部分是空的
for (int i=1;i<=n;){
    sum=sum+i;
    //将步进放到了for程序块中
    i++;
}
```

上述 for 语句中，它的步进部分是空的，将这个步进运算放到了程序块中。无限 for 循环示例如下，这种情况一般是要避免的，不应该让程序出现这种无限循环的情况。

```
for(; ;){
    //程序块
}
```

在 for 语句内定义的变量的作用范围仅限于 for 语句块、表达式及 for 子句的语句部分。在 for 循环终止后，它们将不可被访问。如果需要在 for 循环外部使用循环计数器的值，可以将这个变量定义在 for 循环体外，代码如下。

```
int k;
for(k = 0;k<10;k++){
}
//此时可以再使用变量k
```

另外，如果变量定义在 for 循环体内，则在另外一个循环体中可以使用相同的变量名称，示例如下。

```
for(int k=0;k<10;k++)  {
    ...
}

for(int k = 100;k>0;k--)      {
    ...
}
```

4.4.2　任务五：for 循环语句实例

1. 任务描述

手机用户设定在一小时内每隔 10min 手机闹钟响铃一次。

2. 技能要点

● for 语句。
● for 语句与 if 分支语句结合使用。

3. 任务实现过程

（1）定义一个名为 Alarm 的类，该类中使用 for 语句进行响铃循环输出。for 语句的初始条件为 1，即从第一分钟开始计时，当时间小于 60min 时，判断此时的时间是否可以被 10 整除。如果可以整除，则响铃；不能整除，则时间加 1，重新开始循环。

（2）定义一个 int 类型的变量 j 来记录响铃次数，每次响铃之后 j 加 1。

```
public class Alarm {
  public static void main(String[] args) {
```

```
            int j =1;
            for(int i=1;i<=60;i++){
                if(i%10==0){
                    System.out.println("第"+j+"次响铃");
                    j++;
                }
            }
        }
    }
```

（3）执行程序，输出结果如下。

```
第1次响铃
第2次响铃
第3次响铃
第4次响铃
第5次响铃
第6次响铃
```

4.4.3　知识准备：while 语句

while 语句的格式如下。

```
while (条件判断表达式 ){
        循环体；
        迭代运算；
    }
```

while 语句首先测试条件表达式，这个表达式的值必须是布尔类型的，如果为 true，则运行程序块中的程序，并且一般需要进行迭代运算，以改变条件表达式中变量的值，直到表达式中的值变为 false。如果刚开始条件表达式就为 false，则 while 循环一次也不会被执行。

while 循环应用示例如下。

```
…
//while循环
int counter=0;
//初始化一个变量
int i=1;
//利用这个变量构成一个条件表达式
while(i<=10){
        counter=counte1+i;
        //将加1
        i=i++;
}
System.out.println("After the While Loop,the counter is:"+counter);
…
```

for 循环和 while 循环可以实现相同功能，例如如下 for 循环。

```
for(init_expr;test_expr;alter_expr){
 statements;
}
```

将上述 for 循环改写成如下 while 循环。

```
init_expr;
while(test_expr){
  statements;
  alter_expr;
}
```

这两种方式是完全可以相互替换的。for 循环和其他两个循环控制语句不同的地方在于，它可以在控制表达式中定义变量，而 while、do…while 语句不能这样做。

4.4.4　知识准备：do…while 语句

do…while 循环语句的格式如下。

```
[初始化表达式]
do{
        循环体；
        迭代运算；
}while(条件表达式);
```

do…while 循环类似于 while 循环，在 while 后面也得跟一个布尔类型的条件表达式。do…while 循环首先执行里面的代码段，然后判断条件表达式是否为 true，如果为 true，则返回执行 do 语句，否则退出整个循环。因为 do…while 循环是先运行里面的代码块，然后判断条件，所以，do…while 循环至少会执行一次，这是 do…while 循环和 while、for 循环最大的区别所在。

例如如下示例，和 4.4.3 小节的 while 循环示例相比，条件表达式都是一样的，它们运行后得到的结果也是一样的。但是，如果将各自的条件改成(i<=0)和(j<=0)，则 do…while 循环将会返回 1，而 while 循环却只能返回 0，这是因为 do…while 是"先执行、后判断"，而 while 是"先判断、后执行"。

```
int counter=0;
int j=1;
do {
        counter = counter +j;
        j=j+1;
}while(j<=10);
System.out.println("After the Do Loop,the counter is:"+ counter);
```

4.4.5　知识准备：break 及 continue 语句

使用 break 语句可以终止 switch 语句和终止循环的子语句块，甚至是普通的程序块。

1. break 语句

在循环中，经常需要在某种条件出现时强行终止循环的运行，而不是等到循环的判断条件为 false 时。通过 break 语句可以完成这个功能。

break 语句通常用在循环语句和开关语句中，例如用在开关语句 switch 中，break 语句可以使程序跳出 switch 而执行 switch 以后的语句，以防止程序进入死循环而无法退出。当 break 语句用于 do…while、for、while 循环语句中时，可使程序终止循环。

break 语句用于循环语句中的示例如下。

```
int sum1 = 0,n=10;
for (int i=1;i<=n;i++){
    sum1=sum1+i;
    if(i%2==0)break;
}
```

以上示例中，如果 i 能够被 2 整除，就跳出 for 循环。因此，实际上 for 循环只能循环两次，得到的 sum1 的值是 3。

如果是多层循环嵌套，break 语句的作用就有局限性了，因为它只能跳出单层循环。如果希望可以跳出指定层数的循环，有 C++或其他编程经验的读者可能会想到 goto 语句。但是，在结构化程序设计中不主张使用 goto 语句，以免造成程序流程的混乱。在 Java 中，goto 语句虽然是保留字，但并没有使用它，而是提供了一种类似 goto 功能的实现方法，就是将 break、continue 与标签结合。goto 语句是无条件转移语句，break、continue 语句可以理解为弱化了的 goto 语句。在本质上而言，两者的跳跃是不同的，break、continue 是一种循环中断的方式，相同点在于它们都使用了标签（label）。

所谓标签，就是后面跟了一个冒号"："的标识符，例如如下语句。

```
oneLabel:
```

从语法上看，在 Java 程序中，标签可以放在任意的地方，但是一般而言，标签只有放在循环语句之前才能真正起到应有的作用，示例如下。

```
LabelOne:
循环
{
…
}
```

在嵌套循环中，和标签结合的 break 语句应用示例如下。在这个例子中，从控制台接收一个输入，如果输入 b，则退出内层的 while 循环；如果输入 q，则退出外层的循环（也就是终止整个循环）。

```
outer:
for(int i = 0;i<10;i++) {
    System.out.println("Outer loop:");
    inner:
            while(true) {
                int k = System.in.read();
                System.out.println("Inner Loop:"+k);
                if(k=='b') break inner;
                if(k=='q') break outer;
            }
}
```

另外，如果需要终止普通的语句块（既不是 switch 语句，也不是循环语句），则必须使用如下标签。

```
Label1:      {
Label2:{
    Label 3:{
        …
        }
    }
}
```

2. continue 语句

continue 语句用来略过循环中剩下的语句，停止当前迭代，重新开始新的循环，这和 break 语句的完全跳出循环是不一样的。

continue 仅仅出现在 while、do…while、for 语句的子语句块中。也可以使用标签来选择需要终止的嵌套循环的层级。

例如如下示例，在这个例子中，如果 j 可以被 2 整除，则不进行后面的相加操作，重新返回循环的开头，判断 j=3 时是否满足循环条件。因此，它运算后的值为 25。

```
int sum1=0;
int sum2=0;
//Continue
for (int j=1;j<=10;j++)  {
    if(j%2==0)continue;
    sum2=sum2+j;
```

```
}
System.out.println(sum2);
```

> **问**：continue 语句和 break 语句的区别是什么呢？
>
> **答**：如果遇到 continue 语句，程序将立即返回循环的入口，继续执行；如果遇到 break 语句，程序将立即跳出循环，从循环后的第一条语句开始执行。读者自己多编写几个小程序去体会吧！

4.4.6 技能拓展任务：continue 结合标签的使用

1. 任务描述

结合使用 break、continue 语句和标签，实现在短信中查找关键字的功能。

2. 技能要点

- 使用 break、continue 语句跳出循环。
- 标签和 continue 语句的结合使用。

3. 任务实现过程

（1）定义一个名为 SearchKeyWord 的类，作用是从字符串 msg 中搜索指定的子符串 keyword，从要搜索的字符串 keyword（程序中设定为 "key"）的第一个字符开始去匹配 msg 的第一个字符，如果第一个字符都不匹配，不再比较第二个字符（利用 continue 语句）；如果第一个字符匹配，则比较第二个字符，如果第二个字符不匹配，不再往下比较，否则往下比较第三个字符，以此类推。如果找到完全匹配的子字符串，则退出整个循环（用 break 语句），并且返回 true。然后根据是否返回 true 打印出 Found it 或 Didn't find it。代码如下。

```java
public class SearchKeyword {
public static void main(String[] args) {
    String msg = "Look for a keyword in msg";
    String keyword = "key";
    boolean foundIt = false;

    int max = msg.length() - keyword.length();

    test: for (int i = 0; i <= max; i++) {
        int n = keyword.length();
        int j = i;
        int k = 0;
        while (n-- != 0) {
            if (msg.charAt(j++) != keyword.charAt(k++)) {
                //跳出的本次循环是for循环，而不是while循环
                continue test;
            }
        }
        foundIt = true;
        //跳出整个循环
        break test;
    }
    System.out.println(foundIt ? "Found it" : "Didn't find it");
    }
}
```

（2）运行程序。如果 keyword 的值为 key（如程序中所示），则会在控制台上打印出 Found it；如果修改 keyword 的值为 123，则会打印出 Didn't find it。

4.5　本章小结

本章介绍了运算符的基本概念；着重介绍了算术运算符、递增/递减运算符、关系运算符和布尔运算符、位运算符和赋值运算符等主要运算符，并通过实例使读者了解这些运算符的使用方法以及各种运算符的优先级。本章还介绍了表达式的概念和表达式中运算符的结合性与优先级，介绍了应用于 Java 流程控制的分支语句和循环语句，通过实际代码，读者了解了 if…else、switch、for、while 等语句的用法。最后通过布置任务帮助读者掌握技巧，学会在编程中使用这些语句。

课后练习题

一、选择题

1. 阅读如下代码。

```
boolean var1=false;
boolean var2=true;
boolean result1=var1&&var2;
boolean result2=!var2;
boolean result2=(var1&var2)&(!var2);
System.out.println("result1="+result1+";result2="+result2);
```

以上代码运行的结果是（　　）。

A. result1=false;result2=false

B. result1=true;result2=true

C. result1=true;result2=false

D. result1=false;result2=true

2. 下列代码的执行结果是（　　）。

```
public class Test1{
public static void main(String args[]){
float t=6.5f;
int q=5;
System.out.println((t++)*(--q));
}
}
```

A. 30

B. 30.0

C. 26.0

D. 26

3. 运行以下代码输出结果为（　　）。

```
int j=2;
switch(j){
case 2:
System.out.println("北京");
case 2+1:
System.out.println("上海");
break;
default:
System.out.println("南京");
break;
```

```
}
```
A. 北京   B. 北京
上海   C. 北京
上海
南京   D. 编译错误

4. 以下选项中循环结构合法的是（　　）。

A.
```
while (int i<5){
i++;
System.out.println("i is "+i);
}
```

B.
```
int j=3;
while(j){
System.out.println(j);
}
```

C.
```
int j=0;
for(int k=0;j+k!=10;j++,k++){
System.out.println("j is"+j+"k is"+k);
}
```

D.
```
int j=0;
do{
System.out.println("j is"+j++);
if(j==3){ loop;}
}while(j<10);
```

5. 下列程序块的输出结果是（　　）。
```
int x=5,y=3;
int a;
System.out.println(a=x>y?x:y) ;
```
A. 3   B. 5   C. 8   D. 2

二、编程题

1. 编写程序，实现比较两个数的大小，输出比较结果，比如输入5和3，则输出"5比3大"。
2. 编写程序，打印100以内的3的倍数。
3. 编写程序，实现一周中的每天打印一句问候语（要求用switch语句）。

第5章

数组

■ 本章首先介绍了数组的基本概念；然后详细说明了一维数组的声明、创建和初始化方法，介绍了一维数组的内存空间和数据复制；接下来阐述了数据结构的基础知识，以及如何使用一维数组实现数据结构和排序算法；最后简单介绍了多维数组的相关知识。

5.1 数组的基本概念

数组基本概念

　　数组是非常常见的一种数据结构，是用于存储一组有序数据的集合。数组中的每一个元素都应该是同一数据类型，用数组名和下标可以唯一地确定数组中的元素。

　　通过数组可以保存任何相同数据类型的数据，包括简单类型或者引用类型。数组本身属于引用类型。

　　数组被创建以后，它的大小是不能改变的，但是数组中各个数组元素的值是可以改变的。

5.2 一维数组

5.2.1 知识准备：一维数组的声明

　　定义一个一维数组很简单，有两种方式，第一种方式如下。

　　数据类型[] 数组名

　　第二种方式如下。

　　数据类型　数组名[]

　　上述两种方式仅仅声明一个数组变量，并没有创建一个真正的数组，也无法确定数组长度。这时候数组还不能被访问。上述两种声明数组的方式，可以任选一种，它们之间并没有优劣之分。一般来说，选择第一种方式比第二种方式更直观一些。

　　如下代码声明了不同数据类型的数组。

```
//int数组
int[] intArray;
//字符型数组
char[] charArray;
//布尔型数组
boolean[] booleanArray;
//引用类型数组（字符串数组）
String[] stringArray;
//对象数组
MSG[] MsgArray;
```

5.2.2 知识准备：一维数组的创建

　　在声明数组之后，就要具体规定数组的大小，给数组分配内存空间。可以通过 new 操作符来显式创建一个数组，示例如下。

```
type[] arr_name;
arr_name = new type[length];
```

　　其中，type 是数组元素类型；arr_name 为自定义的数组名，命名规则和变量名相同，遵循标识符命名规则；length 是一个常量表达式，表示数组元素的个数，即该数组的长度。

> **注意：**
> 　　数组名后面是用方括号[]括起来的常量表达式，不能用圆括号()，例如，"inta(10);"这样的用法是错误的。

数组创建示例如下。

```
int[] a;
a = new int[10];
```

这条语句创建了一个可以存储 10 个整型数据的数组，也就是分配了 10 个可以被 int 类型数据占用的内存空间。注意：数组的索引从 0 开始，本例为 a[0] ~ a[9]。数组名和数组索引是访问数组元素的唯一依据，例如要访问数组 a 的第一个元素，可以通过 a[0]；要访问第 10 个元素，可以通过 a[9]；要想访问第 n 个元素，可以通过 a[n-1]。

为了方便操作数组，Java 语言提供了获得数组长度的语法格式。对于一个已经创建完成的数组，获得该数组长度的语法格式为"数组名.length"。例如上述示例，用 a.length 获得它的长度 10。

当然，也可以更简单地将数组的声明和数组大小的分配放到一起来完成，示例如下。

```
type[] arr_name = new type[length];
```

上述数组 a 的声明和数组大小定义可以合并为如下语句来完成。

```
int[] a = new int[10];
```

如果需要声明一个存放引用类型数据的数组，使用的方法也是一样的，示例如下。

```
String[] s = new String[50];
```

5.2.3　任务一：一维数组的声明与创建实例

1. 任务描述

声明并创建一个数组以存放开机密码，根据数组长度提示用户需要输入的密码位数。

2. 技能要点

- 使用 new 操作符创建数组。
- 获取数组长度。

3. 任务实现过程

（1）首先声明一个 int 类型的数组 numberArray，然后通过 new 操作符设置它的长度，并给这个数组分配存放 6 个 int 类型数据的内存空间。通过 numberArray.length 可以得到这个数组的长度，在这里为 6。源文件：NumberLength.java。具体示例代码如下。

```java
public class NumberLength {

    public static void main(String[] args) {
        int[] numberArray;
        numberArray = new int[6];
        System.out.println("请输入长度为" + numberArray.length+"位的开机密码");
    }
}
```

（2）编译并运行这个程序，将在控制台上得到如下输出结果。

```
请输入长度为6位的开机密码
```

5.2.4　知识准备：一维数组的初始化

Java 数组的初始化主要分为静态初始化和动态初始化两种。在了解这两种初始化方式之前，先看一下 Java 提供的数组默认初始化。

Java 为了保证安全，防止内存缺失，为已创建的数组提供了默认初始化机制。创建一个数组时，将完成如下 3 个动作。

● 创建一个数组对象。
● 在内存中给数组分配存储空间。
● 给数组的元素初始化一个相应数据类型的默认值。比如，将 int 类型的数组元素初始化为 0，引用类型初始化为 null 等。

将本章任务一中的程序稍做修改，让它打印出数组第一个元素的默认值。

源文件：NumberLength.java。具体示例代码如下。

```java
public class NumberLength {

  public static void main(String[] args) {
      int[] numberArray;
      numberArray = new int[6];
      System.out.println("请输入长度为" + numberArray.length+"位的开机密码");
      System.out.println("第一位密码默认初始化值是: " + numberArray[0]);
  }
}
```

编译并运行这个程序，将打印出如下的信息：

```
请输入长度为6位的开机密码
第一位密码默认初始化值是: 0
```

这个程序中首先声明了一个 int 类型的数组，然后利用 new 操作符创建了一个长度为 6 的数组，它将给这个数组分配存储空间，并且初始化这些数组元素，在这里为这些数组元素赋值 "0"。最后试图向控制台打印出这个数组第一个元素的值，因为 Java 中的数组索引（下标）是从 0 开始的，所以第一个数组元素对应的索引为 0，因此可以通过 numberArray [0]的方式来得到数组的第一个元素的值。

此时这个数组中的任何一个元素的值都是 0。读者可以自己修改数组的索引来获得不同的数组元素，注意这个数组的索引取值在 0 ~ 10 之间。

但是，通常情况下，定义一个数组时并不用系统自动给的默认值，而是程序员自己给数组赋值，这时就需要对数组进行初始化操作。也就是说，给数组的各个元素指定对象的值。

1. 静态初始化

所谓静态初始化，就是在定义数组的时候就对数组初始化，示例如下。

```java
int k[] = {1,3,5,7,9};
```

这个例子中定义了一个 int 类型的数组 k，并且用大括号中的数据对这个数组进行了初始化，各个数据之间用 "," 分隔开。此时数组的大小由大括号中的用于初始化数组的元素个数决定，注意不要在数组声明中指定数组的大小，否则将会引起错误。在这个例子中，将数组声明、数组的创建及数组的初始化都放在了同一条语句中，并没有使用 new，其等同于如下代码。

```java
int k[] =new int[5]
 k[] = {1,3,5,7,9};
```

源文件：StaticOpenNumber.java。具体示例代码如下。

```java
public class StaticOpenNumber {

  public static void main(String[] args) {
      int numberArray[] = { 6, 5, 4, 3, 2, 1 };
      System.out.println("默认开机密码为");
      for (int i = 0; i < numberArray.length; i++) {
```

```
                System.out.println(numberArray[i]);
        }
    }
}
```

这个例子利用静态方式对数组进行了初始化，数组的长度是数组中的元素的个数 6。这里用一个 for 循环将数组的各个元素取出来并打印到控制台，程序执行的结果如下。

默认开机密码为654321

注意：
这里用到了前文所述的用于获得数组长度的方法，即使用数组的 length 属性来获得数组的长度。

在 Java 中，还可以利用静态初始化的方法来初始化一个匿名的数组，方法如下。

new type[] {…}

例如如下示例。

new String[] {"abc","cde","efg"}

通过这种方法可以重新初始化一个数组，如有一个 String 类型的数组，可以通过如下静态方式被初始化。

String[] s = {"tom","jerry","mickey"};

此时可以对 s 这个数组变量进行重新初始化，语句如下。

s = new String[]{"abc","cde","efg"};

上述这条语句等同于如下两条语句。

String[] temp = {"abc","cde","efg"};
s = temp;

用户也可以只给一部分元素赋值，例如如下语句，只给前 5 个元素赋值，后 5 个元素为 0，初始化之后，a[0]=0，a[1]=1，a[2]=2，a[3]=3，a[4]=4，a[5]=0，…，a[8]=0，a[9]=0。

int a[10]={0,1,2,3,4};

对全部数组元素赋初值时，可以不指定数组长度，例如如下语句。

int a[]={1,2,3,4,5};

上面的写法中，{ }中只有5个数，系统会据此自动定义数组的长度为5。初始化之后，a[0]=1,a[1]=2,a[2]=3，a[4]=4,a[5]=5。如果定义的数组长度与提供初值的个数不同，则数组长度不能省略。例如要定义数组长度为 10，就不能省略数组长度的定义，而必须写成如下形式。

int a[10]={1, 2, 3, 4, 5};

这样才能只初始化前面 5 个元素，后 5 个元素为 0，不能写成如下形式。

int a[]={1, 2, 3, 4, 5};

2. 动态初始化

所谓动态初始化，就是将数组的定义和空间分配与为数组元素赋值分开，创建时系统进行数组的默认初始化。例如，对数组中的元素一个个地分别指定它们对应的值，这些赋值可以在程序的任意位置，代码如下。

```
char ch = new char[3];
ch[0] = a;
ch[1] = b;
ch[2] = c;
```

或者用一个循环来对一个数组依次赋值，例如如下示例。

```
char[] ch;
ch = new char[26];
for ( int i=0; i<26; i++ ) {
    ch[i] = (char) ('A' + i);
```

```
}
```

5.2.5 知识准备：引用数组元素

定义并用运算符 new 为数组分配空间后，才可以引用数组中的每个元素。数组元素的引用方式如下。

数组名[数组索引]

数组索引可以是一个整数或者一个整数表达式。要注意数组的索引范围是从 0 到数组长度减1。比如，数组长度为 n，则索引的范围为 $0 \sim (n-1)$。

在使用数组名加数组索引的方式来取得数组的元素时，注意元素的索引必须小于数组的长度，也就是只能在 $0 \sim (n-1)$ 之间，否则会引起数组越界的异常，会提示 java.lang.ArrayIndexOutOf BoundsException（异常将在后面章节中学习）。

> 问：数组类型的变量也可以像基本类型那样整体引用吗？
> 答：这点正要提醒大家注意！Java 语言规定只能逐个引用数组元素，不能一次引用整个数组。

5.2.6 任务二：引用数组实例——对数组排序

1. 任务描述

声明并初始化一个字符类型数组，对数组元素进行由小到大的排序，并输出数组元素。

数组排序

2. 技能要点

- 数组的静态初始化和动态初始化。
- 根据索引号引用数组元素。

3. 任务实现过程

读者可以像前面的一维数组应用的例子一样，自己写一个算法来对数组进行排序，也可以利用 java.util 包中 Arrays 类的一个静态方法 sort() 来进行数组元素的排序。这个方法有一个数组类型参数，用来接收需要进行排序的数组。

源文件：ArraysSort.java。具体示例代码如下。

```java
import java.util.Arrays;
public class ArraySort {
  public static void main(String[] args) {
      char[] a = { 'd', 'c', 'b', 'a', 'f', 'e' };
      System.out.println("Before Sorting:");
      for (int i = 0; i < a.length; i++) {
          System.out.print("a[" + i + "]=" + a[i] + "      ");
      }
      System.out.println("");
      Arrays.sort(a);
      System.out.println("After Sorting:");
      for (int i = 0; i < a.length; i++) {
          System.out.print("a[" + i + "]=" + a[i] + "      ");
      }
  }
}
```

运行这个程序后，在控制台上将打印出如下信息。

Before Sorting:

a[0]=d	a[1]=c	a[2]=b	a[3]=a	a[4]=f	a[5]=e

After Sorting:

a[0]=a	a[1]=b	a[2]=c	a[3]=d	a[4]=e	a[5]=f

由示例可以看出，通过 Arrays 的静态方法 sort()，可以将数组 a 中的所有元素从小到大排序。

5.2.7 知识准备：简单数据类型数组的内存空间

一般 Java 在内存分配时会涉及以下区域。

- 寄存器：在程序中是无法控制的。
- 栈：存放基本类型和对象的引用，但对象本身不存放在栈中，而是存放在堆中。
- 堆：存放用 new 产生的数据。
- 静态域：存放在对象中用 static 定义的静态成员。
- 常量池：存放常量。
- 非 RAM 存储：硬盘等永久存储空间。

数组内存空间

1. 简单数据类型数组从定义到初始化的内存变化过程

（1）简单数据类型数组的声明

在声明数组的时候，系统会给这个数组分配用于存放这个数组的内存空间，它会在堆（Heap）内存空间中给数组分配一个空间用于存放数组引用变量，在栈内分配空间以存入数组对象的引用，如图 5-1 所示。

（2）简单数据类型数组的创建

在创建简单数据类型的数组时，系统会分配合适的堆内存来存放该种数据类型数据的内存空间，并且对这个数组的各个元素赋予和数组类型匹配的初值。

对于 int 类型数组，所有数组元素都会被初始化成 0，如图 5-2 所示。

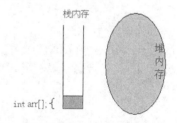

图 5-1　int 类型数组的声明

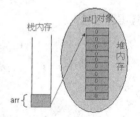

图 5-2　int 类型数组的创建

（3）简单数据类型数组的初始化

当对数组进行初始化时，会将值赋给对应的各个数组元素。比如，通过如下循环可以对 int 类型的数组进行初始化，会将 1~10 的值赋给这个长度为 10 的 int 类型数组，如图 5-3 所示。

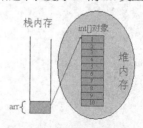

图 5-3　int 类型数组的初始化

```
for(int i=0;i<10;i++){
```

```
        arr[i]=i+1;
}
```

2. 引用数据类型数组初始化过程中的内存变化

（1）引用数据类型数组的声明

引用数据类型数组的声明和简单数据类型数组的声明基本相同。图5-4所示为执行如下语句后的结果。

```
String[] arr;
```

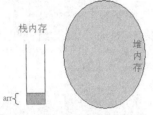

图 5-4　引用数据类型数组的声明

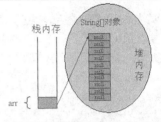

图 5-5　引用数据类型数组的创建

（2）引用数据类型数组的创建

引用数据类型数组在创建的时候也是首先给数组元素分配内存空间，然后赋给这些数组元素一个默认的初始值 null。图5-5 所示为执行如下语句后的结果。

```
arr = new String[10];
```

（3）引用数据类型数组的初始化

引用数据类型数组的初始化和简单数据类型数组的初始化有些不同，因为数组本身是引用类型，而现在数组元素也是引用类型，所以这个时候需要给数组元素所引用的对象也分配内存空间。图 5-6 所示为执行如下语句的结果。

```
arr[0]=new String("one");
arr[1]=new String("two");
arr[2]=new String("three");
arr[3]=new String("four");
arr[4]=new String("five");
arr[5]=new String("six");
arr[6]=new String("seven");
arr[7]=new String("eight");
arr[8]=new String("nine");
arr[9]=new String("ten");
```

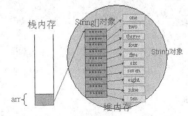

图 5-6　引用数据类型数组的初始化

5.2.8　技能拓展任务：数组复制

1. 任务描述

声明一个数组变量来存放一串电话号码，将此数组变量复制给另一个数组变量以进行备份。备份后修改任何一个号码，备份号码也同时被修改。

2. 技能要点

- 数组对象创建后在内存中的存放机制。
- 编写算法进行数据复制。

3. 任务实现过程

本任务要求体现出复制之后的数组变量和原数组变量是对同一数组对象的引用。

将一个数组变量复制给另一个数组变量，这两个数组变量均指向同一个数组。通过对任何一个数组变量进行操作，均会对另一个数组变量中的数组产生影响。

源文件：NumberBackup.java。具体示例代码如下。

```java
public class NumberBackup {
  public static void main(String[] args) {
    int[] a = { 6, 7, 3, 4, 1, 9, 0, 5 };
    int[] b;
    b = a;
    System.out.println("Before Backup:");
    for (int i = 0; i < a.length; i++) {
      System.out.print("a[" + i + "]=" + a[i] + "       ");
    }
    System.out.println("\n"+"Backup a to b");
    for (int i = 0; i < b.length; i++) {
      System.out.print("b[" + i + "]=" + b[i] + "       ");
    }
    b[3] = 8;
    System.out.println("\n"+"After Modifying b :");
    for (int i = 0; i < b.length; i++) {
      System.out.print("b[" + i + "]=" + b[i] + "       ");
    }
    System.out.println("\n");
    for (int i = 0; i < a.length; i++) {
      System.out.print("a[" + i + "]=" + a[i] + "       ");
    }
  }
}
```

执行这个程序后的结果如下。

```
Before Backup:
a[0]=6    a[1]=7    a[2]=3    a[3]=4    a[4]=1    a[5]=9
Backup a to b
b[0]=6    b[1]=7    b[2]=3    b[3]=4    b[4]=1    b[5]=9
After Modifying b :
b[0]=6    b[1]=7    b[2]=3    b[3]=8    b[4]=1    b[5]=9
a[0]=6    a[1]=7    a[2]=3    a[3]=8    a[4]=1    a[5]=9
```

这个程序首先初始化了一个 int 类型的数组 a，然后将这个数组变量复制给另一个 int 类型的数组 b，这个时候，数组变量 a 和 b 均指向同一个数组，如果通过数组变量 b 对数组的内容进行修改，也会反映到数组变量 a 中。

这里需要注意 a[3]数组元素值的变化。图 5-7 所示为以上程

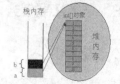

图 5-7　通过数组变量实现的数组复制

序的执行过程。

5.3 数据结构及数组应用

5.3.1 知识准备：堆栈

堆栈（Stack）也称为栈，是一种简单的、使用广泛的数据结构。堆栈是一种特殊的序列，这种序列只在其中的一头进行数据的插入和删除操作，通常将这头称为"栈顶"。相应的，另一头称为栈底。不含任何数据（元素）的堆栈称为空栈。图5-8所示是堆栈的示意图。

图 5-8　堆栈示意图

在图 5-8 中可以看出堆栈的一些特点：栈可以看作先进后出（First In Last Out，FILO）或后进先出（Last In First Out，LIFO）的线性表，在表尾进行插入和删除的操作。也就是说，在堆栈中，堆栈元素（数据）的操作都是遵循"后进先出"的原则进行的。在实际开发中，只要问题满足"后进先出"原则，都可以使用堆栈来解决。

在 Java 程序中，如果要定义一个类来表示堆栈，通常需要让这个类能够实现如下功能。

● 入栈：将元素往堆栈中添加，这个动作也经常称为压栈（Push）。
● 出栈：将元素从堆栈中取出来，这个动作也经常称为弹栈（Pop）。
● 清空：将堆栈中的所有元素都清空。
● 返回顶端元素：获得最顶端的元素，但不将它从堆栈中删除。

5.3.2 任务三：使用数组实现堆栈

1. 任务描述

使用数组实现堆栈并查询手机通话记录。

2. 技能要点

● 堆栈先进后出的结构特点。
● 使用数组实现堆栈的入栈和出栈操作。

3. 任务实现过程

（1）编写一个 MyCall 类，在类中定义一个数组，用来记录手机通话。编写出栈、入栈的方法来操作数组。

源文件：MyCall.java。具体示例代码如下。

```java
class MyCall {
private int capacity = 100;
private String[] items;
```

```
    private int top = 0;
    //不带参数构造器
    public MyCall() {
        this(100);
    }
    //带参数构造器，参数为堆栈大小
    public MyCall(int cap) {
        this.capacity = cap;
        items = new String[cap];
    }
    //入栈
    public void push(String s) {
        top++;
        items[top] = s;
    }
    //出栈
    public void pop() {
        items[top] = null;
        top--;
    }
    //清空堆栈
    public void empty() {
        top = 0;
    }
    //取出最顶端的堆栈元素
    public String top() {
        return items[top];
    }
    //获得堆栈元素个数
    public int size() {
        return top;
    }
}
```

（2）然后编写一个 CallHistory 类，在这个类中使用上一个类中堆栈的相关方法来操作堆栈。
源文件：CallHistory.java。具体示例代码如下。

```
public class CallHistory {

    public static void main(String[] args) {
        MyCall mc = new MyCall(5);
        mc.push("Mia 16:12");
        mc.push("Kathy 18:02");
        mc.push("Alex 19:35");
        System.out.println("I have "+mc.size()+" calls today");
        System.out.println("The latest one is: "+mc.top());
    }
}
```

（3）编译并运行程序，将得到如下输出。可以看到，输出结果是，最后入栈的记录"Alex 19:35"
最先弹出显示。

```
I have 3 calls today
The latest one is: Alex 19:35
```

> **提示：**
>
> 如上示例并不是很完美，至少有两个地方是没有考虑到的：一是当堆栈中的数据已经满的时候，如果再试图进行压栈操作，将会发生错误；二是当堆栈中没有数据时，如果此时试图进行弹栈操作，也会发生错误。解决方法是，在压栈或者弹栈操作的时候，对栈内的空间进行判断，在发生上述问题时抛出一个 RuntimeException 类型的异常（应该自己定义一个 RuntimeException 子类）。关于异常，请参考后续章节的内容。

5.3.3　知识准备：队列

队列（Queue）是另外一种常用的数据结构。它也是一种特殊的线性表。对这种线性表，删除操作只在表头（称为队头）进行，插入操作只在表尾（称为队尾）进行。队列的修改是按先进先出的原则进行的，所以队列又称为先进先出表，简称 FIFO 表。这种特点和队列的名字是很相符的，就像生活中的排队一样，排在队伍最前面的人最先得到相关的服务，也最先从队伍中出来。与堆栈中的数据操作总是在栈顶进行不同，在队列中，它的两头都能够进行操作，在队头（front）删除元素，而在队尾（rear）加入元素，如图 5-9 所示。

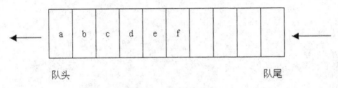

图 5-9　队列示意图

一个典型的队列可以实现以下功能。

- 往队列的队尾插入一个元素（enqueue）。
- 将队列的队头元素删除（dequeue）。
- 清空队列（makeEmpty）。
- 判断队列是否为空（isEmpty）。

5.3.4　任务四：使用数组实现队列

1．任务描述

使用数组实现队列并查询手机通话记录。

2．技能要点

- 队列先进先出的结构特点。
- 使用数组实现队列入列、出列等基本操作。

3．任务实现过程

（1）编写一个 MyQueue 类，在类中定义一个数组来记录手机通话，使用队列的数据结构操作数组，并编写入列、出列、判断队列是否为空、判断队列是否已满的操作代码。

源文件：CallHistory2.java。具体示例代码如下。

```
class MyQueue {
    //队头和队尾索引
```

```
        private int front = -1, rear = -1;

        //定义一个数组模拟队列
        private String[] queue;

        //构造器，参数maxElements为队列长度
        public MyQueue(int maxElements) {
            queue = new String[maxElements];
        }

        //入列
        public void enqueue(String e) {
            queue[++rear] = e;
        }

        //判断队列是否为空
        public boolean isEmpty() {
            return front == rear;
        }

        //判断队列是否已满
        public boolean isFull() {
            return rear == queue.length - 1;
        }

        //出列
        public String dequeue() {
            return queue[++front];
        }
    }
}
```

这个类中定义了一个数组用于模拟队列，并且定义了 enqueue()方法用于入列，dequeue()方法用于出列。另外还有两个方法 isFull()和 isEmpty()，分别用于判断队列是否已经满了和队列是否为空。

（2）编写一个类，在这个类中，使用上一个类中队列的相关方法来操作队列。

源文件：CallHistory2.java。具体示例代码如下。

```
public class CallHistory2 {

    public static void main(String[] args) {
        MyQueue queue = new MyQueue(20);
        queue.enqueue("Mia 16:12");
        queue.enqueue("Kathy 18:02");
        queue.enqueue("Alex 19:35");
        System.out.println(queue.dequeue());
        System.out.println(queue.dequeue());
        System.out.println(queue.dequeue());
    }
}
```

（3）编译并运行这个程序，可以得到如下输出。可以看到，使用队列的数据结构时先入列的记录首先输出，最后入列的记录最后输出。

```
Mia 16:12
Kathy 18:02
Alex 19:35
```

5.3.5 知识准备：排序算法

所谓算法（Algorithm），就是在有限步骤内求解某一问题所使用的一组定义明确的规则。算法的好坏直接影响到程序的运行效率，因此，选择一个好的算法对于编写高效的程序是至关重要的。本小节以编程中常用的几种排序算法为例，初步介绍算法，并结合数组的相关知识加深读者对数组应用的理解。

1. 冒泡排序

对几个无序的数字进行排序最常用的方法是所谓的冒泡排序法。算法思想是逐次比较两个相邻的数，将较小的放到前面，将较大的放到后面，这样就可以将这些数中最大的找出来并放到最后，然后比较剩下的数，再在这些数中找出最大的，直到所有的数字按照从小到大的顺序排列。

这里用一个一维数组来存放这些需要进行排序的数字，然后对这个一维数组使用上面的算法对它的数组元素进行冒泡排序。

源文件：BubbleSort.java。具体示例代码如下。

```java
public class BubbleSort {
  static String sortArray(int before[]) {
      String result = "";
      for (int i = 0; i < before.length; i++) {
          result += before[i] + " ";
      }
      return result;
  }

  static int[] bubbleSort(int before[]) {
      int t;
      for (int i = 0; i < before.length; i++) {
          for (int j = 0; j < before.length - i - 1; j++) {
              if (before[j] > before[j + 1]) {
                  t = before[j];
                  before[j] = before[j + 1];
                  before[j + 1] = t;
              }
          }
      }
      return before;
  }

  public static void main(String args[]) {
      int a[] = { 12, 43, 23, 56, 8, 22, 65, 87 };
      System.out.println("Before sorting:" + sortArray(a));
      a = bubbleSort(a);
      System.out.println("After Sorting:" + sortArray(a));
  }
}
```

通过 BubbleSort 类中的 bubbleSort() 方法，可以对数组元素实现冒泡排序，并返回一个排好序的新的数组。

2. 选择排序

选择排序的基本思想是每一趟从待排序的数据元素中选出最小（或最大）的一个元素，顺序放在已排好序的数列的最后，直到全部待排序的数据元素排完。选择排序法相对于冒泡排序法来说，它不是每次发现逆序都要交换，所以选择排序是不稳定的排序方法。

假设有如下数组，最后排序结果为 13 27 38 49 49 65 76 97。

```
初始关键字  [49 38 65 97 76 13 27 49]
第一趟排序后  13 [38 65 97 76 49 27 49]
第二趟排序后  13 27 [65 97 76 49 38 49]
第三趟排序后  13 27 38 [97 76 49 65 49]
第四趟排序后  13 27 38 49 [76 97 65 49 ]
第五趟排序后  13 27 38 49 49 [97 65 76]
第六趟排序后  13 27 38 49 49 65 [97 76]
第七趟排序后  13 27 38 49 49 65 76 [97]
```

以下是使用 Java 实现快速排序算法的示例。

源文件：SelectionSort.java。具体示例代码如下。

```java
public class SelectionSort {
    //选择排序方法
    public static void selectionSort(int[] number) {
        for (int i = 0; i < number.length − 1; i++) {
            int m = i;
            for (int j = i + 1; j < number.length; j++) {
                if (number[j] < number[m])
                    m = j;
            }
            if (i != m)
                swap(number, i, m);
        }
    }

    //用于交换数组中的索引为i、j的元素
    private static void swap(int[] number, int i, int j) {
        int t;
        t = number[i];
        number[i] = number[j];
        number[j] = t;
    }

    public static void main(String[] args) {
        //定义一个数组
        int[] num = { 2, 1, 5, 876, 12, 56 };
        //排序
        selectionSort(num);
        for (int i = 0; i < num.length; i++) {
            System.out.println(num[i]);
        }
    }
}
```

3. 快速排序

快速排序是对冒泡排序算法的改进，是目前使用最广泛的排序算法。快速排序的基本思路是，将一个大数组的排序问题分解成两个小的数组的排序，每一个小的数组又可以继续分解成更小的两个数组，可以将这个数组的排序方式一直递归分解，直到数组的大小最大为 2。换一种说法就是，在第一次划分的时候，选择一个基准元素，然后将它分成左右两个无序的数组，并且使得左边的所有数组元素都小于等于基准元素，右边的所有数组元素都大于等于基准元素，然后分别对左边和右边的数组递归做同样的操作。在这个排序方法中，算法效率高低的关键在于如何分解数组，也就是如何确定数组的基准元素。通常情况下可以选择数组最左边的元素作为基准元素，或者选择数组中间的元素作为基准元素。

源文件：QuickSort.java。具体示例代码如下。

```java
public class QuickSort {
    //排序方法，接收一个int[]参数，将会调用快速排序方法进行排序
    public static void sort(int[] number) {
        quickSort(number, 0, number.length - 1);
    }

    //快速排序方法
    private static void quickSort(int[] number, int left, int right) {
        if (left < right) {
            int s = number[left];
            int i = left;
            int j = right + 1;
            while (true) {
                //向右找大于s的数的索引
                while (i + 1 < number.length && number[++i] < s)
                    ;
                //向左找小于s的数的索引
                while (j - 1 > -1 && number[--j] > s)
                    ;
                //如果i>=j，退出循环
                if (i >= j)
                    break;
                //否则交换索引i和j的元素
                swap(number, i, j);
            }
            number[left] = number[j];
            number[j] = s;
            //对左边进行递归
            quickSort(number, left, j - 1);
            //对右边进行递归
            quickSort(number, j + 1, right);
        }
    }

    //交换数组number中的索引为i、j的元素
    private static void swap(int[] number, int i, int j) {
        int t;
        t = number[i];
        number[i] = number[j];
        number[j] = t;
    }

    public static void main(String[] args) {
        int[] num = { 34, 1, 23, 345, 12, 546, 131, 54, 78, 6543, 321, 85,
                1234, 7, 76, 234 };
```

```
        sort(num);
        for (int i = 0; i < num.length; i++) {
            System.out.println(num[i]);
        }
    }
}
```

> **提示：**
> 快速排序采用了分治法的基本思想，它将原问题分解为若干个规模更小但结构与原问题相似的子问题，递归地解这些子问题，最后将这些子问题的解组合为原问题的解。

5.3.6　技能拓展任务：排序算法实例

1. 任务描述

使用选择排序算法，在一个数组中存放近十天的手机上网流量使用情况，并按从大到小的顺序输出。

2. 技能要点

- 使用数组实现各种排序算法。
- 灵活运用各种排序算法来解决实际问题。

3. 任务实现过程

（1）使用选择排序算法，示例如下。

```java
public class GPRSFlow {

    //选择排序方法
    public static void flowSort(double[] number) {
        for (int i = 0; i < number.length − 1; i++) {
            int m = i;
            for (int j = i + 1; j < number.length; j++) {
                if (number[j] > number[m])
                    m = j;
            }
            if (i != m)
                swap(number, i, m);
        }
    }

    //用于交换数组中的索引为i、j的元素
    private static void swap(double[] number, int i, int j) {
        double t;
        t = number[i];
        number[i] = number[j];
        number[j] = t;
    }
    public static void main(String[] args) {
        //定义一个数组
        double[] num = { 5.2,7.0 , 2.1, 0.9, 12.8, 13.0,3.4,4.4,10.0,15.0 };
        //排序
        flowSort(num);
        for (int i = 0; i < num.length; i++) {
```

```
                    System.out.println(num[i]);
            }
        }
    }
```

（2）运行程序，得到如下输出结果。可以看到，这里只是将 5.3.5 小节中的选择排序算法进行了小幅度修改，改变了数据类型和输出顺序。

```
15.0
13.0
12.8
10.0
7.0
5.2
4.4
3.4
2.1
0.9
```

5.4　多维数组

Java 语言支持多维数组，也就是"数组的数组"。多维数组的每一维（最里面的一维不算）本身就是一个一般数组，只不过里面的每一个元素的类型是一个维度比它小一维的另一个数组。

5.4.1　知识准备：多维数组的声明

多维数组的声明是通过每一维一组方括号的方式来实现的，格式如下。

```
类型说明符 数组名[常量表达式1] [常量表达式2]
```

二维数组：int[][]、double[][]等。

三维数组：float[][][]、String[][][]等。

可以用数学的思维来理解多维数组，如二维数组中元素的排列顺序是先行后列，因此可以把二维数组看成是一个矩阵。

5.4.2　知识准备：多维数组的创建

当使用 new 来创建多维数组时，不必指定每一维的大小，只需指定最左边的维的大小即可。如果指定了其中某一维的大小，那么所有处于这一维左边的各维的大小都需要指定。

创建多维数组的示例如下。

```
boolean[][] b = new boolean[10][3];
int[][] a = new int[5][];
String[][][] = new String[4][5][6]
double[][][] = new double[40][][]
```

如下创建方式是错误的。

```
int[ ][ ] a = new int [][5];
```

5.4.3　知识准备：多维数组的初始化

在知道数组元素的情况下，可以直接初始化数组，不必调用 new 来创建数组，这和一维数组的静态初始化类似。

分行给二维数组赋初值，语句如下。

```
int a[2][3]={{1,2,3},{4,5,6}};
```
按数组的排列顺序对各数组元素赋初值，语句如下。
```
int b[2][3]={1,2,3,4,5,6};
```
也可以对部分元素赋初值，语句如下。
```
int c[3][4]={{1},{5},{9}};
int d[3][4]={{1},{5,6},{0,9,7}};
```
在对全部数组元素赋初值时，数组第一维的长度可以不指定，语句如下。
```
int e[][3]={1,2,3,4,5,6};
int f[][4]={{0,0,3},{0},{0,10}};
```
在引用多维数组的时候，通过指定数组名和各维的索引来引用。

> **注意：**
> 二维数组元素仍然是从 a[0][0] 开始的。

除了静态初始化外，多维数组也可以通过数组声明和初始化分开的动态初始化方法来对数组进行初始化，例如如下示例。
```
int a[][] = new int[4][5];
int b[][] = new int[3][]
b[0] = new int[4];
b[1] = new int[3];
b[2] = new int[5];
```

5.5 本章小结

本章对一维和多维数组的基本概念，以及声明、创建和初始化方式进行了介绍，结合数组内存空间分配的相关知识来帮助读者加深了解数组的原理和使用方式；着重介绍了队列、堆栈等数据结构，以及排序算法与数组的结合使用。通过学习本章，读者应该掌握数组的基本使用方法。数组的使用很广泛，也很灵活，读者在今后的开发中要结合内存空间、程序效率等多方面合理使用数组。

课后练习题

一、选择题

1. 编译并且执行以下代码的结果是（   ）。
```
public class Test{
public static void main(String args[]){
int array[]=new int[]{3,2,1};
System.out.println(array[1]);
}
}
```
    A. 1   B. 2   C. 3   D. 有错误，数组的大小没有定义

2. 编译并且执行以下代码的结果是（   ）。
```
public class Test{
public static void main(String args[]){
String array[]=new String[5];
System.out.println(array[0]);
```

```
    }
}
```

A. 不确定的值　　　　　　　　　　　B. 0

C. null　　　　　　　　　　　　　　D. 有错误，数组没有初始化

3. 下面（　　）代码能够正确计算出由命令行传递给应用程序的参数个数。

A. int count=args.length;

B. int count=args.length-1;

C. int count=0;

　　while(args[count]!=0)

　　　count++;

D. int count=0;

　　while(!(args[count].equals("")))

　　　count++;

4. 能正确定义一个数组的代码是（　　）。

A. int [][] num=new int{{1},{2,3}};　　B. int num[][5];

C. int num[][]=new int[5][];　　　　　D. int num[][5]=new int[][5];

5. 阅读如下代码，运行结果是（　　）。

```
public class   Test{
public static void main(String[] args){
    int i;
    int f[]=new int[6];
    f[0]=f[1]=1;
    for(i=2;i<6;i++)
    {
        f[i]=f[i-1]+f[i-2];
    }
    for(i=0;i<6;i++)
    {
        System.out.print(f[i]+" ");
    }
}
}
```

A. 1 2 3 5 8　　　　　　　　　　　B. 1 1 2 3 5 8

C. 2 3 5 8　　　　　　　　　　　　D. 1 1 2 3 5

二、填空题

数组用来存储一组_____数据。可以通过_____访问数组中的每一个值。可以通过数组来保存任何相同数据类型的数据，包括简单类型或者引用类型。数组本身属于_____类型。数组被创建以后，它的_____是不能改变的，但是数组中的各个数组元素是可以改变的。

三、编程题

1. 编写一个方法，方法的返回值为一个数组，数组里存放 Student 类的对象，数组的大小由参数传入。在程序中调用此方法，输出数组中各元素的值。

2. 在一个数组中存放 10 个学生信息（姓名，成绩），然后按成绩从高到低排列输出。

第6章

面向对象编程进阶

■ 本章详细介绍了类的继承的概念，介绍了如何控制属性和方法的访问权限、super和 this 关键字的使用；详细论述了重载和覆盖的概念，揭示了对象初始化的细节，介绍了简单数据类型的封装类及它们之间的关系、区别，说明了如何使用覆盖类的toString()方法来得到表示对象的字符串；详细分析了==和 equals()两种比较操作，并介绍了通过覆盖 equals()方法来自定义对象相等的含义。

6.1 继承

- 面向对象程序设计中，可以在已有类的基础上定义新的类，而不需要把已有类的内容重新书写一遍，这称为继承，已有的类称为基类或父类（也称为超类），在此基础上建立的新类称为派生类或子类。

什么是继承

- 运用继承，父类的特性不必再重新定义，就可以被子类继承。
- 继承是面向对象编程技术的一个重要机制，较好地解决了代码重用问题。
- 任何一个类都可以作为父类，从这个父类可以派生出多个子类，这些派生的类不仅具有父类的特征，而且还可以定义自己独有的特征。

6.1.1 类的继承

面向对象程序设计的一个重要特点就是类的继承，这可以通过两种方法来实现：一种方法是将一个类的对象作为另一个类的属性；另一种方法是使用类的继承来实现，通过关键字 extends，使一个类继承另一个类，使这个类也具有被继承类的特点。

假设现在要开发手机通讯录名片，名片中规定的角色有同事、朋友，可以给同事定义一个类，示例如下。

```
public class colleaguesCard{
 String name;//姓名
 String sex;//性别
 String tele;//办公电话
 String department;//属于哪个办公室
 public void setName(String theName){... }
 public String getName(){... }
 ...
 }
```

朋友也可以定义一个类，示例如下。

```
public class friendCard {
 String name;//姓名
 String sex;//性别
 String tele;//联系电话
 String address;//住址
 public void setName(String theName){... }
 public String getName(){... }
 ...
 }
```

仔细分析同事和朋友这两个类，可以发现它们的结构非常类似，比如姓名、性别、电话。唯一的区别就在于，同事类有一个属性 department，用于说明此同事是属于哪个办公室；而朋友类有一个属性 address，表示这个朋友的住址。倘若现在需要在这两个类上新增一个属性"生日"，那么，必须在这两个类上都做修改。其实，在面向对象的编程方法中，完全可以将这两个类的一些共性抽象出来，作为这两个类的"父类"。例如，将这两个类中共有的姓名、电话、性别作为一个"名片"的特性，抽取出一个新的类 Card 的属性，示例如下。

```
public class Card{
 String name;
 String sex;
 String tele ;
```

```
  public void setName(String theName){... }
  public String getName(){... }
  ...
  }
```

然后根据需要使同事和朋友这两个类都继承 Card 类，再在这个基础上添加自己特有的一些特性，例如，朋友类可以定义如下。

```
public class friendCard extends Card{
  //不再需要定义姓名、电话、性别这些属性了
  //它们从父类Card中获得
  String address;//地址
  public void setAddress(String theAddress){... }
  public String getAddress(){... }
  ...
  }
```

同事类可以定义如下。

```
public class colleaguesCard extends Card{
  //同样不需要定义姓名、电话、性别这些属性
  //而从父类Card中获得
  String department;//办公室
  public void setDepartment(String theDept){... }
  public String getDepartment(){... }
  ...
  }
```

如果需要给朋友和同事都加上"生日"这个属性，只需要在它们共同的父类"Card"中加上这个属性就可以了，示例如下。

```
public class Card{
  String name;
  String sex;
  String tele ;
  java.util.Date birthday;//新增"生日"属性，类型为Date引用类型
  //加上对这个属性进行操作的方法
  public void setBirthday(java.util.Date theDate){... }
  public java.util.Date getBirthday(){... }
  ...
  }
```

此时，如果需要新增一个对学校职工的管理功能，就需要新增一个亲属名片类。这个类也可以使用 Card 类中定义的属性，然后加上自己特有的属性，代码如下。

```
public class relativesCard extends Card{
  //在此加上"亲属"特有的属性
  }
```

在这个例子中，Card 类为 colleaguesCard、friendCard、relativesCard 这 3 个类的父类，colleaguesCard、friendCard、relativesCard 为 Card 类的子类。

从上面的例子中可以看到，如果一个子类要继承父类，只要使用关键字 extends 即可。在 Java 语言中，类继承的基本语法如下。

```
<modifier>  class  <name>  [extends <superclass> ]{
  <declaration> *
  }
```

其中，用关键字 extends 来进行类的继承，后面紧跟的是父类的类名。

在 Java 中，一个类只能从一个父类继承，而不能从多个类中继承。这种继承方式称为单继承。

写过 C++等其他面向对象语言程序的读者需要注意 Java 的继承方式。

java.lang 包中有一个 Object 类，这个类是所有类的顶级父类。所有 Java 类，包括标准库中的类和自己定义的类，都直接或间接地继承这个类。这个类没有任何属性，只是定义了一些方法。因此，只要定义一个 Java 类，就有一些默认的方法可以调用。

在 Java 中，如果定义了一个类，这个类没有继承任何的父类，那么，系统会自动将这个类的父类设置为 java.lang.Object。例如上述示例中，Card 类的定义实际上等价于如下定义。

```
public class Card extends java.lang.Object{…}
```

在 Java 中，虽然一个子类只能继承一个父类，但是，一个父类却可以"派生"出任意多个的子类。这种状况有点类似于生活中的"父子关系"：一个父亲可以生几个孩子，而一个孩子却只能有一个生父。所谓"派生"，只是从父类的角度来看类的继承。也就是说，"继承"是从子类的角度来看父类和子类的关系，而"派生"却是从父类的角度来看父类和子类的关系。

6.1.2　任务一：利用继承实现通讯录实例

1. 任务描述

完善前述通讯录名片的例子。

2. 技能要点

类继承的方法与技巧。

3. 任务实现过程

（1）定义一个 Card 类来表示名片。

源文件：Card.java。具体示例代码如下。

```java
public class Card {
 String name;
 String sex;
 String tele ;
public Card(String theName){
    this.name = theName;
    }
    public Card(){}

public String getName() {
    return name;
}
public void setName(String name) {
    this.name = name;
}
public String getSex() {
    return sex;
}
public void setSex(String sex) {
    this.sex = sex;
}
public String getTele() {
    return tele;
```

```
    }
    public void setTele(String tele) {
        this.tele = tele;
    }
}
```

它有一个构造器，用名片中的姓名来作为参数。属性 name、sex 和 tele 用来表示姓名、性别、电话，类中定义了用于存取属性的两个方法——get×××()和 set×××()。

（2）定义一个子类 FriendCard，这个子类继承自 Card，因此，这个类拥有父类 Card 的属性和相应的方法。在子类上新增一个用于描述地址的属性 address。

源文件：FriendCard.java。具体示例代码如下。

```
public class FriendCard extends Card{
    String address;//子类新增属性

    public String getAddress() {
        return address;
    }
    public void setAddress(String address) {
        this.address = address;
    }
}
```

（3）再来定义 ColleaguesCard 类。该类有新增属性 department，并且该类定义了自己的构造器，参数为父类 Card 的属性 name，子类可以直接使用此属性。

源文件：ColleaguesCard.java。具体示例代码如下。

```
public class ColleaguesCard extends Card{
    String department;//子类新增属性
    public ColleaguesCard(String name){
        this.name = name;//将传递进来的参数传递给子类的name属性
    }
    public String getDepartment() {
        return department;
    }
    public void setDepartment(String department) {
        this.department = department;
    }
}
```

（4）实例化 FriendCard 和 ColleaguesCard 类，体现它们和父类 Card 的关系。

源文件：MyCard.java。具体示例代码如下。

```
public class MyCard {

    public static void main(String[] args) {
        FriendCard fc = new FriendCard();
        fc.setName("Alex");
        fc.setAddress("平安大街23号");
        ColleaguesCard cc = new ColleaguesCard("Mia");
        cc.setDepartment("B305");
        System.out.println("Friend:   "+fc.getName()+" Address: "+fc.getAddress());
        System.out.println("Colleagues: "+ cc.getName() + " Department: "+ cc.getDepartment());
    }
}
```

在 MyCard 类中，首先调用 FriendCard 的默认构造器来实例化一个 FriendCard 类，得到一个 FriendCard 对象，然后调用 FriendCard 从父类继承的 setName()、setAddress()方法来设置它的属性 name 和 address，调用从父类继承的 getName()、getAddress()方法来获取属性 name 和 address 的值。而 ColleaguesCard 则使用带参数构造器实例化 ColleaguesCard 对象，确定属性 name 的值，使用继承自父类的 getDepartment()、setDepartment()方法确定和获取 department 属性值。运行这个程序，将在控制台上打印出如下信息。

```
Friend:   Alex Address：平安大街23号
Colleagues: Mia Department: B305
```

6.1.3 访问控制

通过将属性设置为私有的（private），可以限制对相应属性的访问。在 Java 程序中，可以在类、类的属性及类的方法前面加上一个修饰符 modifier，来对类进行一些访问上的控制。一般情况下将类的属性定义为私有的（private），而通过公共的（public）方法来对这些属性进行访问。这个类程序外的其他程序只能通过公共的（public）方法来访问这个类的属性，进而实现了信息的隐藏和封装。但是有时候也需要让其他程序直接访问类的属性，或者只让子类访问父类的属性，这时就不能用私有的（private）来限制这些属性了。

访问控制

Java 语言定义了 3 种修饰符来控制类、类的属性及类的方法等的访问范围。通过这 3 种修饰符，可以定义如下的 4 种程度的限制。下面将对这些修饰符做详细的说明。

1. private

这是限制最严格的一种修饰符，使用它来限制的属性或者方法，只能在同一个类中被访问。也就是说，在这个类文件之外，这些属性或方法是被隐藏的。这个修饰符最常用于修饰类中的成员变量。注意，这个修饰符不能用在类前面。

2. default

default 不是关键字，只是对类、类的属性及类的方法的访问权限的一种称呼。如果在类、类的属性、类的方法前面没有添加任何修饰符，则说明它的访问权限是 default 的。在这种情况下，只有类本身或者同一个包中的其他类可以访问这些属性或方法，而对于其他包中的类而言是不可以访问的。

3. protected

用 protected 修饰符修饰的属性或方法，可以被同一个类、同一个包中的类及子类访问。注意，这个修饰符同样不能用于类前面。

4. public

这个修饰符对类、类的属性及类的方法均可用。它是最宽松的一种限制，使用这个修饰符修饰的类属性、类的方法可以被任何其他类访问，无论这个类是否在同一个包中，也无论是否是子类等。

一般来说，应该将与其他类无关的属性或者方法设置为 private，只有对需要将它给其他类访问的属性或方法，才设置为 public 或者 protected，或者不加任何修饰符，让其为 default。

表 6-1 列出了各种访问修饰符的限制范围。

表6-1　修饰符的限制范围

修饰符	同一个类中	同一个包中	子类中	全　　局
private	Yes			
default	Yes	Yes		
protected	Yes	Yes	Yes	
public	Yes	Yes	Yes	Yes

访问控制修饰符的限制程度从高到低依次为 private、default、protected、public。

> **注意：**
> default 不是 Java 关键字，它只是表明一种访问限制状态。

6.2　super 关键字

super 关键字

在从子类继承父类的过程中，可能需要在子类中调用父类中的成员，如属性、方法或者构造器，这个时候可以使用 super 关键字。super 的作用是引用父类的成员，如属性、方法或者构造器。

6.2.1　调用父类构造器

调用父类的构造器是 super 的作用之一，基本格式如下。

```
super([arg_list)
```

直接用 super()加上父类构造器所需要的参数，就可以调用父类的构造器了。如果父类中有多个构造器，系统将自动根据 super()中的参数个数和参数类型来找出父类中相匹配的构造器。

例如如下示例，FriendCard 类继承了父类 Card，在构造器中调用了父类的构造器。

源文件：FriendCard.java。具体示例代码如下。

```
public class FriendCard extends Card{
 public FriendCard (String friendName) {
     super(friendName);
 }
//其他代码
    …
 }
```

FriendCard 子类中有一个构造器 FriendCard(String friendName)，里面有一条 super (friendName)语句，意思是调用父类的构造器，相当于调用父类的 public Card(String friendName) 构造器，作用就是将传递进来的 friendName 的值给父类的构造器使用。

也就是说，如果调用 FriendCard 的构造器来构建一个对象，它将会调用父类的构造器来完成这个任务。父类必须自己初始化自己的状态，而不是让子类来做。如果子类的构造器中没有显式地调用父类构造器，则系统将会默认调用父类中无参数的构造器，前提是父类中没有其他构造器。

例如，将 Card 类定义如下。

```
public class Card {
 String name;
 String sex;
   String tele ;
```

```
    public Card(String theName){
        this.name = theName;
    }
 // 其他代码
}
```

以如下方式定义 Card 的子类 FriendCard。

```
public class FriendCard extends Card {
 private String address;

 public String getAddress() {
     return address;
 }
 public void setAddress(String address) {
     this.address = address;
 }
 //其他代码
}
```

那么，编译这个类的时候，将会出现如下错误。

```
FriendCard.java:1: cannot resolve symbol
symbol    : constructor Card ()
location: class Card
public class friendCard extends Card
       ^
1 error
```

这是因为在调用 FriendCard 类的默认无参数构造器创建对象的时候，它会去调用父 Card 类的无参数构造器，而在 Card 类中没有定义不带参数的构造器，所以编译器因为无法成功调用 Card 的无参数的构造器而报错。

6.2.2 调用父类的属性和方法

当 super 关键字用于引用父类中的属性或方法时，使用形式如下。

```
super.属性
super.方法()
```

例如，在 FriendCard 子类中可以通过如下方式来调用父类中的方法。

```
super.getName();
```

注意，这时父类的属性或方法必须是受保护（protected）或者公共（public）等可以让子类访问的属性或方法。

super 主要用于在子类中定义和父类中同名的属性，或进行了方法的覆盖，而又要在子类中访问父类中的同名属性或覆盖前的方法的情况。

6.2.3 任务二：super 关键字的使用

1. 任务描述

使用 super 关键字调用父类中的方法和属性。

2. 技能要点

super 关键字的使用方法。

3. 任务实现过程

源文件：Card.java。具体示例代码如下。

```
public class Card {
 private String name;
 private String sex;
    private String tele ;
     public Card(String theName){
          this.name = theName;
        }
 public Card(){}
 public String showName() {
          return name;
    }
 //其他代码

}
```

上述示例中，Card 类中的属性都是 private 的，通过各自的属性为 public 的方法来存取。

源文件：friendCard.java。具体示例代码如下。

```
public class friendCard extends Card{
 String address;
 public friendCard(String friendName){
        super(friendName);
 }

 public String getAddress() {
        return address;
 }
 public void setAddress(String address) {
        this.address = address;
      }
 public String showFriendName(){
        return "My Friend "+ super.showName();
 }
}
```

在 friendCard 子类中，如果使用如下代码段，可直接返回父类中的属性 name。

```
return "My Friend "+ super.name;
```

在编译的时候，会因为访问权限问题而出错，将会出现如下错误。

```
friendCard.java:17: name has private access in Card
                return "My Friend "+ super.name;

1 error
```

这个时候，可以在 showFriendName()方法中调用被覆盖的方法，得到需要的 name 属性的值。

```
public String showFriendName(){
        return "My Friend "+ super.showName();
 }
```

这样就解决了访问权限的问题，也清晰地指明了在这个被覆盖的方法中调用的 showName() 方法是父类中的方法。

> **注意：**
>
> 　如果不使用 super 关键字指明此处调用的 showName()方法的出处，系统依然会自动调用父类中的 showName()方法。但是当子类中有同名方法覆盖父类方法时，系统将会当作是子类自身的方法，运行此程序时，将会递归调用方法本身，引起程序错误。为避免混淆，super 关键字不要默认。

6.3　this 关键字

6.3.1　知识准备：使用 this 关键字获得当前对象的引用

　　编写类的方法时，会希望获得当前对象的引用，为此，Java 语言引入了关键字 this。this 代表其所在方法的当前对象，包括如下几种。

this 关键字

- 在构造器中指该构造器所创建的新对象。
- 方法中调用的该方法的对象。
- 在类本身的方法或构造器中引用的该类的实例变量和方法。

　　this 关键字只能用在构造器或者方法中，表示对"调用此方法的那个对象"的引用，可以和处理任何其他对象引用一样来处理 this 对象。如果在方法内部调用同一个类的另一个方法，可以不必显式地使用 this 关键字，直接调用即可，效果是一样的。

1．调用当前对象的属性

　　源文件：Person.java。具体示例代码如下。

```
public class Person {
  private String name;

  private int age;

  private String sex;

  public String showName() {
      return this.name;
  }

  public void setName(String theName) {
      this.name = theName;
  }
}
```

　　Person 类中定义了两个方法用于存取 name 属性。其中，showName()方法将返回当前对象的 name 属性值，在这里使用 this 关键字表示当前对象的属性，方法 setName()中也有类似的用法。这样的写法虽然并非必要，但可以使程序清晰易读，特别是在方法中的参数名称和属性名称一样的时候。例如，如果 setName()方法中的参数名称也为 name，那么，如果没有用 this 来标识对象的属性，方法中的代码如下。

```
…
public void setName(String name){
  name = name;
```

```
    }
    …
```

2. 引用对象本身

有一种情况是必须使用 this 关键字的，那就是当需要在对象中明确地指明当前的对象引用是本对象的时候。比如，当需要返回当前对象的时候，就需要用到 this 关键字了。例如设置手机用户账号的程序。

源文件：MobileAccount.java。具体示例代码如下。

```java
public class MobileAccount {

    private int accountId = 0;
    public MobileAccount createAccount() {
        accountId++;
        return this;
    }
    public int getAccountId() {
        return accountId;
    }
    public void setAccountId(int accountId) {
        this.accountId = accountId;
    }
    public static void main(String[] args) {
        MobileAccount account = new MobileAccount();
        System.out.println("账号是："+account.createAccount().createAccount().getAccountId());
    }
}
```

由于 createAccount()方法返回了同一个对象，所以可以在这个对象上多次调用 createAccount()方法。

编译并运行上述程序，将得到如下输出。

```
手机用户账号是：2
```

6.3.2　知识准备：在构造器中调用构造器

在一个类中，由于初始化条件不同，可能定义了多个构造器，这称为构造器的重载。在这些构造器中，可能一个构造器中的一段代码和另一个构造器完全一样，那么，就可以在这个构造器中直接调用另一个构造器，这样可以避免编写相同的代码。利用 this 关键字可以做到这一点，this 不再表示对象本身对当前对象的引用。在构造器中，为 this 添加了参数列表，可以调用类本身的其他构造器，语法如下。

```
this([args_list]);
```

如果该类中有多个其他构造器定义，系统将自动根据 this()中的参数个数和参数类型来找出类中相匹配的构造器。

下面是在构造器中使用 this()的示例。

源文件：Card.java。具体示例代码如下。

```java
public class Card {

    String name;
    String sex;
    String tele ;
```

```
    public Card(){
        System.out.println("Card()被调用");
    }
    public Card(String theName){
        this();
        this.name = theName;
        System.out.println("Card(String theName)被调用");
    }
    public Card(String theName,String theTele,String theSex ){
        this("theName");
        this.sex = theSex;
        this.tele = theTele;
        System.out.println("Card(String theName,String theTele,String theSex )被调用");
    }
    /*
    getter,setter
    */
    public static void main(String[] args) {
        Card c    = new Card("Alex","186***","male");
    }
}
```

这个示例中定义了一个 Person 类，这个类中定义了 3 个构造器，包括没有参数的构造器、有一个参数的构造器及有两个参数的构造器。没有参数的构造器将以 male 值来初始化新建对象的 sex 属性。在带一个参数的构造器中，接收一个 String 类型的参数 theName（姓名）来创建对象，这个构造器代码块里有如下语句。

```
this();
```

这条语句的作用是调用对象的没有参数的构造器，也就是 Person()构造器；而在带两个参数的构造器中，接收 theName（姓名）和 theAge（年龄）来创建对象，它通过如下语句来调用该对象中的另外一个构造器。

```
this(theName);
```

此时，这条语句调用的是带一个 String 类型参数的构造器，这里是 Person(String theName) 构造器。

编译并运行上面的程序，将得到如下输出。

```
Card()被调用
Card(String theName)被调用
Card(String theName,String theTele,String theSex )被调用
```

> **注意：**
> 　　在构造器中可以通过 this()语句来调用其他构造器，但在一个构造器中最多只能调用一次其他构造器。并且，对其他构造器的调用动作必须在构造器的起始处，否则编译的时候将会出现错误。另外，不能在构造器以外的地方以这种方式调用构造器。

6.3.3 知识准备：static 的含义

　　static 方法没有 this 的静态方法，不可以通过 this 关键字来调用静态方法。在 static 方法内部不能调用非静态方法，可以在没有创建任何对象的时候就通过类本身来调用 static 方法，这也是 static 方法的主要用途。

　　这可能会引起一些质疑，static 方法是否违背了 Java "面向对象" 的概念呢？因为 static 方

法具有全局函数的特点，而且使用 static 方法时不能通过 this，所以不是通过"向对象发送消息"的方式来完成调用的。所以，如果代码里大量出现了 static 方法，就应该重新考虑程序设计是否存在问题了。但是不可否认 static 的实用性，很多地方需要用到它，至于是否有违"面向对象"的概念不必深究，在实际中灵活运用才是好的。

6.4 方法的覆盖与重载

6.4.1 知识准备：方法的覆盖

当一个子类继承了一个父类时，它也同时继承了父类的属性和方法。可以直接使用父类的属性和方法，或者，如果父类的方法不能满足子类的需求，则可以在子类中对父类的方法进行"改造"。"改造"的过程在 Java 中称为"覆盖（Override）"。

比如，在本章任务二的 Card 类中定义一个方法以用于显示名片的姓名，代码如下。

```
public String showName() {
    return name;
}
```

那么，子类 FriendCard 就会继承这个父类的 showName()方法。此时，即使 FriendCard 类中没有定义 showName()方法，也可以在它的对象中使用这个方法。比如，实例化一个 Teacher 对象，就可以直接调用从 Teacher 的父类 Person 中继承的 showName()方法，代码如下。

```
FriendCard friend = new FriendCard ();
friend.showName();
```

但是，在 FriendCard 类中，希望输出的姓名前面加上"friend："，在本章任务二中给 FriendCard 定义了 showFriendName 方法，其实可以直接对从父类中继承的 showName()方法进行"改造"，也就是在子类 FriendCard 中覆盖父类 Card 的 showName()方法，代码如下。

```
public class FriendCard extends Card{
    …
    public String showName(){
        return "My Friend "+ this.name;
    }
}
```

在子类 FriendCard 中，覆盖了父类的 showName()方法。在覆盖的过程中，需要提供和父类中的被覆盖方法相同的方法名称、输入参数（此处为空）及返回类型。

另外，在子类对父类的方法进行覆盖的过程中，不能使用比父类中的被覆盖方法更严格的访问权限。比如，父类 Person 中 showName()方法的修饰符是 public，那么，子类 FriendCard 中的覆盖方法 showName()就不能用 protected、default 或者 private 等来限制。

从前文的讨论可以看出，类的继承主要可以从如下两个方面来理解。

（1）对父类的扩充。如在子类中加入新的属性、新的方法。

（2）对父类的改造。比如对方法的覆盖。

首先定义一个父类 Person，它有 3 个属性，分别由各自的存取方法来存取。

源文件：Person.java。具体示例代码如下。

```
public class Card {
 String name;
 String sex;
    String tele ;
```

```
        public Card(String theName){
            this.name = theName;
        }
    public Card(){}
    public String getName() {
        return name;
    }
    public void setName(String name) {
        this.name = name;
    }
    public String getSex() {
        return sex;
    }
    public void setSex(String sex) {
        this.sex = sex;
    }
    public String getTele() {
        return tele;
    }
    public void setTele(String tele) {
        this.tele = tele;
    }
    public String showName() {
        return name;
    }

}
```

在这里，将 Person 的属性的访问控制定义为 default，是因为在子类中需要访问这些属性。
接着定义一个 FriendCard 类，它继承 Card 类。

源文件：FriendCard.java。具体示例代码如下。

```
public class FriendCard extends Card{
    String address;
    public friendCard(String friendName){
        super(friendName);
    }

    public String getAddress() {
        return address;
    }
    public void setAddress(String address) {
        this.address = address;
    }
    public String showName(){
        return "My Friend "+ this.name;
    }
}
```

在这个子类中继承了父类，新增了一个"地址"属性 address，并新增了相应的存取方法，
这是对父类属性和方法的扩充。改写（覆盖）了父类中的 showName()方法，在 name 前加上 My
Friend 后返回，因为在同一个包中的子类中用到了父类的属性 name，所以，父类 Card 的 name
属性不能定义为 private，这是对父类方法的改造，即方法覆盖。

6.4.2 知识准备：方法重载

在 Java 程序中，同一个类中有两个相同的方法（方法名相同、返回值相同、参数列表相同）是不行的，因为编译器无法将方法的调用和特定的方法联系起来。但是，在一个类中，如果有多个方法具有相同的名称，却有不同的参数，这种情况是允许的，称为方法的重载（Overload）。通常使用 println 来向控制台输出各种类型的数据，这些 println() 方法就是实现了方法的重载。

在进行方法的重载时，方法的参数列表必须不同（参数个数不同，或者参数数据类型不同，或者两者皆不同），而方法的返回值可以相同，也可以不同。

例如上节示例以 Card 类的 showName() 方法来显示对象姓名，需要取得 Card 对象的 name 属性值。这里假设会有两种情况：一种是返回值直接为 name 属性值；还有一种情况是在获取的对象 name 属性的方法上输入一个参数，将这个参数和 name 属性结合起来，比如输入的参数是"先生"，则通过方法返回的是"×××先生"，输入的参数是"女士"，则方法返回的是"×××女士"。实际应用中，可以为这两个需求定义两个方法，但是，为了显示这两个方法的相似点，更倾向于使用方法重载来完成。

```java
public class Card{
    …
    public String showName() {
        return name;
    }
    public String showName(String personCall){
        return name+personCall;
    }
    …
}
```

这样，如果只需要输出 Card 对象的 name 属性，调用不带参数的 showName() 方法就可以了；如果需要得到 Card 对象的 name 属性，并且需要指明此人的称谓，则可以调用带一个参数的 showName() 方法。

在进行方法的重载时，需要遵守如下 4 条基本原则。

（1）方法名相同。

（2）参数列表必须不同。

（3）返回值可以不同。

（4）可以相互调用。

> **注意：**
> 方法的返回值不是方法签名（Signature）的一部分，所以，进行方法重载的时候，不能将返回值类型的不同当成两个方法的区别。也就是说，同一个类中不能有这样的两个方法，它们的方法名相同、参数相同，只是方法的返回值类型不同。

6.4.3 知识准备：构造器重载

构造器在某种程度上可以看成是一个特殊的方法，它没有返回值，它的名称必须和类的名称一致。因此，构造器也常常被称为"构造方法"。作为 Java 类的组成成分之一，构造器也可以进行重载。例如如下示例，Card 类就定义了 3 个重载的构造器以满足不同的需要。

源文件：Card.java。具体示例代码如下。

```java
public class Card {
```

```
String name;
String sex;
    String tele ;
    public Card(){
        System.out.println("Card()被调用");
    }
    public Card(String theName){
        this.name = theName;
        System.out.println("Card(String theName)被调用");
    }
    public Card(String theTele,String theSex ){
        this.sex = theSex;
        this.tele = theTele;
        System.out.println("Card(String theTele,String theSex )被调用");
    }
 /*
getter,setter
*/
 public static void main(String[] args) {
        Card c   = new Card("186***","male");
    }
}
```

这个类中定义的 3 个构造器各自的参数个数不一样，在创建对象的时候，编译器会根据参数类型和参数个数来确定到底调用哪一个构造器。

编译并运行上述程序，它将会向控制台打印出如下信息，这说明它的带两个参数的构造器被调用来创建 Card 对象了。

```
Card(String theTele,String theSex )被调用
```

6.5 通常需要覆盖的几种方法

6.5.1 知识准备：对象的 toString()方法

在 Object 类中，定义了一个 toString()方法，用来返回一个表示这个对象的字符串，语法如下。

```
public String toString() {
 return getClass().getName() + "@" + Integer.toHexString(hashCode());
    }
```

在这个方法中，它将返回一个由类名、紧随其后的 "@" 符号和 hash 码组成的无符号十六进制字符串，用来表示这个对象。所有类都继承 Object 类，所以所有对象都有 toString()方法，其作用就是为了方便所有类的字符串操作。

例如调用 Person 对象的 toString()方法，代码如下。

```
…
Person person = new Person();
System.out.println(person);
…
```

上述代码将打印出表示 Person 对象的字符串。它将打印出类似如下的信息。

```
Person@15ff48b
```

显然，这个信息没有什么用。因此，通常情况下，需要覆盖父类中的方法 toString()，用来提供某对象的自定义信息。Java 的 API 文档中也指出"建议所有子类都重写此方法"。一般来说，大多数类的 toString() 方法覆盖后返回的用于表示对象的字符串都遵循如下格式。

类名[属性1=值1,属性2=值2,…]

覆盖 toString() 方法的一个基本原则是，它应该返回包含在对象中的所有令人感兴趣的信息，比如对象的属性值。

6.5.2　任务三：覆盖 toString() 方法

1. 任务描述

在本章任务一的 Card 类中添加自定义 toString() 方法以覆盖 Object 类中的 toString() 方法。

2. 技能要点

自定义 toString() 方法。

3. 任务实现过程

源文件：Card.java。具体示例代码如下。

```java
public class Card {
 String name;
 String sex;
    String tele ;
    public Card(String theName){
       this.name = theName;
    }
public Card(){}
public String getName() {
      return name;
}
public void setName(String name) {
     this.name = name;
}
public String getSex() {
     return sex;
}
public void setSex(String sex) {
     this.sex = sex;
}
public String getTele() {
     return tele;
}
public void setTele(String tele) {
     this.tele = tele;
}

//覆盖toString()方法
public String toString() {
     return getClass() + "[" + "name = " + name + ", sex = " + sex+ ", tele = " + tele + "]";
```

```
    }
}
```

这个类中覆盖了父类（在这里是 Object 类）的 toString() 方法，按照惯例返回一个用于表示对象的字符串。

除显式调用对象的 toString() 方法外，在进行 String 与其他类型数据的连接操作时，会自动调用 toString() 方法，它可以分为下述两种情况。

（1）如果 String 类型数据和引用类型数据连接，则引用类型数据直接调用其 toString() 方法来返回表示该对象的字符串。

（2）如果 String 类型数据和简单类型数据连接，则简单类型数据先转换为对应的封装类型，再调用该封装类型对象的 toString() 方法，转换为 String 类型。

6.5.3 知识准备：==和 equals()

在 Java 程序设计中，经常需要比较两个变量值是否相等，例如如下两段代码。

```
a = 10;
b = 12;
if(a == b)    {
    //statements
}
```

```
ClassA a = new ClassA("abc");
ClassA b = new ClassA("abc");
if (a == b){
    //statements
}
```

第一段示例代码比较的是简单类型数据，它们是明显相同的，所以 a==b 的值为 true；第二段示例代码中的比较表达式比较的是对象的引用，即判断这两个变量 a 和 b 是否指向同一个对象引用。在这里，因为 a 指向一个对象，而 b 指向另一个对象，所以它们并不指向同一个对象，因此 a==b 返回的值是 false。

为了方便说明简单类型和引用类型的比较,此处用 String 类型和它的封装类 String 来说明简单类型和封装类型进行比较时的区别。例如如下示例。

源文件：TestEqual.java。具体代码如下。

```
public class TestEqual {
 public static void main(String[] args) {
     //简单类型比较
     string1="aaa";
string2="aaa";
     System.out.println("string1== string2? " + (string1 == string2));

     //引用类型比较
String string3=new String("aaa");
String string4=new String("aaa");

     System.out.println("string3== string4? " + (string3 == string4));
 }
}
```

运行这个程序，会在控制台上打印出如下信息。

```
string1== string2? true
```

string3== string4? false

可以看出，比较两个引用类型的时候，虽然用了同一个参数构造两个变量，但它们并不相同。因为引用类型指向的是两个不同的对象，所以比较这两个变量会得到 false。也就是说，对于引用类型变量，运算符"=="比较的是两个对象是否引用同一个对象。那么，如何比较引用的对象的值是否相等？

Java 中提供了一个 equals() 方法，用于比较对象的值。将上述程序进行如下修改。

```
String string3=new String("aaa");
String string4=new String("aaa");
    System.out.println("string3 equals string4? " + (string3 == string4));
```

这时表达式 c.equals(d) 会得到 true，这是因为，方法 equals() 进行的是"深层比较"，它会比较两个对象的值是否相等。

equals() 方法是由谁来实现的呢？所有类的父类 Object 中已经定义了一个 equals() 方法，但是这个方法实际上也只是测试两个对象引用是否指向同一个对象，可以使用这个方法来进行比较操作，但它并不一定能得到所期望的效果。所以，还需要用自定义的 equals() 覆盖 Object 类中的 equals() 方法。

关于==和 equals() 两种比较方式，在使用的时候要适当选择。如果测试两个简单类型的数值是否相等，则一定要使用==；如果要比较两个引用变量对象的值是否相等，则要使用对象的 equals() 方法；如果需要比较两个引用变量是否指向同一个对象，则要使用==。对于自定义的类，应该视情况覆盖其父类或 Object 类中的 equals() 方法。equals() 方法只有在比较的两者是同一个对象的时候才返回 true。

假设在一个 Java 应用程序中创建了两个"公民"对象，若要比较这两个"公民"对象是否相等，关心的是这两个"公民"对象代表的是否为同一个人，而并不关心它们是否是同一个内存区域里的对象。比较程序的实现过程如下。

（1）首先假设有一个 Citizen 类，用于表示公民，它有一个属性 id，用来表示这个公民的身份证号。假设身份证号不会重复，也就是说一个身份证号对应一个公民。它的类定义如下（为简单起见，省略了其他属性而只留下用于表示身份证号的 id 属性）。

```
public class Citizen {
 //身份证号
 String id;


 //其他属性略
 public Citizen(String theId) {
     id = theId;
 }
}
```

（2）假设在一个 Java 应用程序中建立了两个 Citizen 对象，然后在某个点上需要判断这两个对象是否代表了同一个公民，代码如下。

```
Person p1 = new Person("id00001");
Person p2 = new Person("id00001");
…
if (p1.equals(p2)){
…
}
```

（3）在这个程序中，因为这两个 Citizen 对象的身份证号一样，所以，它们代表的应该是同一个人，但如果用 Object 类的默认方式，它只会去比较两个对象引用变量是否指向同一个对象而返回 false。显然，这个结果不是我们所期待的。此时，就需要在 Citizen 中覆盖 Object 类中的

equals()方法，以满足我们的需求。

源文件：Citizen.java。具体示例代码如下。

```java
public class Account {
  String accountName;
  public Account(String theName){
      this.accountName = theName;
  }
  public String getAccountName() {
      return accountName;
  }

  public void setAccountName(String accountName) {
      this.accountName = accountName;
  }

  public boolean equals(Account a) {
      //首先判断需要比较的Object是否为null
      //如果为null，返回false
      if (a == null) {
          return false;
      }
      //判断测试的是否为同一个对象
      //如果是同一个对象，毋庸置疑，它应该返回true
      if (this == a) {
          return true;
      }
      //判断它们的类型是否相等
      //如果不相等，则肯定返回false
      if (this.getClass() != a.getClass()) {
          return false;
      }

      //只需比较两个对象的id属性是否一样
      //就可以得出这两个对象是否相等
      return accountName.equals(a.accountName);
  }

  public void print(Account ac){
      if (this.equals(ac)){
          System.out.println("Welcome "+this.accountName);
      }
      else
      {
          System.out.println("用户名错误");
      }
  }
  public static void main(String[] args) {
      Account a1 = new Account("Alex");
      Account a2 = new Account("Mary");
      a1.print(new Account("Alex"));
```

```
        a2.print(new Account("Alex"));
    }
}
```

在 Citizen 类中，覆盖了父类 Object 中的 equals()，使它能够根据对象的 id 属性是否相等来判断这两个对象是否相等。这个覆盖方法中已经加入了足够的注释，请读者参考程序中的注释来理解这个方法的定义。

（4）定义 TestCitizen 类，定义一个 main()方法。在 main()方法中使用身份证号 id00001 创建两个 Citizen 对象，然后用覆盖的 equals()方法比较这两个对象的相等性。

源文件：TestCitizen.java。具体示例代码如下。

```
public class TestCitizen {
  public static void main(String[] args) {
      Citizen p1 = new Citizen("id00001");
      Citizen p2 = new Citizen("id00001");
      System.out.println(p1.equals(p2));
  }
}
```

此时，因为它们的身份证号相同，equals()方法将返回 true。编译并运行这个程序，将向控制台输出如下信息。

```
true
```

读者可以试着将覆盖的 equals()方法删除或注释掉，然后重新编译运行 TestCitizen.java，看看此时的结果，然后想想为什么。

在这个覆盖的 equals()方法中，还使用到了另一个方法 getClass()，它将返回对应的对象的运行期类（Runtime Class）。关于 getClass()的更多信息，请读者查看 API 文档，此处不再赘述。

另外，如果一个类的父类不是 Object 类，那么，首先需要检查它的父类是否定义了 equals()方法，如果是，在覆盖父类的 equals()方法的时候需要在子类的 equals()方法中使用如下方法来调用父类的 equals()方法，以确保父类中的相关比较能够执行。

```
super.equals(obj)
```

例如，假设有一个 Armyman 类用来表示军人，它是一个 Citizen 类的子类。此时，如果在 Armyman 类中覆盖 Citizen 类的 equals()方法，则需要在覆盖的 equals()方法中调用被覆盖的 Citizen 类中的 equals()方法，格式如下。

```
public boolean equals(Object obj){
return super.equals(obj)&&(其他比较语句);
}
```

6.6　对象的初始化

当调用类的构造器来创建对象时，它将给新建的对象分配内存，并对对象进行初始化操作。现在探讨对对象进行初始化操作时的细节。

对象的初始化操作将递归如下步骤。

（1）设置实例变量的值为默认的初始值（0、false、null），不同的数据类型有不同的初始值。

（2）调用类的构造器（但是还没有执行构造方法体），绑定构造器参数。

（3）如果构造器中有 this()调用，则根据 this()调用的参数来调用相应的重载构造器，然后转到步骤（5），否则转到步骤（4）。

（4）除 java.lang.Object 类外，调用父类中的初始化块初始化父类的属性，然后调用父类构造器。如果构造器中有 super() 调用，则根据 super() 中的参数调用父类中相应的构造器。

（5）使用初始化程序和初始化块初始化成员。

（6）执行构造器方法体中的其他语句。

所谓初始化块，是由一对花括号括起来的语句块。不管使用哪个构造器创建对象，它都会被首先运行，然后才执行构造器的主体部分。

下面是对象初始化示例。

源文件：TestPerson.java。具体示例代码如下。

```java
class Person {
 private String name;

 private int age;

 private String sex;

 public Person() {
     System.out.println("构造器Person()被调用");
     sex = "Male";
     System.out.println("name=" + name + " ,age=" + age + " ,sex=" + sex);
 }

 public Person(String theName) {
     //调用构造器Person()
     this();
     System.out.println("构造器Person(String theName)被调用");
     name = theName;
     System.out.println("name=" + name + " ,age=" + age + " ,sex=" + sex);
 }

 public Person(String theName, int theAge) {
     //调用构造器Person(String theName)
     this(theName);
     System.out.println("构造器Person(String theName,int theAge)被调用");
     age = theAge;
     System.out.println("name=" + name + " ,age=" + age + " ,sex=" + sex);
 }

 //初始化块
 {
     name = "Tony Blair";
     age = 50;
     sex = "Female";
     System.out.println("初始化块执行后：name=" + name + " , age=" + age + " ,sex=" + sex);
 }
 }

public class TestPerson {
 public static void main(String[] args) {
     Person person = new Person();
 }
```

```
}
```

编译执行上述程序，将会得到如下输出。

初始化块执行后：name=Tony Blair ,age=50 ,sex=Female
构造器Person()被调用
name=Tony Blair ,age=50 ,sex=Male

可以看到，初始化块会先于构造器被调用执行。读者可以将 main()方法中调用的创建 Person 对象的构造器换成其他两个，再观察运行结果，同样可以得出上面的结论。

> **提示：**
> 初始化块的机制并不是必须的，完全可以将属性的初始化和属性的声明结合在一起，例如：
> ```
>     String name =  "Tony Blair";
> ```

下面再举一个对象初始化的例子，以加深读者对对象初始化的理解。首先定义一个父类 Person，在里面定义 3 个构造器和一个初始化块。

源文件：Person.java。具体示例代码如下。

```java
class Person {
 private String name;

 private int age;

 private String sex;

 public Person() {
     System.out.println("构造器Person()被调用");
     sex = "Male";
     System.out.println("name=" + name + " ,age=" + age + " ,sex=" + sex);
 }

 public Person(String theName) {
     System.out.println("构造器Person(String theName)被调用");
     name = theName;
     System.out.println("name=" + name + " ,age=" + age + " ,sex=" + sex);
 }

 public Person(String theName, int theAge) {
     System.out.println("构造器Person(String theName,int theAge)被调用");
     name = theName;
     age = theAge;
     System.out.println("name=" + name + " ,age=" + age + " ,sex=" + sex);
 }

 //初始化块
 {
     name = "Tony Blair";
     age = 50;
     sex = "Female";
     System.out.println("Person初始化块执行后：name=" + name
 + " ,age=" + age  + " ,sex=" + sex);
 }
}
```

然后定义一个 Person 类的子类 Teacher。定义 4 个构造器：一个是不带参数的构造器；一个是带一个 String 数据类型参数的构造器，它通过 super()显式调用父类的构造器；一个是带一个 int 数据类型参数的构造器；一个是带两个参数的构造器，通过 this() 来调用类中带 int 类型参数的构造器。

源文件：Teacher.java。具体示例代码如下。

```
//Person子类
class Teacher extends Person {
  //部门
  String department;

  //教龄
  int schoolAge;

  public Teacher() {
      System.out.println("构造器Teacher()被调用");
  }

  public Teacher(String name) {
      //调用父类中的构造器Person(String theName)
      super(name);
      System.out.println("构造器Teacher(String name)被调用");
  }

  public Teacher(int theSchoolAge) {
      schoolAge = theSchoolAge;
  }

  public Teacher(String dept, int theSchoolAge) {
      //调用本类中重载的构造器Teacher(int theSchoolAge)
      this(theSchoolAge);
      department = dept;
  }

  //初始化块
  {
      department = "教务部";
      System.out.println("Teacher初始化块执行后：name=" + name + " ,age=" + age+ " ,sex=" + sex);
  }
}
```

测试程序如下，通过 3 种构造器创建 3 个 Teacher 对象，因为调用的构造器不同，所以对象初始化的步骤也有所不同。因为在这几个程序中，几个关键部分都已经有信息打印到控制台，所以，只要执行这个程序，就可以看出调用构造器创建对象的运行细节。

源文件：TestInit.java。具体示例代码如下。

```
public class TestInit {
  public static void main(String[] args) {
      System.out.println("----------------------------------------");
      Teacher t1 = new Teacher();
      System.out.println("");


      System.out.println("----------------------------------------");
      Teacher t2 = new Teacher("Tom");
```

```
        System.out.println("");

        System.out.println("----------------------------------------");
        Teacher t3 = new Teacher("财务部", 20);
    }
}
```

编译并运行 TestInit 程序，可以在控制台上得到如下信息。

```
----------------------------------------
Person初始化块执行后：name=Tony Blair ,age=50 ,sex=Female
构造器Person()被调用
name=Tony Blair ,age=50 ,sex=Male
Teacher初始化块执行后：name=Tony Blair ,age=50 ,sex=Male
构造器Teacher()被调用

----------------------------------------
Person初始化块执行后：name=Tony Blair ,age=50 ,sex=Female
构造器Person(String theName)被调用
name=Tom ,age=50 ,sex=Female
Teacher初始化块执行后：name=Tom ,age=50 ,sex=Female
构造器Teacher(String name)被调用

----------------------------------------
Person初始化块执行后：name=Tony Blair ,age=50 ,sex=Female
构造器Person()被调用
name=Tony Blair ,age=50 ,sex=Male
Teacher初始化块执行后：name=Tony Blair ,age=50 ,sex=Male
```

读者可以参考上述对象初始化的 6 个步骤和本程序的执行结果，充分理解和掌握对象初始化的过程。

6.7　封装类

6.7.1　知识准备：Java 中的封装类

虽然 Java 语言是典型的面向对象编程语言,但其中的 8 种基本数据类型并不支持面向对象的编程机制，基本类型的数据不具备“对象”的特性，没有属性、方法可调用。沿用它们只是为了迎合程序员根深蒂固的习惯，并能简单、有效地进行常规的数据处理。

这种借助于非面向对象技术的做法有时也会带来不便，比如，引用类型数据均继承了 Object 类的特性，要转换为 String 类型（经常有这种需要），只要简单调用 Object 类中定义的 toString() 方法即可，而基本数据类型转换为 String 类型则要麻烦得多。为解决此类问题，Java 语言引入了封装类的概念，在 JDK 中针对各种基本数据类型分别定义了相应的引用类型，并称为封装类（Wrapper Classes）。

所有封装类对象都可以通过向各自的构造器传入一个简单类型数据来构造，示例代码如下。

```
boolean b = true;
Boolean B = new Boolean(b);

byte by = '42';
```

```
Byte By = new Byte(by);

int i = 123;
Integer I = new Integer(i);

…
```

除了 char 类型外，还可以通过向构造器传入一个字符串数据来构造。如果传入的字符串不能用于表示对应的值，除了 boolean 类型外，都将会抛出一个 NumberFormatException 异常。

```
Boolean B = new Boolean("true");
Boolean B1 = new Boolean("a");// 对，不抛出异常

try {
  Byte By = new Byte("42");
  Short S = new Short("121212");
  Integer I = new Integer("123456789");
  // …
} catch (NumberFormatException e) {
  e.printStackTrace();
}
```

封装在封装类中的值，可以通过各自的×××Value()方法来转换成简单类型，示例如下。

- boolean：public boolean booleanValue()。
- byte：public byte byteValue()。
- character：public char charValue()。
- double：public double doubleValue()。
- float：public float floatValue()。
- integer：public int intValue()。
- long：public long longValue()。
- short：public short shortValue()。

下面举一个封装类的例子。在这个类中，创建了两个int类型的封装类integer对象，并且比较它们是否相等。

源文件：WrapperClass.java。具体示例代码如下。

```
public class WrapperClass {
  public static void main(String[] args) {
    Integer i = new Integer(10);
    Integer j = new Integer(10);
    System.out.println(i == j);
  }
}
```

运行上述程序，将在控制台上输出如下信息。从结果可以看出，它们并不相等，这是因为 i 和 j 各自指向的对象是不一样的。

```
false
```

6.7.2 知识准备：自动拆箱和装箱

JDK 5.0 中引入了自动装箱/拆箱（Autoboxing/Unboxing）功能，可以让程序员方便地在简单类型数据和对应的封装类型数据之间进行转换，例如如下示例。

```
Integer iObject = 100;
```

　　这行代码在 JDK 5.0 之前是非法的，因为不能将一个简单类型的数据赋值给引用类型变量。而在 JDK 5.0 中，通过自动装箱功能，可以自动进行"装箱"——将简单类型数据"装"到对应的封装类型中。相反的，通过自动拆箱功能，可以将封装类型的数据赋值给对应的简单类型变量，例如如下语句。

```
int i = new Integer(100);
```

　　这个功能带来的一个直接好处就是，以后在那些本来只接收引用类型数据的方法中，可以直接使用简单类型数据，而不再需要先在程序中将它转换成引用类型数据。例如，如下方法在 JDK 5.0 之前是非法的，而在 JDK 5.0 中是合法的。

```
public class TestBoxing{
  public void test(Object o) {
      System.out.println(o);
  }
  public static void main(String[] args){
      TestBoxing tb = new TestBoxing();
      tb.test(100);    //自动装箱
  }
}
```

　　这个例子中定义了一个 test()方法，它有一个参数 Object，如果在 JDK 5.0 之前，调用这个方法的时候，必须传递一个引用类型的数据给它，而在 JDK 5.0 中可以直接给它传递一个简单类型数据。

　　另外，在 JDK 5.0 中使用自动装箱的时候还有一个问题需要特别注意，那就是缓存。

　　在 Java 中，为了节省创建对象的时间和空间，对于一些常用的对象，会将它在内存中缓存。例如 String 对象就是这样的，当直接使用"String s = "str""这种形式来产生 String 对象时，如果在内存中已经有一个使用这种方式产生的字符串对象，就不会再新建对象，而是直接使用已经存在的那个 String 对象。而实际上，与此类似的还有如下简单数据类型。

- boolean 类型的值。
- 所有 byte 类型的值。
- 在-128～127 之间的 short 类型的值。
- 在-128～127 之间的 int 类型的值。
- 在\u0000～\u007F 之间的 char 类型的值。

　　它们在使用自动装箱功能转换成相关封装类型对象的时候，将首先检查内存中是否已经有使用自动装箱功能产生的具有相同值的对象。如果已经有一个"值"相同的对象存在，那么，并不会产生新的对象。使用自动装箱功能得到的对象在内存中可能已经存在，而不是新产生的。

　　源文件：TestAutoBoxing.java。具体示例代码如下。

```
public class TestAutoBoxing{
  public static void main(String[] args){
      Integer t1 = new Integer(127);
      Integer t2 = new Integer(127);
      System.out.println("t1 == t2 ? "+(t1 == t2));
      Integer t3 = 127;
      Integer t4 = 127;
      System.out.println("t3 == t4 ? "+(t3 == t4));
      System.out.println("t1 == t4 ? "+(t1 == t4));
      Integer t5 = 128;
      Integer t6 = 128;
```

```
        System.out.println("t5 == t6 ? "+(t5 == t6));
    }
}
```

编译并运行这个程序，将得到如下输出。

```
t1 == t2 ? false
t3 == t4 ? true
t1 == t4 ? false
t5 == t6 ? false
```

对于 t1 和 t2 的关系，很容易就可以得出正确的判断。而对于 t3 和 t4 及 t5 和 t6 的关系，就不那么容易得到正确答案。根据上述规则，当 int 类型数据在-128~127 之间的时候，它通过自动装箱所产生的 integer 对象缓存在内存中，而当试图通过自动装箱方式产生另一个值相等的 integer 对象时，系统将不会重新生成新的对象，而是直接使用内存中已经存在的 integer 对象；当数值不在该范围内的时候，自动装箱产生的数据等同于用 new 方式产生的数据。

> **提示：**
> 在 JDK 5.0 以后，原来很多只接收对象参数的类、方法，现在也可以接收简单类型数据了，这并不意味着这些类、方法改变了它们的行为方式，而是自动装箱功能自动完成了将简单类型数据转换成对应引用类型数据的动作。

6.7.3　知识拓展：在 Java 中实现小数的精确计算

编写 Java 程序的时候，经常需要用到小数，这里以给某个厂商编写一个采购平台，需要计算货物的价格等为例进行说明。

现在假设有两种商品，价格分别为 0.05 元和 0.01 元，需要计算这两种商品的价格的和，并且将它打印出来。我们可以编写如下代码语句。

```
System.out.println(0.05+0.01);
```

但是，当执行上述代码语句时，将会得到如下输出。

```
0.060000000000000005
```

显然，这个输出并不是期望的结果。为什么会出现这样的情况呢？这是由计算机中的数字表示方式导致的（所有数值都需要转换成二进制数），0.05 不能被精确表示为一个 double（默认情况下，小数类型数据为 double 类型）类型的数据，而是被表示为最接近它的 double 值。因此，对于需要精确运算结果的情况，请勿使用 double 或者 float 类型的数据来表示。

要实现数值的精确运算，有两种选择：一种是使用 int 或者 long 类型数据，得到最后结果后，再除以适当的 10 的倍数来获得精确的小数；另一种是使用 BigDecimal 来进行精确的小数运算。对于 int 或者 long 类型数据的运算，此处不再赘述，本小节主要讨论如何使用 BigDecimal 进行精确的小数运算。

BigDecimal 位于 java.math 包中，它有 4 个构造器，其中，有两个接收 bigInteger 参数，其他两个分别接收 String 和 double 类型的参数。基于上述经验，需要使用 String 类型参数的构造器。在这个类上定义了很多进行加、减、乘、除运算的方法，如 add()、subtract()、multiply()、divide()，还有进行小数点移位运算的 movePointLeft() 和 movePointRight() 等方法。

举一个使用 BigDecimal 来实现精确运算小数的例子。

源文件：TestFloat.java。具体示例代码如下。

```
import java.math.BigDecimal;


public class TestFloat{
public static void main(String args[]){
```

```
        //直接使用double类型数据进行运算
        System.out.println(0.05+0.01);
        //使用BigDecimal的double参数的构造器
        BigDecimal bd1 = new BigDecimal(0.05);
        BigDecimal bd2 = new BigDecimal(0.01);
        System.out.println(bd1.add(bd2));
        //使用BigDecimal的String参数的构造器
        BigDecimal bd3 = new BigDecimal("0.05");
        BigDecimal bd4 = new BigDecimal("0.01");
        System.out.println(bd3.add(bd4));
    }
}
```

编译运行这个程序，可以得到如下输出。

```
0.060000000000000005
0.0600000000000000029837243786801082023885101079940 7958984375
0.06
```

从这个例子中可以看出，如果使用 double 类型参数的构造器来获得 BigDecimal 对象进行运算，也可能得不到想要的结果；而如果使用 String 参数的构造器来获得 BigDecimal，将可以得到正确的运算结果。

6.8 本章小结

本章详细介绍了类的继承，着重介绍了 super 和 this 关键字的使用，并介绍了重载和覆盖的概念，揭示了对象初始化的细节。通过本章的学习，读者对类的继承应该有了一定的了解和掌握，并掌握对 toString()方法、equals()方法的使用和覆盖，这些在今后的编程中是经常会用到的。继承是 Java 面向对象的一大特点，在以后的学习中，读者会有深入的体会。

课后练习题

一、选择题

1．关于继承，下列说法正确的是（　　）。

A．Java 中的类是单继承的，但接口可以继承多个接口

B．一个类只能有一个子类

C．子类引用可以指向一个父类对象

D．子类可以继承父类所有的属性和方法

2．关于方法重写（Override），下列说法正确的是（　　）。

A．方法重写是指一个类里面有多个同名的方法

B．方法重写是指子类和父类有同名的方法，并且参数列表和返回类型都完全一样

C．方法重写是指子类和父类有同名的方法，但要有不同的参数列表

D．重写的方法可以比原方法有更严格的访问权限

3．关于方法重载（Overload），下列说法正确的是（　　）。

A．方法重载是子类和父类有同名的方法

B. 实现方法重载必须方法名相同，参数列表不同

C. 可以用返回值不同来区分两个重载的方法

D. 重载的方法可以相互调用

4. 下列说法正确的是（　　）。

A. 用 protected 修饰的属性只能被同一个包中的类访问

B. 不加任何访问修饰符的属性只能被同一个类及子类访问

C. protected 和 private 不可以用来修饰类

D. protected、private 和 public 既可以修饰类，又可修饰属性

5. 下列说法正确的是（　　）。

A. 每个子类对象创建时都会默认调用父类的所有构造器

B. 每个子类对象创建时都会默认调用父类的无参构造器

C. 子类中不能显式调用父类的构造器

D. 子类中显式调用了父类的某个构造器后，就不会再调用父类的无参构造器了

二、简答题

1. 简述 Java 中的继承。

2. 简述 Java 中有哪些访问控制修饰符及其各自的作用。

3. 简述方法覆盖和方法重载的区别。

三、编程题

1. 创建一个 Animal 类，它有一个默认构造器，在默认构造器中输出"I am an animal"。创建一个 Animal 类的对象。

2. 创建一个 Dog 类，它继承 Animal 类，也有一个默认构造器，在默认构造器中输出"I am a dog"。创建一个 Dog 类的对象。

3. 在 Dog 类中添加一个重载的构造器，接收一个字符串 dogname，在构造器中调用默认构造器，并输出"my name is"加上你接收到的参数。

第7章

高级类特性

■ 本章详细介绍了 Java 关键字 static 和 final 的用法、抽象类和接口的概念及区别、多态及内部类的概念和详细用法。

7.1 static 关键字

7.1.1 static

Java 是面向对象的语言，在某种特殊情况下，通常是实用方法，不需要类实例。static 这个关键字可以标记出不需要实例化的方法。static 修饰的方法是静态方法，一个静态方法就是"一个不依靠实例对象的行为"。static 也可以修饰属性，static 修饰的属性是静态属性。

static 概述

7.1.2 static 变量的引用方法

静态变量、静态方法定义时分别用 static 关键字。

源文件：Student.java。具体示例代码如下。

```java
public class Student {
//static修饰的属性为静态属性
  public static String name;
  //普通属性
  public int age;
  //static修饰的方法为静态方法
  public static String getName() {
      return name;
  }
  //普通方法
  public int getAge() {
      return age;
  }
}
```

通常定义的普通属性、普通方法，都要通过 new 关键字创建对象后才可以调用，但静态属性、静态方法都是通过"类名.属性""类名.方法"的形式进行调用的。

源文件：Test.java。具体示例代码如下。

```java
public class Test {
  public static void main(String[] args) {
      //TODO Auto-generated method stub
      //静态属性和静态方法直接通过类名调用，不用实例化对象
      Student.name = "张三";
      System.out.println(Student.getName());
      //普通方法和普通属性必须通过new关键字创建对象后才可以调用
      Student student = new Student();
      student.age = 20;
      System.out.println(student.getAge());
  }
}
```

> 问：静态的属性和方法与普通的属性和方法有什么区别？
>
> 答：
> - 静态属性和静态方法都必须用 static 修饰，普通方法和属性不用。
> - 普通方法称为实例方法，静态方法称为类方法。
> - 普通方法通过"对象名.方法名"的格式调用，静态方法通过"类名.方法名"的格式调用。
> - 普通属性通过"对象名.属性名"的格式调用，静态属性通过"类名.属性名"的格式调用。

7.2　final 关键字

final 是指最后的、最终的，即不能有后续继承者。final 可以修饰类、属性、行为，代表它们不能有后续者。所以 final 修饰的类不可以被继承，final 修饰的属性不可以被改变（即为常量），final 修饰的行为不可以被重写。

7.2.1　final 数据

final 关键字

final 关键字修饰的变量在编译过程中会定义成不可以改变数据的常量。在 Java 中需要使用常量的场合，需要用 final 关键字进行修饰。在定义一个常量时，必须对其赋值，且变量的值一旦初始化就不需要改变。

比如应用中需要定义 π 的值，π 的值是固定不变的，并且 π 的值是固定的，这时就可以把保存 π 值的变量定义成常量。

源文件：Round .java。具体示例代码如下。

```java
package com;

public class Round {
    //π的值一经定义就不需要改变，所以这里定义成常量
    final double pi = 3.1415926;
    //圆的半径
    double r;
    //获得圆的半径
    public double getArea(){
        //错误，常量值不能被改变
        //pi = 3.14;
        return pi * r * r;
    }
}
```

这个例子定义了一个 Round 类，这个类中的属性 pi 是一个常量，所以需要用 final 修饰，因为 π 值是一个非常常用的常量，所以通常还需要使用 static 关键字修饰，提供给其他类直接使用。如果是静态的常量，根据 Java 命名规则，应该全部大写，不同单词用"_"隔开，如 static final int MAX_TAX_RATE =20。所以例子中的 π 通常定义为 static final double PI=3.1415926。

7.2.2　final 方法

final 关键字可以将方法锁定，防止任何继承类修改它的含义，确保在继承中使用方法的行为不变，并且不会被覆盖。例如一个书店的折扣必须是 8 折，不能是其他折扣时，就需要把处理折扣的方法用 final 关键字修饰，不能让其他子类去修改折扣信息，示例代码如下。

父类:

```
public class Book {
 int price = 19;
//折扣信息不能改变，所以用final修饰
 final void sellPrice(){
          ystem.out.println(price*=0.8);
 }
}
```

子类:

```
package com;
public class ChildrenBook extends Book {
 void sellPrice() {
      //错误，final修饰的行为不可以被重写
      System.out.println(price*=0.7);
 }
}
```

7.2.3 final 类

如果用 final 关键字修饰类，则这个类的整体会被定义为 final。这样的类是不能被继承的。如果定义的类不希望被继承，那么就可以用 final 关键字修饰，该类的设计永远不会被改动，也不会有子类。

```
public final class Book {
    void show(){
        System.out.println("我是Book的show()方法");
    }
}
//这里会报错，因为final修饰的类不可以被继承
public class ComBook extends Book {
}
```

7.3 抽象类

7.3.1 abstract 概述

抽象就是从众多有一定共同点的事物中抽取出共同点、本质特征，而舍弃掉非本质的特性。如三角形、圆形、矩形等，它们的共同特征就是都是图形。得出这个结论的过程就是抽象的过程。

abstract 概述

Java 中的 abstract 关键字是用来修饰抽象类的，当类是对一类事物的抽象时，方法就应该定义为抽象方法，使用 abstract 修饰。比如图形，定义一个用于计算图形周长和面积的图形类，在这个类中，不知道求不同图形面积、周长的具体解决方案，所以这两个方法的具体代码就没有办法去完成。abstract 修饰的方法表示为抽象方法，包含抽象方法的类需要定义成抽象类，所以图形类也需要使用 abstract 修饰。

> 问: 抽象类可以通过 new 创建对象吗？
> 答: 不可以，因为抽象类总有未实现的抽象方法，所以不能创建对象。

7.3.2　abstract class

abstract class 是用 abstract 修饰的类，是抽象类。包含抽象方法的类必须用 abstract 修饰，但是用 abstract 修饰的类可以不具有抽象方法。

源文件：Shape .java。具体示例代码如下。

```
//抽象类用abstract修饰
public abstract class Shape {
  //抽象方法用abstract修饰，且没有方法体
  public abstract double calcuArea();
}
```

使用 abstract 修饰的方法是抽象方法，因为抽象方法不知道方法的具体实现，所以抽象方法没有方法体。

7.3.3　模板设计模式

继续上述示例，定义一个计算图形周长和面积的工具来计算三角形、圆形、矩形的面积。但是在使用前，不知道图形的周长和面积具体如何计算，所以需要定义为抽象方法，对应的类要定义为抽象类。大多数抽象类符合这一种模式：在类的某个特定的部分，需要其他人提供部分内容的具体实现，也就是通常说的"模板方法"（Template Method）模式。以下是模板代码形式示例。

源文件：Shape .java。具体示例代码如下。

```
//抽象类需要用abstract class关键词修饰
public abstract class Shape {
int l;
public Shape(int l) {
    // TODO Auto-generated constructor stub
    this.l = l;
}
//未实现的方法用abstract修饰
public abstract double getArea();
//未实现的方法用abstract修饰
public abstract double getPemeter();
}
```

上述示例的 Shape 类中包含未实现的方法，所以需要用 abstract 修饰，表示 Shape 类为抽象类。计算面积和周长的模板设计好之后，定义一个圆形类，继承超类 Shape，完成具体代码实现。

源文件：Circle.java。具体示例代码如下。

```
//Circle类继承Shape抽象类
public class Circle extends Shape {
public Circle(double l) {
    super(l);
    // TODO Auto-generated constructor stub
}
//子类继承抽象的父类后，实现父类中定义的所有抽象方法，实现具体功能
public double getArea() {
    // TODO Auto-generated method stub
    //计算圆的面积
    return Math.PI * l * l;
}
//子类继承抽象的父类后，实现父类中定义的所有抽象方法，实现具体功能
public double getPemeter() {
```

```
        // TODO Auto-generated method stub
        //计算圆的周长
        return 2 * Math.PI * l;
    }
}
```

Circle 子类继承了 Shape 抽象类，并实现了父类中定义的 getArea() 和 getPemeter() 抽象方法，计算出圆的面积和周长。实现父类的抽象方法实则是在重写父类的方法，计算其他图形也是同样的实现流程，这就是模板模式的设计思路。

问： 抽象类在使用时应该注意什么？

答：

● 抽象类只能被继承，不能被创建，不然编译器会报错。

● 包含抽象方法的类一定是抽象类，但抽象类不一定包含抽象方法。

● 子类继承了抽象类时需要实现父类中未实现的抽象方法，或者子类也定义成抽象类。

● final 不能修饰抽象类，因为 final 修饰的类不能被继承，而抽象类定义出来就是用来继承的。因为两者相冲突，所以不能用 final 修饰抽象类。

7.4 接口

7.4.1 接口的定义

接口是一系列方法的声明，是一些方法特征的集合，一个接口只有方法的特征，没有方法的实现，因此这些方法可以在不同的地方被不同的类实现，而这些实现可以具有不同的行为（功能）。接口主要用于制定规范。

7.4.2 接口的使用

Java 中的接口用 interface 关键字修饰，接口是对功能的抽象，所以接口不可以创建对象。接口的属性必须是公共的静态常量，方法必须是公共的抽象方法（abstract 方法），具体定义示例如下。

接口使用

```
//接口用interface修饰
public interface Area {
    //接口中的属性必须是公共的静态常量
    public final static int i = 0;
    //接口中的属性必须是公共的抽象方法
    public abstract double getArea();
}
```

上述示例定义了一个计算图形面积的 Area 接口，其中静态方法 getArea() 就是一个规范，当在完成代码编写的过程中需要计算面积时，就可实现此接口，这样做可以提高代码的可读性，增加代码的重用性，并且代码格式统一，方便记忆和使用。

7.4.3 接口的扩展

如果要使用接口，需要使用 implements 关键字实现，并且实现接口中的抽象方法。例如有一个长方形的类，需要计算面积，这时就可以使用上述示例定义的接口，请看如下示例。

源文件：Rectangle.java。具体示例代码如下。

```java
//Rectangle实现了Area接口
public class Rectangle implements Area {
 int l;
 int h;
 //实现Area接口中的抽象方法，完成长方形面积的计算
 public double getArea() {
     // TODO Auto-generated method stub
     return l*h;
 }
 //实现Perimeter接口中的抽象方法，完成长方形周长的计算
 public double getPerimeter() {
     // TODO Auto-generated method stub
     return 2*(l+h);
 }
}
```

如果这个长方形类还要计算周长，刚好有一个计算周长的接口，可以直接实现计算周长接口。Java
中可以实现多个接口（没有限制），一个类实现接口后，此类也是接口的子类；接口和实现接口的类也
是父子关系，接口为父类。计算周长接口的实现代码如下。

```java
//计算周长接口
public interface Perimeter {
 public abstract double getPerimeter();
}
```

Rectangle 类可以直接实现 Perimeter 接口，代码如下。

```java
//Java中一个类可以实现多个接口
public class Rectangle implements Area, Perimeter{
 int l;
 int h;
 //实现Area接口中的抽象方法，完成长方形面积的计算
 public double getArea() {
     // TODO Auto-generated method stub
      return l*h;
 }
 //实现Perimeter接口中的抽象方法，完成长方形周长的计算
 public double getPerimeter() {
     // TODO Auto-generated method stub
     return 2*(l+h);
 }
}
```

Java 不支持多重继承，即一个类只能继承一个父类，即使是抽象类也是如此。单继承性使程序简
单，易于管理，但是有一定的局限性。接口很好地解决了这个问题，一个类可以实现多个接口，例如
Rectangle 类就实现了 Area、Perimeter 两个接口。

7.4.4　抽象类和接口

对比抽象类和接口的概念及使用特点，其异同如下所述。

1. 抽象类和接口的相同点

- 抽象类和接口都不能被实例化。
- 抽象类和接口都可以包含未实现的方法。
- 派生类都要实现其中的抽象方法。

2. 抽象和接口的不同点

- 一个类可以实现无数个接口，但是只能继承一个抽象类。
- 抽象类中可以存在非抽象的方法，接口中只能存在抽象方法。
- 抽象类中的属性可以被不同的修饰符修饰，而接口中必须是公共的静态常量。

7.5 多态

7.5.1 多态概述

Java 是一门面向对象的语言，有封装、继承、多态三大特性。从一定角度来看，封装和继承几乎都是为实现多态而准备的。

多态是指允许不同类的对象对同一消息做出响应，即同一消息可以根据发送对象的不同而采用多种不同的行为方式。多态是利用动态绑定实现的。动态绑定（Dynamic Binding）是指在执行期间判断所引用对象的实际类型，根据其实际的类型调用其相应的方法。

多态概述

现在假设有一个 Aclass，由它派生了一个类 Bclass，可以直接使用 Aclass 类对象保存 Bclass 对象变量，语句格式如下。

```
Aclass a = new Bclass();
```

这里用到的是 Java 中的"替换原则（Substitution Principle）"，无论何时，只要程序需要一个父类对象，就可以用一个子类对象来替换它。这种能力也叫动态绑定。

多态对代码具有可扩充性，增加新的子类不影响已存在类的多态性、继承性及其他特性的运行和操作。实际上新加子类更容易获得多态功能。多态是超类通过方法签名向子类提供一个共同接口，由子类来完善或者覆盖它而实现的。它在应用中体现了灵活多样的操作，提高了使用效率，它简化对应用软件的代码编写和修改过程，尤其在处理大量对象的运算和操作时，这个特点尤为突出和重要。

例如回家发现桌上的几个杯子里面装了白酒，从外面看是不可能知道这是些什么酒的，只有喝了之后才能够猜出来是何种酒。这里所表现的就是多态——只有在运行的时候才会知道引用变量所指向的具体实例对象。剑南春、五粮液、酒鬼酒都是酒的子类，只是通过酒这一个父类就能够引用不同的子类。

根据喝酒的例子，定义酒（Win）是父类，剑南春（JNC）、五粮液（WLY）、酒鬼酒（JGJ）是子类。

源文件：Wine .java。部分示例代码如下。

```
public class Wine {
    public void fun1(){
        System.out.println("Wine 的Fun......");
        fun2();
    }
    public void fun2(){
```

```
            System.out.println("Wine 的Fun2...");
        }
    }

    public class JNC extends Wine{
        /**
         * @desc 子类重载父类方法
         * @param a
         * @return void
         */
        public void fun1(String a){
            System.out.println("JNC 的 Fun1...");
            fun2();
        }

        /**
         * 子类重写父类方法
         * 指向子类的父类引用调用fun2时，必定是调用该方法
         */
        public void fun2(){
            System.out.println("JNC 的Fun2...");
        }
    }

    public class Test {
        public static void main(String[] args) {
            Wine a = new JNC();
            a.fun1();
        }
    }
-----------------------------------------------------------
Output:
Wine 的Fun...
JNC 的Fun2...
```

从程序的运行结果中可以发现，a.fun1()首先是运行父类 Wine 中的 fun1()，然后运行子类 JNC 中的 fun2()。

分析：在这个程序中，子类 JNC 重载了父类 Wine 的方法 fun1()，重写 fun2()，而且重载后的 fun1(String a)与 fun1()不是同一个方法；由于父类中没有该方法，向上转型后会丢失该方法，所以执行 JNC 的 Wine 类型引用时不能引用 fun1(String a)方法。而子类 JNC 重写了 fun2() ，那么指向 JNC 的 Wine 引用会调用 JNC 中的 fun2()方法。

子类 Child 继承父类 Father，可以编写一个指向子类的父类类型引用。该引用既可以处理父类 Father 对象，也可以处理子类 Child 对象，当相同的消息发送给子类或者父类对象时，该对象就会根据自己所属的引用而执行不同的行为，这就是多态。也就是说，多态性就是相同的消息使得不同的类做出不同的响应。

Java 实现多态有 3 个必要条件，包括继承、重写、父类型引用指向子类型引用。只有满足了上述 3 个条件，才能够在同一个继承结构中使用统一的逻辑实现代码处理不同的对象，从而达到执行不同的行为的目的。

对于 Java 而言，多态的实现机制遵循一个原则：当超类对象引用变量引用子类对象时，被引用对象的类型决定了调用谁的成员方法，而不是引用变量的类型，但是这个被调用的方法必须是在超类中定

义过的，也就是被子类覆盖的方法。

　　Java 中有继承和接口两种形式可以实现多态。基于继承的实现机制主要表现在父类和继承该父类的一个或多个子类对某些方法的重写，多个子类对同一方法的重写可以表现出不同的行为。

　　源文件：Wine .java。具体示例代码如下。

```java
public class Wine {
    private String name;

    public String getName() {
        return name;
    }

    public void setName(String name) {
        this.name = name;
    }

    public Wine(){
    }

    public String drink(){
        return "喝的是  " + getName();
    }

    /**
     * 重写toString()
     */
    public String toString(){
        return null;
    }
}

public class JNC extends Wine{
    public JNC(){
        setName("JNC");
    }

    /**
     * 重写父类方法，实现多态
     */
    public String drink(){
        return "喝的是  " + getName();
    }

    /**
     * 重写toString()
     */
    public String toString(){
        return "Wine : " + getName();
    }
}

public class JGJ extends Wine{
    public JGJ(){
```

```
                setName("JGJ");
        }

        /**
         * 重写父类方法，实现多态
         */
        public String drink(){
            return "喝的是 " + getName();
        }

        /**
         * 重写toString()
         */
        public String toString(){
            return "Wine : " + getName();
        }
    }

public class Test {
    public static void main(String[] args) {
        //定义父类数组
        Wine[] wines = new Wine[2];
        //定义两个子类
        JNC jnc = new JNC();
        JGJ jgj = new JGJ();

        //父类引用子类对象
        wines[0] = jnc;
        wines[1] = jgj;

        for(int i = 0 ; i < 2 ; i++){
            System.out.println(wines[i].toString() + "--" + wines[i].drink());
        }
        System.out.println("---------------------------------");


    }
}
```

OUTPUT:

Wine : JNC--喝的是 JNC

Wine : JGJ--喝的是 JGJ

上述代码中，JNC、JGJ 继承 Wine，并且重写了 drink()、toString()方法，程序运行结果是调用子类中的方法，输出 JNC、JGJ 的名称，这就是多态的表现。不同的对象可以执行相同的行为，但是它们都需要通过自己的实现方式来执行，这就要得益于父类型引用指向子类型引用。

所有类都继承自超类 Object，toString()方法也是 Object 类中的方法，如果部分代码写为如下格式，则输出的结果是 "Wine : JGJ"。

```
Object o = new JGJ();
System.out.println(o.toString());
```

Object、Wine、JGJ 三者的继承链关系是 JGJ→Wine→Object。所以可以这样说：当子类重写父类的方法被调用时，只有对象继承链中最末端的方法才会被调用。但是如果部分代码写为如下格式，则输出的结果应该是 null，因为 JGJ 并不存在于该对象继承链中。

```
Object o = new Wine();
System.out.println(o.toString());
```

所以基于继承实现的多态可以总结如下：对于引用子类的父类类型，在处理该引用时，它适用于继承该父类的所有子类，子类对象不同，对方法的实现也就不同，执行相同动作产生的行为也就不同。

如果父类是抽象类，那么子类必须要实现父类中的所有抽象方法，这样该父类的所有子类一定存在统一的对外接口，但其内部的具体实现可以各异，这样就可以使用顶层类提供的统一接口来处理该层次的方法。

7.5.2　instanceof 概述

Java 中的 instanceof 运算符是用来在运行时指出对象是否是特定类的一个实例。instanceof 通过返回一个布尔值来指出这个对象是否是这个特定类或者它的子类的一个实例，其格式如下。

`<应用类型变量>instanceof<引用类型>`

这是一个 boolean 类型的表达式，指出对象是否是特定的一个实例。当 instanceof 左侧的引用类型变量所引用对象的实际类型是其右侧的类型或子类时，表达式返回 true，否则返回 false。

源文件：A.java。具体示例代码如下。

```
interface A{

}
 class B implements A{

 }
 class C extends B {

 }
class instanceoftest {
  public static void main(String[] args){
      A a=null;
      B b=null;
      boolean res;

      System.out.println("instanceoftest test case 1: -------------------");
      res = a instanceof A;
      System.out.println("a instanceof A: " + res);
      res = b instanceof B;
      System.out.println("b instanceof B: " + res);

      System.out.println("/ninstanceoftest test case 2: -------------------");
      a=new B();
      b=new B();
      res = a instanceof A;
      System.out.println("a instanceof A: " + res);
      res = a instanceof B;
      System.out.println("a instanceof B: " + res);
      res = b instanceof A;
      System.out.println("b instanceof A: " + res);
      res = b instanceof B;
      System.out.println("b instanceof B: " + res);

      System.out.println("/ninstanceoftest test case 3: -------------------");
```

```
        B b2=(C)new C();
        res = b2 instanceof A;
        System.out.println("b2 instanceof A: " + res);
        res = b2 instanceof B;
        System.out.println("b2 instanceof B: " + res);
        res = b2 instanceof C;
        System.out.println("b2 instanceof C: " + res);
    }
}

result:
instanceoftest test case 1: ---------------------
a instanceof A: false
b instanceof B: false
instanceoftest test case 2: ---------------------
a instanceof A: true
a instanceof B: true
b instanceof A: true
b instanceof B: true
instanceoftest test case 3: ---------------------
b2 instanceof A: true
b2 instanceof B: true
b2 instanceof C: true
```

7.5.3　应用类型数据转换

在 Java 中，类型转换分为基本数据类型转换和引用数据类型转换两种，这里将讨论引用数据之间的类型转换。

在 Java 中，由于继承和向上转型，子类可以非常自然地转换成父类，但是父类转换成子类则需要强制转换。因为子类拥有比父类更多的属性和更强的功能，所以父类转换为子类需要强制。

那么，是不是只要是父类转换为子类就会成功呢？其实不然，它们之间的强制类型转换是有条件的。当用一个类型的构造器构造出一个对象时，这个对象的类型就已经确定了，也就是说它的本质不会再发生变化了。在 Java 中可以通过继承、向上转型的关系使用父类类型来引用它，这个时候是使用功能较弱的类型引用功能较强的对象，这是可行的，但是将功能较弱的类型强制转换成功能较强的对象就不一定可行了。

举个例子来说明。比如系统中存在 Father、Son 两个对象。首先构造一个 Son 对象，然后用一个 Father 类型变量引用它，语法如下。

```
Father father = new Son();
```

在这里，Son 对象被向上转型为 father，但是请注意这个 Son 对象在内存中的本质还是 Son 类型的，只不过它的能力临时被削弱了而已，如果想变强怎么办？将其对象类型还原即可，语法如下。

```
Son son = (Son)father;
```

这条语句是可行的，其实 father 引用仍然是 Father 类型的，只不过是将它的能力加强了，将其加强后转交给 son 引用，Son 对象在 son 变量的引用下恢复真身，就可以使用全部功能了。

父类强制转换成子类并不是总能成功，那么在什么情况下它会失效呢？

当引用类型的真实身份是父类本身的类型时，强制类型转换就会产生错误，例如如下示例，这时系统会抛出 ClassCastException 异常信息。编译器在编译时只会检查类型之间是否存在继承关系，有则通过；而在运行时就会检查它的真实类型，是则通过，否则抛出 ClassCastException 异常。所以在继承中，子类可以自动转型为父类，但是父类强制转换为子类时，只有当引用类型真正的身份为子类时才会成功。

```
Father father = new Father();
Son son = (Son) father;
```

7.6 内部类

内部类有时也称为"嵌套类（Nested Class）"，是定义在一个类内部的类，它可以是其他类的成员，也可以在一个程序块的内部定义。

内部类对象能够访问创建它的对象的实现，包括私有数据。对其他包中的其他类来说，它是隐藏起来的。

匿名内部类可以方便地用在回调方法（Callback Method）中，典型应用是图形编程中的事件处理。

7.6.1 内部类定义

在 Java 中，将一个类定义在另一个类里面，或者定义在一个方法里面，这样的类称为内部类，请看如下示例。

源文件：Circle .java。具体示例代码如下。

```
class Circle {
    double radius = 0;

    public Circle(double radius) {
        this.radius = radius;
    }

    class Draw {        //内部类
        public void drawShape() {
            System.out.println("drawshape");
        }
    }
}
```

由示例代码可以看出，Draw 类是定义在 Circle 类内部的，所以 Draw 类是一个内部类，Circle 称为外部类。Draw 也是 Circle 的一个成员。成员内部类可以无条件访问外部类的所有成员属性和成员方法（包括私有成员）。

7.6.2 局部内部类

局部内部类是定义在一个方法或者一个作用域里面的类。它和成员内部类的区别在于局部内部类的访问仅限于方法内或者该作用域内，请看如下示例。

源文件：People.java。具体示例代码如下。

```
class People{
    public People() {
    }
}

class Man{
    public Man(){
    }
```

```
        public People getWoman(){
            class Woman extends People{      //局部内部类
                int age =0;
            }
            return new Woman();
        }
    }
```

注意，局部内部类就像是方法里面的一个局部变量一样，是不能有 public、protected、private 及 static 修饰符的。

7.6.3　匿名内部类

匿名内部类定义的最终目的是创建一个类的对象，但是如果某个类的对象只用一次，则可以将类的定义与类的创建放到一起完成，或者说在定义类的同时就创建一个以这种方法定义的没有名字的类，成为匿名内部类。

匿名内部类可以看成一个特殊的局部内部类，通过匿名类实现接口或继承类实现。如果创建的对象只使用一次，就可以使用匿名内部类。这个用法常用在图形界面的事件处理中。

源文件：AnInnerTest .java。具体示例代码如下。

```java
public class AnInnerTest {
 interface AnInfc{
        public void printInfo();
 }

 public static void main(String[] args) {
        // TODO Auto-generated method stub
        AnInnerTest an = new AnInnerTest();
        AnInfc aninfc = an.TestAn();
        aninfc.printInfo();
 }

 public AnInfc TestAn(){
        //AnInfc为接口，此处返回该接口的一个实现类的对象
        return new AnInfc(){
            public void printInfo() {
                // TODO Auto-generated method stub
                System.out.println("anonymous class");
            }
        };
 }
}
```

使用内部类时要记住以下几个原则。

- 匿名内部类不能有构造方法。
- 匿名内部类不能定义任何静态成员、方法和类。
- 匿名内部类不能用 public、protected、private、static 修饰。
- 匿名内部类只能实例化一个对象。
- 匿名内部类为局部内部类，所以以局部内部类的所有限制对其生效。

7.6.4　内部类的特性

内部类是一个复杂的应用，除了上述特点外，还有以下特点。

● 内部类可以定义为抽象类，被其他内部类继承；也可以声明为 final。
● 内部类和外部类不同，可以声明为 private 或 protected。
● 内部类可以声明为静态类型，但此时就不能再使用外层封装的非静态的成员变量。
● 非静态的内部类中的成员不能声明为静态类型。

7.7　修饰符的适用范围

7.7.1　类的适用范围

类（Class）是面向对象程序设计（Object-Oriented Programming，OOP）实现信息封装的基础。类是一种用户定义类型，也称类类型。每个类都包含数据说明和一组操作数据或传递消息的函数。类的实例称为对象。

类的基本修饰符见表 7-1 和表 7-2。

表 7-1　访问控制修饰符

名　　称	说　　明	备　　注
public	可以被所有类访问（使用）	public 类必须定义在名称和类名相同的文件中
package	可以被同一个包中的类访问（使用）	默认的访问权限，可以省略此关键字，可以定义在 public 类的同一个文件中

表 7-2　修饰符

名　　称	说　　明	备　　注
final	使用此修饰符的类不能够被继承	
abstract	如果要使用 abstract 类，必须首先建一个继承 abstract 类的新类，在新类中实现 abstract 类的抽象方法	只要有一个 abstract 方法，类就必须定义为 abstract 类，但 abstract 类不一定非要保护 abstract 方法

7.7.2　变量的适用范围

Java 中没有全局变量，只有方法变量、实例变量（类中的非静态变量）、类变量（类中的静态变量）。方法中的变量不能够有访问修饰符。

声明实例变量时，如果没有赋初值，将被初始化为 null（引用类型）、0、false（原始类型）。

通过实例变量初始化器可以初始化较复杂的实例变量，实例变量初始化器是一个用{}包含的语句块，在类的构造器被调用时运行，运行于父类构造器之后，构造器之前。

类变量（静态变量）也可以通过类变量初始化器来进行初始化，类变量初始化器是一个用 static{}包含的语句块，只可能被初始化一次。

变量的修饰符见表 7-3 和表 7-4。

表7-3　访问控制修饰符

名　　称	说　　明	备　　注
public	可以被任何类访问	
protected	可以被同一包中的所有类访问 可以被所有子类访问	子类没有在同一包中也可以访问
private	只能够被当前类的方法访问	
默认无访问修饰符	可以被同一包中的所有类访问	如果子类没有在同一个包中，不能访问

表7-4　修饰符

名　　称	说　　明	备　　注
static	静态变量（又称为类变量，其他的称为实例变量）	可以被类的所有实例共享 不需要创建类的实例就可以访问静态变量
final	常量，值只能够分配一次，不能更改	虽然它和C、C++中的 const 关键字含义一样，但不要使用 const 可以同 static 一起使用，避免对类的每个实例维护一个备份
transient	告诉编译器，在类对象序列化的时候，此变量不需要持久保存	主要是改变量可以通过其他变量来实现，使用它是为了保证性能
volatile	指出可能有多个线程修改此变量，要求编译器优化，以保证对此变量的修改能够被正确处理	

7.7.3　方法的适用范围

类的构造器方法不能够有修饰符、返回类型和 throws 子句。

类的构造器方法被调用时，它首先调用父类的构造器方法，然后运行实例变量和静态变量的初始化器，最后运行构造器本身。

如果构造器方法没有显式调用一个父类的构造器，那么编译器会自动为它加上一个默认的 super()。如果父类没有默认的无参数构造器，编译器就会报错。super 必须是构造器方法的第一个子句。

这里需要注意 private 构造器方法的使用技巧。

7.7.4　接口的适用范围

接口不能够定义其声明的方法的任何实现。

接口中的变量总是需要定义为"public static final 接口名称"，但可以不包含这些修饰符，编译器默认就是这样的，显式地包含修饰符主要是为了程序清晰。

7.8　本章小结

通过本章的学习，读者详细了解了 static 关键字和 final 关键字的用法；了解了 Java 中抽象类及接口的重要概念，并对其有了基本掌握。本章介绍了多态的概念及用法，对数据类型转换做了进一步的剖析。本章还重点介绍了内部类的定义和种类，这在 Java 高级编程中是很重要的概念。相信通过对本章的学习，读者对 Java 的理解可以上一个新台阶。

课后练习题

一、选择题

1. 下列（　　）叙述是正确的。

A. abstract 修饰符可修饰字段、方法和类

B. 抽象方法的 body 部分必须用一对大括号{ }包住

C. 声明抽象方法，大括号可有可无

D. 声明抽象方法不可写出大括号

2. 下列描述错误的是（　　）。

A. 一个匿名内部类必须声明为 final

B. 一个匿名内部类可以声明为 private

C. 一个匿名内部类可以实现多个接口

D. 一个匿名内部类可以访问其所在的外部类中的私有成员变量

3. 关于以下 application 的说明，正确的是（　　）。

```
class    StaticStuff
{
    static   int   x=10;
    static   { x+=5; }
public   static   void   main ( String   args[ ] )
{
    System.out.println("x=" + x);
    }
    static   { x/=3;}
}
```

A. 4 行与 9 行不能通过编译，因为缺少方法名和返回类型

B. 9 行不能通过编译，因为只能有一个静态初始化器

C. 编译通过，执行结果为 x=5

D. 编译通过，执行结果为 x=3

二、简答题

1. 简述 static 关键字的用法。

2. 简述 final 关键字的用法。

3. 简述抽象类和接口的区别。

三、编程题

在某个包内创建一个接口，内含 3 个方法，在另一个包中实现此方法。

第8章

Java基本类库

■ Java 中有大量的基本类库，可以帮助程序开发人员提高开发效率，降低开发难度。本章介绍了一些常用且具有代表性的基本类。

8.1 系统输入

8.1.1 运行 Java 程序的参数

main()函数是 Java 程序的入口。main()函数的方法签名如下。

```
public static void main(String[] args){…}
```

public 修饰符：程序是由 JVM 调用的，为了让 JVM 自由调用 main()方法，使用 public 修饰符将 main()方法暴露出去。

static 修饰符：JVM 是直接通过类来调用 main()方法的，而不是通过创建对象调用 main()方法，所以将 main()方法使用 static 进行修饰。

void 返回值：JVM 调用 main()函数，则返回值也会由 JVM 接收，这没有任何意义，所以 main()方法是没有返回值的。

String[] args 参数：该参数由调用者，也就是 JVM 赋值，运行如下程序，看一下 args 中的值，运行结果为 0。

源文件：MainDemo.java。具体示例代码如下。

```java
public class MainDemo {
    public static void main(String[] args) {
    System.out.println(args.length);
        for(String s:args){
            System.out.println(s);
        }
    }
}
```

可以推算，args 是一个长度为 0 的数组，也就是说，JVM 在调用 main()函数时，传入了一个 String 类型的空数组。

8.1.2 使用 Scanner 获取键盘输入

一些程序在运行过程中，需要获取用户的键盘输入，为此，Java 提供了一个能够获取键盘输入的 Scanner 类。

使用 Scanner 获取键盘输入

Scanner 类是一个基于正则表达式的文本扫描器，根据不同的构造器，它能够从文件、输入流、字符串中解析出基本数据类型和字符串类型的值。Scanner 主要提供了如下两个方法来扫描输入。

（1）hasNextXxx()：是否还有下一个输入项。

（2）nextXxx()：获取下一个输入项。

下面是使用 Scanner 获取用户的键盘输入的具体示例。

源文件：ScannerDemo .java。具体示例代码如下。

```java
public class ScannerDemo {
    public static void main(String[] args) {
        Scanner scanner=new Scanner(System.in);
        while (scanner.hasNext()) {
            System.out.println("打印键盘输入内容："+scanner.next());
        }
    }
}
```

通过键盘输入"呵呵"，输出结果为"打印键盘输入内容：呵呵"。

其中，System.in 代表标准输入，即键盘输入。运行上述程序，程序会通过 Scanner 不断从键盘读取输入，读到之后直接将内容打印到控制台。

8.2 Lang 包下的类

Java.lang 软件包是 Java 语言的核心部分，它提供了 Java 中的基础类。

8.2.1 System 类

System 类位于 Java.lang 包下，代表了当前程序的运行平台。这个类是不能进行实例化的，类中提供了一系列静态属性和方法，用来获取平台的相关信息与行为。

1．成员变量

System 类中有 3 个类属性 in、out 和 err，分别代表标准输入流（键盘输入）、标准输出流（显示器）和标准错误流（显示器）。

例如如下语句，现在再来分析这句代码就顺畅多了，即将字符串输出到系统的标准输出设备上，也就是显示器上。

```
System.out.println("hello world");
```

2．成员方法

System 类中还提供了如下所述一些系统级的操作方法。

（1）currentTimeMillis()方法

该方法的作用是返回当前系统时间的 long 型整数，时间格式为当前时间与 1970 年 1 月 1 日 0 点的时间差，示例如下。该方法获取的系统时间可能不够直观。通过这样的方式，可以测试程序的执行效率。

源文件：currentTimeMillisDemo. java。具体示例代码如下。

```
public class currentTimeMillisDemo {
    public static void main(String[] args) {
        // TODO Auto-generated method stub
        long start=System.currentTimeMillis();
        for(int i=0;i<100;i++){
            System.out.print(i);
        }
        long end=System.currentTimeMillis();
        System.out.println();
        System.out.println(end-start);
    }
}
```

（2）getProperties()方法

该方法获取所有系统属性及其对应值，可以直接将返回值输出打印，获得系统的属性。

（3）gc()方法

该方法的作用是请求系统进行垃圾回收。至于系统是否立刻回收，则取决于系统中垃圾回收算法的实现及系统执行时的情况。

8.2.2　Runtime 类

Runtime 类代表 Java 程序的运行时环境，每个 Java 程序都有一个与之对应的 Runtime 对象，应用程序通过该对象与运行环境实现交互。

应用程序不能直接对 Runtime 类进行实例化，但可以通过 getRuntime() 方法获取与该程序相关联的 Runtime 对象。这个对象就代表了当前运行程序的运行时环境，通过该对象可以访问 JVM 的相关信息，如处理器数量、内存信息等。

Runtime 类

如下示例示范了通过 Runtime 对象访问 JVM 的相关信息的实现过程。

源文件：RuntimeDemo.java。具体示例代码如下。

```java
public class RuntimeDemo {
    public static void main(String[] args) {
        //获取Runtime对象
        Runtime run=Runtime.getRuntime();
        System.out.println("总内存大小: "+run.totalMemory());
        System.out.println("处理器数量: "+run.availableProcessors());
    }
}
```

输出结果如下。

```
总内存大小：120586240
处理器数量：4
```

除了能访问运行时环境的信息之外，Runtime 对象可以直接单独启动一条进程来运行操作系统的命令。例如如下示例，程序运行后，将会打开 Windows 系统的记事本程序。

源文件：StartNotepadDemo .java。具体示例代码如下。

```java
public class StartNotepadDemo {
    public static void main(String[] args) {
        //TODO Auto-generated method stub
        Runtime run=Runtime.getRuntime();
        try {
            run.exec("notepad.exe");
        } catch (IOException e) {
            //TODO Auto-generated catch block
            e.printStackTrace();
        }
    }
}
```

8.2.3　Object 类

Object 类是所有引用数据类型的父类，任何一个类都直接或间接继承 Object 类。如果自定义的类没有声明继承自某个类，则默认继承 Object 类，所以任何类型的对象都可以赋给 Object 类型的变量。

Object 定义了如下几个常用的方法。

boolean equals(Object obj)：指示其他某个对象是否与此对象"相等"，这里的相等是指两个对象是同一个对象。

protected void finalize()：当确定不存在对该对象的更多引用时，对象的垃圾回收器调用此方法。

Class<?> getClass()：返回此 Object 的运行时类。

int hashCode()：返回该对象的哈希码值，默认情况下，哈希码值是通过该对象的地址来计算得到的。

String toString()：返回该对象的字符串表示。默认情况下，Object 类的 toString() 方法返回"运行时类名@十六进制 hashCode 值"格式的字符串，很多类都会重写 toString()方法，返回一些能够表述该对象信息的字符串。

8.2.4　String 类、StringBuffer 类、StringBuilder 类和 Math 类

1. String 类

首先明确一点，String 类不属于基本数据类型。它是由多个字符组成的，相当于 char 类型的数组，该类中有一系列属性和方法，提供对字符串的各种操作。

String 类型的对象是不可变的，也就是说对象一旦被创建，则对象中的字符串内容是不可以改变的。

（1）String 类的构造器

String 类提供了如下所述的多个构造器来创建 String 类型的对象。

String()：创建一个 String 类型的对象，包含 0 个字符串。

String(String original)：创建一个 String 类型的对象，该对象表示参数所表示的字符串。

String(byte[] bytes, Charset charset)：通过使用指定的 charset 解码指定的 byte 数组，构造一个新的 String。

String(byte[] bytes, int offset, int length)：通过使用平台的默认字符集解码指定的 byte 子数组，构造一个新的 String，第二个参数表示起始位置，第三个参数表示截取子数组的长度。

String(byte[] bytes, int offset, int length, String charsetName)：通过使用指定的字符集解码指定的 byte 子数组，构造一个新的 String。

String(char[] value)：分配一个新的 String，使其表示字符数组参数中当前包含的字符序列。

String(char[] value, int offset, int count)：分配一个新的 String，它包含取自字符数组参数的一个子数组的字符。

String(String original)：初始化一个新创建的 String 对象，使其表示一个与参数相同的字符序列。

String(StringBuffer buffer)：分配一个新的字符串，它包含字符串缓冲区参数中当前包含的字符序列。

String(StringBuilder builder)：分配一个新的字符串，它包含字符串生成器参数中当前包含的字符序列。

除了以上使用构造器的形式外，还可以使用常量声明方式为字符串赋值，实现初始化字符类型，例如如下示例。

```
String str="HelloWorld";
```

（2）字符串的操作方法

boolean equals(String str)：比较两个字符串的内容是否相等，如果二者包含相同的字符序列，则返回值为 true，否则返回 false。

boolean equalsIgnoreCase(String str)：与上个方法类似，只是在比较的过程中忽略字符的大小写。

int compareTo(String str)：按照字典序进行比较，先比较对应字符的大小（ASCII 码的顺序），如果第一个字符和参数的第一个字符不等，结束比较，返回它们的差值；如果第一个字符和参数的第一个字符相等，则以第二个字符和参数的第二个字符做比较，以此类推，直至比较的字符或被比较的字符有一方全部比较完，这时就比较字符的长度。

String concat(String str)：将该 String 对象与 str 连接在一起，与 Java 中提供的字符串连接运算符+的功能相同。

String copyValueOf(char[] c, int offset, int count)：将 char 数组的子数组中的元素连接成字符串。

String copyValueOf(char[] c)：将 char 数组中的所有字符内容连接成字符串。

String replace(char oldChar, char newChar)：返回一个新的字符串，它是通过用 newChar 替换此字符串中出现的所有 oldChar 得到的。

String replaceAll(String regex, String replacement)：使用给定的 replacement 替换此字符串所有匹配给定的正则表达式的子字符串。

String replaceFirst(String regex, String replacement)：使用给定的 replacement 替换此字符串匹配给定的正则表达式的第一个子字符串。

int length()：返回此字符串的长度。

注：数组是通过数组中的一个 length 属性来得到数组长度的，与 String 类型数据的长度获取有所区分。

String[] split(String regex)：根据给定正则表达式的匹配拆分此字符串，将拆分得到的字符串保存到字符串数组中，并返回。

int indexOf(int ch)：返回指定字符在此字符串中第一次出现处的索引。

int indexOf(int ch, int fromIndex)：返回在此字符串中第一次出现指定字符处的索引，从指定的索引开始搜索。

int indexOf(String str)：返回指定子字符串在此字符串中第一次出现处的索引。

int indexOf(String str, int fromIndex)：返回指定子字符串在此字符串中第一次出现处的索引，从指定的索引开始。

这里只列出了字符串操作的一些常用方法，关于更多的方法，读者可以参考 API，这里不做一一介绍。

StringBuffer 类

2. StringBuffer 类

String 类型使用起来非常方便，但是 String 类型一旦创建出来，其内容是不可改变的，例如如下示例。

```
String str=j+a+v+a;
```

这行代码中有 5 个字符串，但是在运行过程中会生成多个额外的临时变量，例如 jav，如何避免这个问题呢？

如果在实际操作中频繁修改字符串内容，代码的性能会非常低，在牵扯到频繁修改字符串数据的时候，一般使用 StringBuffer 类型。

StringBuffer 中提供了一系列追加、删除、改变该字符串序列的方法，常用方法如下所述。

StringBuffer()：构造一个空的 StirngBuffer 对象。

StringBuffer(String str)：将指定的 String 变为 StringBuffer 的内容。

StringBuffer append(数据类型 b)：提供很多 append() 方法，用于进行字符串连接。

StringBuffer delete(int start, int end)：删除指定位置上的内容。

int indexOf(String str)：字符串查询功能。

StringBuffer insert(int offset，数据类型 b)：在指定位置上增加一个内容。

StringBuffer replace(int start, int end, String str)：将指定范围的内容替换成其他内容。

StringBuffer reverse()：字符串反转。

String substring(int start, int end)：返回一个新的 String，它包含此序列当前所包含的字符子序列。

String toString()：返回此序列中数据的字符串表示形式。

void trimToSize()：尝试减少用于字符序列的存储空间。

需要注意的是，StringBuffer 不能像 String 那样直接将字符串赋值给一个 StringBuffer 类型的对象，必须使用构造器的形式创建。

关于 StringBuffer 的部分操作示例如下。

（1）字符串连接操作

源文件：StringBufferDemo01 .java。具体示例代码如下。

```
public class StringBufferDemo01 {
    public static void main(String[] args) {
        // TODO Auto-generated method stub
        StringBuffer sb=new StringBuffer();
        //字符串连接，调用append()方法后，返回的是追加后的StringBuffer对象
        //所以可以使用连续追加的形式
        sb.append("hello,");
        sb.append("world").append("!!").append("JAVA");
        System.out.println(sb);
    }
}
```

（2）字符串替换操作

源文件：StringBufferDemo02 .java。具体示例代码如下。

```
public class StringBufferDemo02 {
    public static void main(String[] args) {
        // TODO Auto-generated method stub
        StringBuffer sb=new StringBuffer();
        sb.append("hello,");
        sb.append("world").append("!!").append("JAVA");
        //根据下标替换某段内容
        sb.replace(0,5,"HELLO");
        System.out.println(sb);
    }
}
```

（3）字符串截取操作

源文件：StringBufferDemo03.java。具体示例代码如下。

```
public class StringBufferDemo03 {
    public static void main(String[] args) {
        // TODO Auto-generated method stub
        StringBuffer sb=new StringBuffer();
        sb.append("hello,");
        sb.append("world").append("!!").append("JAVA");
        //根据下标截取某段字符串
        System.out.println(sb.subSequence(13, 17));
    }
}
```

3. StringBuilder 类

StringBuilder 与 StringBuffer 的用法是大体相同的，只是 StringBuffer 是线程安全的。但是相对来说，StringBuilder 的效率要高于 StringBuffer，所以实际应用中需要根据实际情况去选择到底使用 StringBuffer 还是使用 StringBuilder。

4. Math 类

Java 中提供了 Math 类，用于解决复杂的数学运算，如三角运算、指数运算。Math 是一个数学工具类，在使用过程中不用创建其对象，所有方法都是静态方法，可以直接通过类名来调用其运算方法。

Math 类

下面是常用的运算方法示例。

源文件：MathDemo .java。具体示例代码如下。

```
public class MathDemo {
    public static void main(String[] args) {
        // TODO Auto-generated method stub
        System.out.println("四舍五入：" +Math.round(2.78));
        System.out.println("绝对值：" +Math.abs(-2.3));
        System.out.println("找出最大值：" +Math.max(5.5, 6.6));
        //该值大于等于0.0，小于1.0
        System.out.println("返回一个伪随机数：" +Math.random());
    }
}
```

上述示例输出结果如下。

```
四舍五入：3
绝对值：2.3
找出最大值：6.6
返回一个伪随机数：0.35882404603397344
```

8.3 日期时间类

Java 提供了一系列用于处理时间、日期的类。

8.3.1 Date 类和 Calendar 类

1. Date 类

Date 类的使用比较简单，可以直接通过一个无参的构造函数创建一个 Date 类型的对象，直接输出就可以获取当前时间，还可以通过 getTime()方法返回该时间对应的 long 型整数，即从 1970 年 1 月 1 日 0 点到该 Date 对象之间的时间差，以毫秒作为计时单位。

下面是 Date 类的用法示例。

源文件：DateDemo .java。具体示例代码如下。

```
public class DateDemo {
    public static void main(String[] args) {
        // TODO Auto-generated method stub
        Date date=new Date();
        System.out.println(date);
        System.out.println(date.getTime());
    }
}
```

输出结果如下。

```
Mon Aug 15 14:57:42 CST 2016
1471244262294
```

Date 类从 JDK 1.0 就存在了，有很多方法已经过时了，并且，从上述输出结果看，这样的时间格式也不是我们所喜欢的，要想得到一个好的时间，最好使用 Calendar 类。

2. Calendar 类

Calendar 类是一个抽象类，该类能够更好地处理日期和时间，有两种获取 Calendar 子类的对象的方式，第一种为调用 Calendar 的实例方法 getInstance()，第二种是依靠其子类进行实例化操作，已知子类为 GregorianCalendar。

下面是 Calendar 的使用示例。

源文件：CalendarDemo .java。具体示例代码如下。

```
public class CalendarDemo {
    public static void main(String[] args) {
        //两种实例化方式
        //Calendar c=Calendar.getInstance();
        Calendar c=new GregorianCalendar();
        System.out.println("年："+c.get(Calendar.YEAR));
        System.out.println("月："+(c.get(Calendar.MONTH)+1));
        System.out.println("日："+c.get(Calendar.DAY_OF_MONTH));
        System.out.println("星期"+(c.get(Calendar.DAY_OF_WEEK)−1));
        System.out.println("小时："+c.get(Calendar.HOUR));
        System.out.println("分钟："+c.get(Calendar.MINUTE));
        System.out.println("秒："+c.get(Calendar.SECOND));
        System.out.println("毫秒："+c.get(Calendar.MILLISECOND));
    }
}
```

输出结果如下。

```
年：2016
月：11
日：25
星期5
小时：1
分钟：34
秒：51
毫秒：298
```

8.3.2 TimeZone 类

时区（Time Zone）是地球上使用同一个时间定义的区域。1884 年，国际经度会议在华盛顿召开，为了克服时间上的混乱，规定将全球划分为 24 个时区，中国采用首都北京所在地东八区的时间为全国统一使用时间。

程序中对时间的实现是默认以格林尼治时间为标准的，这样就产生了 8 小时的时间差，为了让程序通用，可以使用 TimeZone 类设置程序中时间所属的时区。

TimeZone 是一个抽象类，不能调用其构造方法，有如下所述两个方法能够得到 TimeZone 对象。

（1）getDefault()：获取运行机器上默认的时区。

（2）getTimeZone(String ID)：获取指定 ID 对应的 TimeZone 对象。

TimeZone 提供了一些获取时区相关信息的方法，如下所述。

static String[] getAvailableIDs()：获取受支持的所有可用 ID。

String getDisplayName()：返回适合于展示给默认区域的用户的时区名称。

String getID()：获取此时区的 ID。

void setID(String ID)：设置时区 ID。

下面是 TimeZone 类相关方法的使用示例。

源文件：TimeZoneDemo .java。具体示例代码如下。

```
public class TimeZoneDemo {
    public static void main(String[] args) {
```

```
        // TODO Auto-generated method stub
        //获取支持的所有时区ID
        String[] strs=TimeZone.getAvailableIDs();
        for (String str : strs) {
            System.out.println(str+",");
        }
        //获取系统默认时区
        TimeZone zone01=TimeZone.getDefault();
        //获取系统默认时区的ID
        System.out.println(zone01.getID());
        //获取系统默认时区的名称
        System.out.println(zone01.getDisplayName());
        //更改系统时区
        zone01.setID("VST");
        //获取更改后的时区的名称
        System.out.println(zone01.getDisplayName());
    }
}
```

除了上述代码所示的用法外，还可以通过 getTimeZone(String id)方法获取指定 ID 的时区对象。

8.4　本章小结

本章介绍了运行 Java 程序的参数，并解释了 main()方法签名的含义，还介绍了 Scanner、System、RunTime、String、Math 等常用类的用法，在以后的学习中，还会深入接触更多 Lang 包下的类。

课后练习题

一、选择题

1. 在 Java 中，下面关于 String 类和 StringBuffer 类的描述正确的是（　　）。

A. StringBuffer 类的对象调用 toString()方法会转换为 String 类型

B. 两个类都有 append()方法

C. 可以直接将字符串"test"复制给声明的 String 类和 StringBuffer 类的变量

D. 两个类的对象的值能够被改变

2. 在 Java 中，下面选项中关于 java.lang.Object 类的说法错误的是（　　）。

A. 在 Java 中，所有 Java 类都直接继承 Object 类

B. 假定在定义一个类时没有使用 extends 关键字，那么它直接继承 Object 类

C. 在 Object 类中定义了所有 Java 对象都具有的相同行为

D. Object 类中包含 toString()、equals(Object obj)等方法的定义

二、编程题

练习使用 String 对象的替换、截取、查询等操作。

第9章

Java异常处理

■ 本章介绍异常的基本概念及 Java 中异常的层次关系，还介绍了如何通过 try…catch…finally 来捕获异常、如何通过 throw 将异常抛给调用方法、如何在进行方法覆盖的时候处理异常、如何自定义异常的方法及通过 printStackTrace()方法追踪异常源头的方法。

9.1 异常概述

9.1.1 异常的概念

没有人敢保证自己写的程序永远没有错，即使写的程序没有错，也不要指望用户能按照自己的意愿来执行程序。比如，不要指望用户的网络是畅通的，不要指望需要的某个文件一定会在它应该存在的位置，不要指望用户一定会在需要数字的地方输入数字，而不是字母甚至更奇怪的符号。作为程序设计人员，应该尽可能多地想象可能会碰到的错误，尽可能地考虑用户各种不规范的输入，尽可能地考虑运行环境的恶劣，即所谓的"有备无患"，不要等到出了问题再去补救。

但是，需要针对每一个错误去编写错误处理程序吗？对于某些编程语言来说，答案也许是确定的，或许也没有这么糟糕；而对于 Java，答案是"否"，基本上，Java 都已经将这些考虑到了。

在 Java 中，Error 和 Exception 两个类用于处理错误。

Error 处理的是 Java 运行环境中的内部错误或者硬件问题，如内存资源不足等。对于这种类型的错误，程序基本上是无能为力的，除了退出运行外别无他法。Exception 处理的是因为程序设计的瑕疵而引起的问题或者外在的输入等引起的一般性问题，例如，在开平方的方法中输入了一个负数，对一个为空的对象进行操作，以及网络不稳定引起的读取问题等，都可以通过 Exception 来处理。

9.1.2 Error/Exception 层次关系

在 Java 中，异常对象分为 Error 和 Exception 两大类。Error 类和 Exception 类都是 Throwable 类的子类。Error 类只有 4 个子类，为 AWTError、LinkageError、VirtualMachineError 及 ThreadDeath。它处理的是 Java 运行系统中的内部错误及资源耗尽等情况，这种情况是程序员无法掌握的，只能通知用户并安全退出程序的运行。而 Exception 的子类就很多了，可以大致分为 3 类，分别为有关 I/O 的 IOException、有关运行时的异常 RuntimeException 及其他异常。RuntimeExcepiton 异常是由于程序编写过程中的不周全的代码引起的，而 IOException 则是由于 IO 系统出现阻塞等原因引起的。

Error 和 Exception 层次关系

引起 RuntimeException 异常的原因包括如下几种。

（1）错误的类型转换。

（2）数组越界访问。

（3）数学计算错误。

（4）试图访问一个空对象。

引起 IOException 异常的原因包括如下几种。

（1）试图从文件结尾处读取信息。

（2）试图打开一个不存在或者格式错误的 URL。

其他比较常见的异常原因如下。

（1）用 Class.forName() 来初始化一个类的时候，字符串参数对应的类不存在。

（2）其他原因。

9.1.3 数学计算异常示例

源文件：ExceptionExam.java。具体示例代码如下。

```
public class ExceptionExam {
  public static void main(String args[]) {
      int a, b;
      double c;
      a = Integer.parseInt(args[0]);
      b = Integer.parseInt(args[1]);

      c = a / b;
      System.out.println(a + "/" + b + " = " + c);
  }
}
```

在这个程序中，从控制台接收两个参数，并对它们进行除法运算，程序开发人员或许会期望用户总是能输入两个正确的操作数，但是也许用户会输入一个 0 来作为除数。比如用户输入如下命令来执行这个程序。

数学计算异常示例

java ExceptionExam 12 0

这个时候，就会从控制台得到如下异常信息。

Exception in thread "main" java.lang.ArithmeticException：/ by zero
        at ExceptionExam.main(ExceptionExam.java：10)

在这个例子中，可能会因为用户输入的数据而引起数学计算的错误，它是一个 RuntimeException（ArithmeticException 是 RuntimeException 的子类）异常。

9.1.4 访问空对象引起的异常示例

源文件：ExceptionExam1.java。具体示例代码如下。

```
public class ExceptionExam1 {
  public static void main(String args[]) {
      java.util.Date d = null;
      System.out.println(d.getTime());
  }
}
```

这个程序很简单，就是试图从一个 Date 对象中得到时间。运行这个程序，将会在控制台上得到如下信息。

Exception in thread "main" java.lang.NullPointerException
        at ExceptionExam1.main(ExceptionExam1.java：6)

在这个程序中，没有给引用变量一个真正的 Date 对象，因此，当试图通过这个变量调用 Date 对象中的方法时，将会出现一个 "空指针引用" 异常。它也是一个 RuntimeException（NullPointer Exception 也是 Runtime Exception 的子类）异常。

当然，9.1.3 节和本小节的两个程序异常是很容易避免的，完全可以在调用它的方法之前进行判断。如判断除数参数是否为 0，若为 0，就不进行除法运算；或者首先判断对象是否为 null，再决定是否调用这个对象的方法。这种异常通常都是运行时异常，它们都有一个共同的父类 RuntimeException。虽然可以通过程序的控制来将这种异常扼杀在程序设计阶段，但在一些更复杂的应用中，常常无法避免这种情况的出现。这个时候就需要使用 Java 的异常处理机制。

有一些异常无法通过程序的控制来避免它的出现，比如，不太可能将客户可能输入的 URL 地址进行准确判断以决定是否进行网络连接等，这个时候就必须使用 Java 的异常处理机制来进行处理。如果没有使用 Java 的异常处理机制，在编译程序的时候，编译器会强制进行处理。

9.2　Java 中异常的处理

9.2.1　常见异常

异常就是因编程错误或偶然的外在因素导致的，在程序的运行过程中所发生的异常事件。它可中断指令的正常执行。常见异常如下：

- 对负数开平方根；
- 空指针访问；
- 试图读取不存在的文件；
- 网络连接中断。

9.2.2　Java 中的异常处理机制

Java 程序在执行过程中如果出现异常，会自动生成一个异常类对象，该异常对象将被提交给 Java 运行时环境，这个过程称为抛出（throw）异常。

当 Java 运行时环境接收到异常对象时，会寻找能处理这一异常的代码，并把当前异常对象交给其处理，这一过程称为捕获（catch）异常。

如果 Java 运行时环境找不到可以捕获异常的方法，运行时环境将终止，相应的 Java 程序也将退出。

正如前文所言，程序员通常只能处理异常（Exception），而对错误（Error）无能为力。

9.2.3　通过 try…catch…finally 语句来处理异常

如果一个非图形化的应用程序发生了异常，并且异常没有被处理，那么，程序将会中止运行，并且在控制台（如果是用控制台启动的应用）输出一条包含异常类型及异常堆栈（Stack）内容的信息。而如果一个图形化的应用程序发生了异常，并且异常没有被处理，那么，它也将在控制台中输出一条包含异常类型和异常堆栈内容的信息，但程序不会中止运行。所以，对于异常，需要做出相应的处理，一种方法就是将异常捕获，然后对被捕获的异常进行处理，在 Java 中可以通过 try…catch…finally 语句来捕获异常，具体示例如下。

```
try{
 //可能会抛出特定异常的代码段
}[catch(MyExceptionType  myException){
 //如果myException 被抛出，则执行这段代码
}catch(Exception otherException){
//如果另外的异常otherException被抛出，则执行这段代码
}] [finally{
 //无条件执行的语句
}]
```

也就是说，对于异常的处理语句可能为下面 3 种中的一种。

```
try…catch[…catch…]
try…catch[…catch…] …finally
try…finally
```

通过 try…catch 语句，可以将可能出现的异常通过 catch 子句捕获，并在相应的地方处理；另外还可以加入一个 finally 子句，finally 子句中的代码段，无论是否发生异常都将被无条件执行。

155

异常处理可以定义在方法体、自由块或构造器中，并且，try…catch…finally 语句可以嵌套使用。

将可能出现异常的代码都放在 try 代码块中，当然，也可以将其他一些不会引起异常的代码也一并放到 try 代码块中。

catch 从句中引入一个可能出现的异常，一个 try 块可以和多个 catch 块配合以处理多个异常。

当 try 块内的任何代码抛出了由 catch 子句指定的异常，则 try 代码段中的程序将会中止执行，并跳到相应的 catch 代码块中执行。通过 Exception 的 getMessage()方法可以获得异常的详细信息，通过 printStackTrace()方法可以设置异常事件发生时执行堆栈的内容。

无论是否出现异常，程序最后都会执行 finally 代码块中的内容。如果在 try 从句中为方法分配了一些资源（如数据库连接、打开一个文件、网络连接等），方法出现异常，它将抛出一个异常，方法中未执行的代码将会中止执行，并转而执行 catch 从句中的内容。这个时候，本来定义在 try 从句中的资源回收动作就不会执行了，这就会导致资源没有被回收。此时，就可以将资源回收的动作放到 finally 从句中来执行，这样，无论是否会有异常发生，它都能被执行。

下面是使用 try…catch 执行异常捕获的示例。

源文件：CatchException.java。具体示例代码如下。

```java
import java.io.*;

public class CatchException {
 public static void main(String[] args) {
    try {
        FileInputStream fis = new FileInputStream("c:/a.txt");
        int b;
        b = fis.read();
        while (b != -1) {
            System.out.print((char) b);
            b = fis.read();
        }
        fis.close();
    } catch (FileNotFoundException e) {
        System.out.println("FileNotFoundException:" + e.getMessage());
    } catch (IOException e1) {
        System.out.println("IOException:" + e1.getMessage());
    }
 }
}
```

在这个程序中，必须要捕获两个异常，为 FileNotFoundException 和 IOException。如果出现了这两个异常的任何一个，系统都将会执行各自 catch 代码段中的代码，都通过 getMessage()方法来得到出现异常的详细信息。

将指定的文件（此处是 C 盘下的 a.txt）删除或改成其他的名字，然后执行这个程序，将会在控制台上得到类似如下的结果。

FileNotFoundException:c:\a.txt (系统找不到指定的文件。)

这说明，在执行这个程序的时候，发生了 FileNotFoundException 异常，因此程序已经转到 catch(FileNotFoundException)指定的代码块中执行了。

如果指定的文件（C 盘下的 a.txt）存在，并且在读取这个文件的时候没有出现 I/O 异常，则程序将从文件"a.txt"中读出文件内容，并一行行地输出到控制台。

在通过 catch 来捕获多个异常时，越"具体"的异常越放在前面，也就是说，如果这些异常之间有继承关系，则将子类的异常放在前面，而将父类的异常放在后面来捕获。比如，上述两个异常 IOException 和 FileNotFoundException 就存在继承关系，FileNotFoundException 是 IOException

的子类，所以只能将 FileNotFoundException 在 IOException 之前捕获。这主要是因为，如果将 IOException 放在前面，当程序运行的时候突然碰到 FileNotFoundException 时，它会被 IOException 这个子句捕获，那么 FileNotFoundException 子句就永远也不会被执行了。将 FileNotFoundException 放在 IOException 之后，编译程序将会出现如下错误信息。

```
ExceptionExam1.java :23: exception java.io.FileNotFoundException has already been caught
        catch(FileNotFoundException e)
        ^

1 error
```

但是这个代码还有一些问题，就是关于资源回收的问题：在方法 main() 中打开了一个文件，占用了这个资源。在理想状态下，它应该在方法执行的最后被关闭，语句如下。

```
fis.close();
```

但是，如果在方法的执行过程中发生了 IOException（通常由 fis.read() 引起）异常，那么，方法将会退出 try 从句中语句的执行。那么，关闭打开的文件那条语句就不会被执行，这样，方法占用的资源就无法被释放。此时，将关闭文件的语句放到 finally 从句中，无论是否会发生异常，都会被执行，也就解决了资源可能无法释放的问题。

刚才讨论的是发生 IOException 异常的情况，那么，如果方法发生 FileNotFoundException 异常，会发生什么情况呢？如果发生 FileNotFoundException 异常，也就没有文件被打开，那么，如果此时在 finally 从句中执行 fis.close() 语句，肯定会出现问题，因为它试图关闭一个并不存在的文件流。因此，在执行 fis.close() 的地方，也需要做异常处理，使用 try…catch 语句来捕获这种异常即可。事实上，FileInputStream 的 close() 方法必须要做异常处理。

使用 try…catch…finally 捕获异常的完整程序如下。

源文件：CatchException.java。以下是具体示例代码。

```java
import java.io.*;

public class CatchException {
  public static void main(String[] args) {
      FileInputStream fis = null;
      try {
          fis = new FileInputStream("c:/a.txt");
          int b;
          b = fis.read();
          while (b != -1) {
              System.out.print((char) b);
              b = fis.read();
          }
          //移到finally从句中去执行
          //fis.close();
      } catch (FileNotFoundException e) {
          System.out.println("FileNotFoundException:" + e.getMessage());
      } catch (IOException e1) {
          System.out.println("IOException:" + e1.getMessage());
      } finally {
          try {
              if(fis != null)
                  fis.close();
          } catch (IOException ioe) {
              System.out.println("关闭文件出错！");
          }
```

```
        }
    }
}
```

注意，在这个程序中，如果将 fis.close() 语句移到 finally 语句去执行，那么，变量 fis 的声明必须从 try 从句中移出来，因为如果 try 从句中的变量 fis 定义语句没有被执行，变量 fis 是不存在的，那么在 finally 中就不能使用 fis 这个变量，所以需要将变量 fis 的声明放到 try 从句外面，并且给它赋初始值 null。

另外，try 从句可以不用 catch() 方法，而直接和 finally 从句结合使用来处理异常情况。

> **注意：**
> 千万不要对捕获的异常"不作为"。也就是说，不要让 catch() 方法中的代码块是空的。

```
try{
…
}catch(Exception e)
{}
```

上述代码中的 catch() 方法对捕获的异常什么都没有做，那么，当调试程序的时候，程序出现了异常也无法知道，因为程序将异常捕获后没有做任何的提示或者其他处理，程序中的其他语句就会像没有发生异常一样继续执行，但是这个时候执行的结果往往已经不是所期望的结果了，这种做法往往会给调试程序带来很大的困扰。而如果在一个发布的应用程序中出现这种情况，用户往往会得到并不期望的结果，也不知道程序出现了问题，但运行结果已经是不正确的了。

另外，如果方法有返回值，那么一定要注意 try 和 finally 中是否都有 return 语句，很多 Java 新手在使用 try…catch…finally 语句来捕获异常的时候，容易想当然地认为只要有 return 语句，就会马上离开正在执行的方法。而真相是，如果有 finally 从句存在，它就一定会被执行。例如如下示例代码。

```
public int getInt(){
try {
    return 1;
}
//catch(Exception e){
//    return 2;
//}
finally
{
    return 3;
}
}
```

示例代码中的 getInt() 方法将返回什么？答案是 3。因为没有异常会发生，所以这里将 catch() 注释了。或许按照设计，期望它返回 1。程序没有异常发生的时候，将运行 try 从句中的代码，也就会返回 try 从句中的 return 值，但事实上，它的 finally 从句中的返回值 3 覆盖了 try 从句中的返回值 1。所以，一定要注意，在 finally 从句中，是否有可能改变返回值的语句，如果有，应该删除或做其他妥善的处理。

当然，在一种情况下，finally 从句不会被执行，那就是在 try 从句或者 catch() 方法中有 System.exit() 语句的时候，此时整个程序将退出执行，finally 从句也就无法被执行了。

9.2.4　将异常抛出

在定义一个方法的时候，可以不在方法体中对异常进行处理，而是将可能发生的异常让调用这个方法的代码来处理。这是通过所谓的"抛出异常"来实现的。可以对下列情形在方法定义中抛出异常。

（1）方法中调用了一个会抛出"已检查异常"的方法。

（2）程序运行过程中发生了错误，并且用 throw 子句抛出了一个"已检查异常"。

注意：不要抛出如下异常。

（1）从 Error 中继承来的那些错误。

（2）从 RuntimeException 中派生的那些异常，如 NullPointerException 等。

将异常抛出

如果一个异常没有在当前的 try…catch 模块中得到处理，则会抛出到它的调用方法。如果一个异常回到了 main() 方法仍没有得到处理，则程序会异常终止。

方法中抛出异常的格式如下。

```
        <modifer> <returnType> methodName([<argument_list>])
throws <exception_list> {
        //...
    }
```

简而言之，就是一个方法应该抛出它可能碰到的所有"已检查异常"，而对于"未检查异常"和 Error，应该通过程序来避免。比如检查对象引用是否为空，应避免空指针异常；检查数组大小，应避免数组越界访问异常等。

将方法中的异常抛给调用者处理，方法中调用了一个会抛出"已检查异常"的方法，请看如下示例。

源文件：ThrowExam.java。具体示例代码如下。

```
import java.io.*;

public class ThrowExam {
  public void readFile() throws FileNotFoundException, IOException {
      FileInputStream fis = new FileInputStream("c:/a.txt");
      int b;
      b = fis.read();
      while (b != −1) {
          System.out.print((char) b);
          b = fis.read();
      }
      fis.close();
  }

  public static void main(String[] args) {
      ThrowExam te = new ThrowExam();
      try {
          te.readFile();
      } catch (FileNotFoundException e) {
          System.out.println("FileNotFoundException:" + e.getMessage());
      } catch (IOException e1) {
          System.out.println("IOException:" + e1.getMessage());
      }
  }
}
```

示例程序中定义了一个方法 readFile()，用于读取指定文件的内容，它可能会引起 FileNotFound Exception 和 IOException 异常。这里没有直接在这个方法中对它们进行处理，而是将这两个异常抛出，让这个方法的调用者来处理。比如，在 main() 方法中调用了这个方法，这个时候就需要对它们进行处理，也可以将这两个异常再抛给 main() 方法的调用者。但不建议将异常抛给 main() 方法的调用者来处理，因为根据 Java 的调用栈机制，如果一个异常回到了 main() 方法仍没有得到处理，程序会异常终止。

将方法中的异常抛给方法调用者处理，程序运行过程中发生了错误，并且用 throw 子句抛出一个"已检查异常"。

源文件：ThrowExam1.java。具体示例代码如下。

```java
import java.io.*;

public class ThrowExam1 {
 public void readFile() throws FileNotFoundException, IOException {
     File f = new File("c:/a.txt");
     if (!f.exists()) {
         throw new FileNotFoundException("File can't be found!");
     }

     FileInputStream fis = new FileInputStream(f);
     int b;
     b = fis.read();
     while (b != -1) {
         System.out.print((char) b);
         b = fis.read();
     }
     fis.close();
 }

 public static void main(String[] args) {
     ThrowExam1 te = new ThrowExam1();
     try {
         te.readFile();
     } catch (FileNotFoundException e) {
         System.out.println("FileNotFoundException:" + e.getMessage());
     } catch (IOException e1) {
         System.out.println("IOException:" + e1.getMessage());
     }
 }
}
```

示例程序中使用 File 对象来作为 FileInputStream 这个类的构造器的参数。File 类中有一个用于判断文件或目录是否存在的方法 exists()。使用这个方法来判断指定文件是否存在时，如果存在，则肯定不会抛出 FileNotFoundException 异常。而如果不存在，则一定会抛出 FileNotFoundException 异常。所以通过这个现成的异常类，可以控制异常的抛出时机。程序首先判断指定的文件是否存在，如果不存在，将抛出一个 FileNotFoundException 异常。这里使用 throw 子句抛出对象的时候，抛出的必须是 Throwable 或者它的子类的对象，而不能是其他任何类型的对象，当然更不可以是简单类型数据。

因此，如果有一个现成的异常类可以使用，则可以自己抛出异常，操作步骤如下。

（1）找到一个合适的异常类。

（2）实例化这个异常类。

（3）抛出这个异常类对象。

在实例化一个用于抛出的异常类的时候，通常使用这些异常类的带 String 类型参数的构造器。使用这个构造器，可以更加精确地描述异常发生的情况，例如如下示例代码。

```java
FileNotFoundException fne
= new FileNotFouneException("File "+filename+ " Not Found!");
throw fne;
```

上述示例代码也可写成如下形式。

```java
FileNotFoundException fne
= new FileNotFoundException("文件"+fileName+"没有找到！");
throw fne;
```

9.2.5　捕获异常和抛出异常结合使用

当已捕获异常但不知道如何去处理这些异常时，可以将捕获的异常抛给方法调用者来处理。捕获异常和抛出异常的方式并不是排他的，它们可以结合起来使用，具体示例代码如下。

```
method() throws XXXException{
  try{…}
  catch(XXXException e) {
      throw e;
  }
}
```

在 catch 从句中，可以向外抛出被捕获的异常类的对象，也可以向外抛出另外一个类型的异常的对象，具体示例代码如下。

```
method() throws XXXException{
  try{…}
  catch(XXXException e) {
      throw new Exception("My Exception");
  }
}
```

9.2.6　进行方法覆盖时对异常的处理

当子类中的方法覆盖父类中的方法时，可以抛出异常。覆盖方法时，可以抛出与被覆盖方法相同的异常或者被覆盖方法的异常的子类异常。

下面是方法覆盖时的异常处理示例。

源文件：Parent.java。具体示例代码如下。

```
import java.io.*;

public class Parent {
  public void methodA()
      throws IOException {
    //IO操作
  }
}
```

源文件：Child.java。具体示例代码如下。

```
import java.io.*;

public class Child extends Parent {
  public void methodA()
      throws FileNotFoundException, UTFDataFormatException{
    //IO操作，数学运算
  }
}
```

Child 类是 Parent 类的子类。Child 类中覆盖了父类中的 methodA() 方法，请注意它抛出的异常和父类中被覆盖方法抛出的异常间的关系，FileNotFoundException 和 UTFDataFormatException 是 IOException 类的子类。这样的覆盖方法是被允许的。

再例如如下示例，也是继承了 Parent 类，并且覆盖了方法 methodA()。

```
import java.io.*;

public class Child1 extends Parent {
```

```
public void methodA()
    throws Exception {
  // IO操作, 数学运算
  }
}
```

编译这个程序，将会出错，如下所示，这就是因为覆盖方法抛出的异常不是被覆盖方法的异常或者其子类，相反，Exception 是 IOException 的父类。

```
Child1.java :4: methodA() in Child1 cannot override methodA() in Parent; overridden method does not throw
java.lang.Exception
    public void methodA()
    ^
1 error
```

另外，如果父类方法没有声明抛出异常，那么子类覆盖方法不可以声明抛出"已检查异常"，也不能抛出除父类方法中声明的异常（包括其子类异常）外的其他"已检查异常"。

9.3   自定义异常

自定义异常概念

9.3.1   知识准备：自定义异常概念

虽然 JDK 中包含了丰富的异常处理类，但是很多时候不得不借助自己定义的异常处理类来处理异常。通过继承 Exception 或者它的子类，就可以实现自己的异常类。

一般而言，在实现自己定义的异常类时，会给这个异常类设计两个构造器，用来传递详细的出错信息：一个是参数为空的构造器，另一个是带一个 String 类型参数的构造器。

下面是自定义异常类示例。

源文件：MyDivideException.java。具体示例代码如下。

```
public class MyDivideException extends ArithmeticException {
  public MyDivideException() {
      super();
  }

  public MyDivideException(String msg) {
      super(msg);
  }

  public String toString() {
      return "除以零引起的例外！ ";
  }
}
```

上述示例程序中，自定义的异常类中定义了两个构造器，并且覆盖了父类中的 toString()方法，使得这个方法能够返回更能反映这个类的信息。

源文件：DivideExceptionTest.java。具体示例代码如下。

```
public class DivideExceptionTest {
  public static void main(String args[]) {
      int n = 0, d = 0;
      double q;
      try {
```

```
        n = Integer.parseInt(args[0]);
        d = Integer.parseInt(args[1]);
        if (d == 0)
            throw new MyDivideException();
        q = (double) n / d;
        System.out.println(n + "/" + d + "=" + q);
    } catch (MyDivideException e) {
        System.out.println(e);
    }
  }
}
```

上述这个类中使用了自定义的异常类 MyDivideException，通过下列命令来运行这个程序。

java DivedeExceptionTest 1 0

这时将会得到一个如下的输出。

除以零引起的例外!

9.3.2　知识拓展：通过 printStackTrace()追踪异常源头

下面是使用 printStackTrace()方法追踪异常的具体示例。

源文件：SelfDefinedException.java。具体示例代码如下。

```
public class SelfDefinedException extends Exception{
  public SelfDefinedException(){
      super("自定义的例外类");
  }
}
```

这是一个自定义的异常类，并没有实际的用途，仅用于演示 printStackTrace()方法。

源文件：TestPrintStackTrace.java。具体示例如下。

```
public class TestPrintStackTrace{
  public static void main(String args[]) {
      try    {
          firstMethod();
      }catch(SelfDefinedException e){
          e.printStackTrace();
      }
  }

  public static void firstMethod() throws SelfDefinedException{
      secondMethod();
  }

  public static void secondMethod() throws SelfDefinedException{
      thirdMethod();
  }

  public static void thirdMethod() throws SelfDefinedException{
      throw new SelfDefinedException();
  }
}
```

上述这个类中定义了 3 个方法，第一个方法调用第二个方法，第二个方法调用第三个方法，而第三个方法只是抛出了一个异常。当运行这个程序时，将会得到如下输出。

```
SelfDefinedException：自定义的例外类
        at TestPrintStackTrace.thirdMethod(TestPrintStackTrace.java :32)
        at TestPrintStackTrace.secondMethod(TestPrintStackTrace.java :27)
        at TestPrintStackTrace.firstMethod(TestPrintStackTrace.java :22)
        at TestPrintStackTrace.main(TestPrintStackTrace.java :12)
```

由此可以看出，执行 main() 方法时出现了一个 SelfDefinedException 异常，而这个异常的源头在 thirdMethod 中。

> **提示：**
> 虽然 printStackTrace() 方法可以很方便地用于追踪异常的发生情况，可以使用它来调试程序，但在最后发布的程序中应该避免使用它，应该对捕获的异常进行适当的处理，而不是简单地将异常堆栈打印出来。

9.4 本章小结

通过本章内容的学习，读者应该掌握异常的基本概念，并能描述异常的种类，辨认常出现的异常，使用 try、catch 和 finally 从句来捕获异常；掌握如何将异常抛出，如何开发自定义的异常类，如何在覆盖方法的时候处理父类中的异常，等等。

课后练习题

一、选择题

1. 当方法遇到异常又不知如何处理时，下列（   ）做法是正确的。

A. 捕获异常　　　　　B. 抛出异常　　　　　C. 声明异常　　　　　D. 嵌套异常

2. 下列说法正确的是（   ）。

A. 程序中必须要处理的是非运行时异常

B. 程序中必须要处理的是运行时异常

C. 程序中的非运行时异常和运行时异常都必须处理

D. 所有的异常类最终都继承自 Throwable 类

3. 对于 catch 从句的排列，下列（   ）是正确的。

A. 父类在先，从类在后

B. 子类在先，父类在后

C. 有继承关系的异常不能在同一个 try 程序块内

D. 一个 try 从句后面只能配一个 catch 从句

4. 自定义的异常类应该从（   ）继承。

A. Error 类　　　　　　　　　　　　　B. LinkageError

C. Throwable　　　　　　　　　　　　D. Exception 及其子类

5. 下列说法正确的是（   ）。

A. 子类在重写父类方法时不能抛出异常

B. 子类在重写父类方法时只能抛出与被覆盖方法相同的异常或者其子异常

C. 子类在重写父类方法时对异常没有限制规定

D. 子类在重写父类方法时必须捕获父类被覆盖方法抛出的异常

二、简答题

1. 简述 Java 的异常处理机制。
2. 简述异常处理中 throw 子句和 throws 子句的区别。
3. 简述方法覆盖时要注意的异常问题。

三、编程题

1. 定义一个对象引用并初始化为 null，尝试用此引用调用方法。把这个调用放在 try…catch 语句中以捕获异常，最后从 finally 从句中输出"异常例子"。

2. 写一个自定义异常类，并为其编写接收字符串参数的构造器，在构造器中输出这个字符串。

第10章

Java泛型

■ 本章详细介绍 Java 泛型的概念及泛型的使用方式。本章不仅会介绍如何通过泛型来实现编译时检查集合元素的类型，而且会深入介绍 Java 泛型的详细用法，包括定义泛型类、泛型接口，以及泛型通配符、泛型方法等知识。

10.1　泛型入门

学习泛型之前，先来明确为什么要使用泛型，使用泛型的好处是什么。

泛型是程序设计语言的一种特性，允许程序员在强类型程序设计语言中编写代码时定义一些可变部分，那些部分在使用前必须做出说明。不同的程序设计语言和其编译器、运行环境对泛型的支持都不一样。

泛型是什么

集合有个缺点，就是把一个对象直接添加到集合当中之后，集合就会"忘记"这个对象的数据类型，当再次取出该对象的时候，该对象的编译类型就变成了 Object 类型。在运行时，类型是没有变化的。

Java 的集合之所以被设计成这样，是因为设计者所定义的集合类并不知道要向其中存放什么数据类型，所以以早期人们采用 Object 类来兼容一切数据类型，用户使用的过程中再将其强制转换为自己所需的类型，目的是为了让集合有很好的通用性，但是这样会带来一些问题。

> **带来的问题：**
> （1）在将对象装进集合时，丢失了对象的状态信息，集合只知道它盛装的是 Object 类型的数据，因此取出集合元素后通常还需要进行强制类型转换。这种强制类型转换既增加了编程的复杂度，同时还会引出 ClassCastException 异常。
> （2）按照上面的说法定义的集合对元素类型没有任何限制，这可能会引发一些问题。例如，想创建一个只能保存 Student 对象的集合，但是程序也可以轻易地将 Worker 对象装进去，进而很可能引发异常。

下面是不使用泛型的示例。

源文件：CollectionDemo.java。具体示例代码如下。

```java
public class CollectionDemo {

    public static void main(String[] args) {
        ArrayList list = new ArrayList();
        method(list);

        //取出数据，通过迭代器
        Iterator it = list.iterator();
        while(it.hasNext()){
            String str = (String)it.next();//1.强转
            System.out.println(str);
        }
    }

    public static void method(ArrayList list){ //添加数据
        list.add("张小凡");
        list.add("碧瑶");
        list.add("陆雪琪");
    }
}
```

上述示例程序创建了一个 method()函数，功能是给集合类填充数据，并且也没有指定泛型。接下来在 main()函数中创建了一个集合类，并且通过迭代器迭代数据。在 1 的位置进行强制类型转换，看起来没有任何问题，实际上也是没有任何问题的。

例如如下示例，给上述代码添加语句"list.add(123);"后，编译器没有任何问题，不过执行程序的时候会发生"ClassCastException：java.lang.Integer cannot be cast to java.lang.String"异常。原因就是不能够直接将 int 类型的数据强制转换为 String 类型，那么该如何去避免这样的问题呢？

源文件：CollectionDemo.java。具体示例代码如下。

```java
public class CollectionDemo {

    public static void main(String[] args) {
        ArrayList list = new ArrayList();
        method(list);

        //取出数据，通过迭代器
        Iterator it = list.iterator();
        while(it.hasNext()){
            String str = (String)it.next();//1.强转
            System.out.println(str);
        }
    }

    public static void method(ArrayList list){ //添加数据
        list.add("张小凡");
        list.add("碧瑶");
        list.add("陆雪琪");
        list.add(123);
    }
}
```

上述代码中并没有给集合明确相应存储的数据类型，在 JDK 1.5 之前，不指定时，默认是 Object 类型，所以任何数据都能够存储进去。这都没问题，问题出现在上述代码 1 的部分，因为并不知道什么类型，而是一律强制转换为 String 类型，所以程序产生类型转换异常。这时可以省略转换的部分，直接打印。具体示例代码如下。

```java
//取出数据，通过迭代器
Iterator it = list.iterator();
while(it.hasNext()){
    //String str = (String)it.next();//1.强转
    System.out.println(it.next());
}
```

这样解决看似没什么问题，程序也可以有相应的结果。实际上，在 JDK 1.5 之前这么做完全没问题，但是在 JDK 1.5 之后，程序当中会有很多的黄色警告，原因是 JDK 1.5 之后加入了泛型的应用，建议使用泛型。

泛型类

10.2 泛型类

那么到底什么是泛型呢？无非就是广泛的类型，那泛型类是不是就是广泛类型的类呢？

首先准备 3 个类，分别为 Person、Student、Worker。

源文件：Person.java。具体示例代码如下。

```java
public class Person {
    private String name;
    private int age;
```

```java
public Person() {
    super();
}

public Person(String name, int age) {
    super();
    this.name = name;
    this.age = age;
}

public String getName() {
    return name;
}

public void setName(String name) {
    this.name = name;
}

public int getAge() {
    return age;
}

public void setAge(int age) {
    this.age = age;
}

}

public class Student extends Person {
  public void show() {
      System.out.println("name:" + getName() + "   age:" + getAge());
  }
}
public class Worker extends Person {

  public void show() {
      System.out.println("name:" + getName() + "   age:" + getAge());
  }
}
```

接下来定义一个工具类操作 Person，可以完成 Person 对象的设置和获取。

源文件：Tool.java。具体示例代码如下。

```java
public class Tool {
  private Person person;

  public void setPerson(Person person) {
      this.person = person;
  }

  public Person getPerson() {
      return person;
  }

}
```

从代码可以看出，上述工具类只能够操作 Person 类或者其子类，如果想要操作 Animal 类，就不可以了。

要解决这个问题，可以通过如下形式进行定义。

源文件：Tool.java。具体示例代码如下。

```
public class Tool<Q> {
  private Q q;

  public void setObject(Q q) {
      this.q = q;
  }

  public Q getObject() {
      return q;
  }
}
```

在 JDK 1.5 后，使用泛型来接收类中要操作的引用数据类型。上述代码就是自定义的泛型类，要用来操作什么样的数据类型不确定，之后在使用的时候才知道。这里可以使用一对尖括号表示不明确的类型，在用户使用的时候再去指定，示例如下。

源文件：Test.java。具体示例代码如下。

```
public class Test {
  public static void main(String[] args) {
      Tool<Person> tool = new Tool<>();
      btool.setObject(new Person());
      Person p = tool.getObject();
  }
}
```

这样在使用工具类的时候，就已经明确了数据的类型，取出数据的时候，系统也隐含地将数据转换为了想要的数据类型，所以不需要再次进行转换。其实仔细分析不难发现，泛型的使用可以提前将运行的检测放到编译时期，这样就避免了在程序运行过程中产生异常。

思考：

（1）什么时候使用泛型类？当类中操作的引用数据类型不确定的时候，就需要使用泛型来表示。

（2）泛型和 Object 类有区别吗？泛型可以理解为 Object 的一种替代形式，但是使用泛型要比 Object 类更安全。

泛型方法

10.3　泛型方法

10.3.1　定义泛型方法

例如，如下示例是一个很普通的方法，方法中有一个字符串参数，并将其打印出来。

```
public void show(String str){
    System.out.println(str);
}
```

具体调用函数的使用就不去演示了，这里思考一个问题，如果要打印的数据类型不确定，该怎么办。结合泛型类，将程序改写成如下形式。

源文件：Tool.java。具体示例代码如下。

```
public class Tool<Q> {
```

```
    public void show(Q str){
        System.out.println(str);
    }
}
```

这样改写后，的确可以让程序成功运行，比如如下程序示例。

```
public static void main(String[] args) {
    Tool<String> tool = new Tool<>();

    tool.show("七月上");
}
```

可是一旦在调用函数的时候传入的是一个整数类型，就会报错，示例如下。

```
tool.show(new Integer(10)); //报错
```

这里有两个地方需要思考：第一，利用泛型可以将类型的检测提前到编译时期；第二，在定义类的时候指定的泛型是 String，所以在方法中它所接收的参数也应该是 String 类型的数据。

要在调用函数的时候去指定函数中的参数的类型，该怎么做呢？这时候可以使用泛型方法，具体示例如下。

```
public <T>void show(T str){
    System.out.println(str);
}
```

在方法返回值的前面、修饰符的后面使用尖括号，在其中输入一个大写的变量表示位置的数据类型。只有这样，写完之后，在方法的参数中才可以去使用，不然这个数据类型是未定义的，所以必须要写上去。

说明：
（1）泛型方法就是将泛型定义在了方法上。
（2）泛型方法的泛型定义在返回值的前面、修饰符的后面。

10.3.2　静态方法使用泛型

很多时候会使用到静态方法，那么静态方法的泛型该如何定义呢？或者像前面的示例一样，可否也去使用泛型类中的泛型呢？

例如如下示例，看似没问题，但是它其实违背了 static 的使用规则。静态方法不能访问非静态的属性或方法，T 变量是定义在类中的，属于非静态的变量，所以不可以访问，这是一个小误区，所以后续使用时需要注意。

源文件：staticMethod.java。具体示例代码如下。

```
public class StaticMethod<T> {

    public static void show(T t){ //报错
        System.out.println(t);
    }
}
```

静态方法该如何使用泛型呢？其实很简单，静态方法的泛型和一般方法的使用方式完全一致，谨记一点就可以了，就是定义泛型的<>一定在方法返回值前、修饰符后。以下是具体示例。

源文件：staticMethod.java。具体示例代码如下。

```
public class StaticMethod<T> {

    public static <E> void show(E e){
```

```
            System.out.println(e);
        }
    }
```

> **注意:**
> （1）当方法为静态时，不能访问类上定义的泛型。
> （2）如果静态方法使用泛型，只能将泛型定义在方法上。

10.4　泛型接口

在接口上使用泛型就属于泛型接口。

10.4.1　使用泛型接口

1. 泛型接口的定义形式

源文件：Inter.java。具体示例代码如下。

```
interface Inter<T> {
    public void show(T t);
}
```

由上述代码可见，泛型接口的定义形式很简单，和定义泛型类的形式很像。

2. 泛型接口的使用

首先用一个类去实现接口，前提是在实现接口的时候就可以明确指定泛型的具体数据类型，接下来的使用就和常规接口的使用完全一致，请看如下示例。

源文件：Inter.java。具体示例代码如下。

```
class InterImp implements Inter<String> { //在实现的同时指定具体的泛型
    @Override
    public void show(String str) {
        System.out.println("show:" + str);
    }
}
```

10.4.2　继承泛型接口

泛型接口的使用很简单，不过，如果在实现接口的时候还不能够明确具体是什么类型，该怎么办呢？

其实很简单，在实现的子类中继续定义泛型传递即可，看似复杂，其实就是变量的传参而已，具体示例如下。

```
class InterImp2<Q> implements Inter<Q> {

    @Override
    public void show(Q q) {
        System.out.println("show:" + q);
    }

}
```

上述示例代码在子类中再次定义泛型，并将所定义好的泛型传递给实现的父接口，并且在所有使用的方法中都使用子类中的泛型参数，这样就可以在实例化 InterImp2 对象的时候去指定具体的泛型了，具体示例如下。

```
InterImp2<Integer> ii2 = new InterImp2<>();
ii2.show(new Integer(10));
```

10.5 泛型的高级特性

10.5.1 泛型的通配符

学习问题之前先看下需求，比如如下具体示例。

```
public static void main(String[] args) {
    ArrayList<String> al = new ArrayList<String>();
    al.add("abc");
    al.add("hehe");

    Iterator<String> it = al.iterator();
    while(it.hasNext()){
        System.out.println(it.next());
    }
}
```

上述示例实现了一个很简单的集合，并且通过迭代器的迭代来遍历数据，如果说还有一个集合，比如如下具体示例。

```
public static void main(String[] args) {
    ArrayList<String> al = new ArrayList<String>();
    al.add("abc");
    al.add("hehe");

    ArrayList<String> al2 = new ArrayList<String>();
    al2.add("abc2");
    al2.add("hehe2");

    Iterator<String> it = al.iterator();
    while(it.hasNext()){
        System.out.println(it.next());
    }
}
```

现在有两个集合，可以再写一个迭代器进行迭代。集合可以有很多个，但是迭代的部分都是一个套路下来的。为了提高程序的复用性，将迭代的部分封装成一个方法，具体示例代码如下。

```
public static void printCollection(ArrayList<String> al){ //迭代并打印集合中的元素
        Iterator<String> it = al.iterator();
        while(it.hasNext()){
            System.out.println(it.next());
        }
    }
```

通过封装之后，在主函数中进行代用即可，具体示例代码如下。

```
public static void main(String[] args) {
        ArrayList<String> al = new ArrayList<String>();
        al.add("abc");
```

```
        al.add("hehe");

        ArrayList<String> al2 = new ArrayList<String>();
        al2.add("abc2");
        al2.add("hehe2");

        printCollection(al);
        printCollection(al2);
    }
```

这样调用没有问题，程序也会完美执行并打印结果。如果集合不是只有 ArrayList 怎么办？或者说集合还有 HashSet 等该怎么办呢？其实很好解决，根据多态的特性，将封装函数中的 ArrayList 改成 Collection 就可以了，请看如下示例。

源文件：printCollection.java。具体示例代码如下。

```
public static void printCollection(Collection<String> al){ //迭代并打印集合中的元素
    Iterator<String> it = al.iterator();
    while(it.hasNext()){
        System.out.println(it.next());
    }
}
```

按照上述示例这样修改的确没有问题，可是有个前提，就是它们的泛型都是 String 类型的，如果现在创建一个集合存放 Integer 类型的数据，那么这里的 printCollectin() 函数还能够使用吗？

例如如下具体示例，当再次调用 printCollection() 的函数时候报错了，因为 printCollection() 的泛型指定的是 String，而 ArrayList 的泛型是 Integer，类型是不匹配的。即使使用 Object 也是不行的，因为若在泛型当中使用 Object，它就是一个具体的数据类型，而不可泛指。

```
ArrayList<Integer> al3 = new ArrayList<Integer>();
        al3.add(10);
        al3.add(20);
printCollection(al3); //报错
```

为了解决上面的问题，可以使用通配符表示一种未知的数据类型，使用？来表示通配符。将上述示例中的封装函数改写如下，将之前<>中的具体类型使用？代替，表示未知的数据类型，这样改写之后再调用就不会再出问题了。

源文件：printCollection.java。具体示例代码如下。

```
public static void printCollection(ArrayList<?> al){ //迭代并打印集合中的元素
    Iterator<?> it = al.iterator();
    while(it.hasNext()){
        System.out.println(it.next());
    }
}
```

> **注意：**
> public static void printCollection(Collection<String> al)和 public static void printCollection(Collection<Integer> al)在同一个 Java 类中声明是会报错的。这里仅仅是泛型不同，可是编译器在编译的时候并没有去看泛型，所以在系统看来这是一样的方法，并不属于重载。

10.5.2　泛型限定——上限

如果通过通配符？表示未知的泛型类型，那么这个？有些类似于 Object 类型，任何类型都可以接收；不同的是，当 Object 接收类型的时候，所有数据类型都会向上转型，变为 Object 类型，而使用通配符接收到的是什么数据类型就是什么数据类型。

那么现在如果让上述示例中的 printCollection() 函数只能去处理 Person 类型的数据和 Person 的子类的数据，该如何去做呢？其实也就是限定？的最高上限就是 Person，它可以接收 Person 和 Person 的子类。

源文件：printCollection.java。具体示例代码如下。

```
//通配符的上限：? extends Person表示通配符可以接收的数据类型是Person及Person的子类。
public static void printCollection(ArrayList<? extends Person> al) { //迭代并打印集合中的元素
    Iterator<? extends Person> it = al.iterator();
    while (it.hasNext()) {
        System.out.println(it.next());
    }
}
```

上述示例中通过?extends xxClass 的形式设置通配符的上限，限制只能够接收 xxClass 的类或者子类。

10.5.3 泛型限定——下限

既然有上限，是否有下限呢？答案是有的，使用通配符也可以去设置下限，只能够接收某某类或者某某类的父类。当子类和父类的函数或者变量重名时，通过 super 关键字调用。这里如果要去设置通配符的下限的话，也使用 super 关键字。

源文件：printCollection.java。具体示例代码如下。

```
//通配符的下限： ? super student表示通配符可以接收的数据类型是student及student的父类
public static void printCollection(ArrayList<? super Student> al) { //迭代并打印集合中的元素
    Iterator<? super Student> it = al.iterator();
    while (it.hasNext()) {
        System.out.println(it.next());
    }
}
```

如上示例使用?super xxClass 设置？的下限是 xxClass，可以接收 xxClass 及 xxClass 的父类类型，具体示例代码如下。

```
ArrayList<Person> al5 = new ArrayList<>();
al5.add(new Person());
al5.add(new Person());
printCollection(al5);
```

如上代码使用起来是没有问题的，如果建立一个泛型类型是 Worker 的 ArrayList 集合，是否还能调用 printCollection 集合呢？读者不妨自己试一下。

10.6 本章小结

本章详细讲解了 Java 中泛型的使用，包括泛型类、泛型方法及泛型接口的使用，特别介绍了泛型接口如何使用子类去实现。

本章还介绍了泛型的通配符。使用通配符可以提高程序的扩展性，并且使用通配符还可以在其上添加限制，比如上限和下限。这些都是一些比较基本的小知识点，需要读者掌握好。

课后练习题

一、选择题

1. ArrayList<String> list 的 list 对象在调用 add()方法时，以下选项（   ）是正确的。

A. list.add("abc")　　　　　　　B. list.add(123)

C. list.add(true)　　　　　　　　D. list.add(new StringBuffer("abc"));[s2]

2. ArrayList<CharSequence> list 的 list 对象在调用 add 方法时，以下选项（   ）是正确的。

A. list.add("abc")　　　　　　　B. list.add(123)

C. list.add(true)　　　　　　　　D. list.add(new StringBuffer("abc"));[s3]

3. ArrayList<? Extends Person> list 的 list 对象在调用 add()方法时，以下选项（   ）是错误的。

A. list.add(new Student())　　　B. list.add(new Person())

C. list.add(new Worker())　　　　D. list.add(new School())

二、填空题

1. 对象实例化时不指定泛型，默认为（   ）。

2. 泛型中的"？"是（   ）。

三、解答题

1. 泛型不同的引用能相互赋值吗？

2. Java 中的泛型是什么？使用泛型的好处是什么？

3. Java 的泛型是如何工作的？

4. List<? Extends T>和 List<? Super T>之间有什么区别？

5. 如何编写一个泛型方法，让它能接收泛型参数并返回泛型类型？

第11章

集合

■ 本章讲解了 Java 集合类，集合类为存储对象提供了大量的便捷方式，在学习、开发中会经常使用到集合类。

11.1 集合概述

集合的层次结构

集合在 Java 中是非常重要的工具类，它是用来存储对象的容器，因此，集合类也称为容器类。集合功能很强大，它不但可以存放数量不等的对象，还能存放具有映射关系的键值对。

Java 中的集合根据其存储的元素大致分为 Set、List、Map 3 种。Set 集合存放的元素是无序、不可重复的；List 集合存放的元素是有序，可重复的；Map 集合存放的元素是具有映射关系的键值对。

11.2 集合的层次结构

Java 的集合类由 Collection 和 Map 两个接口派生而出，这两个接口是 Java 集合框架的根接口，这两个接口又有多个子接口和实现类。图 11-1 所示是 Collection 和 Map 集合的继承树关系图。

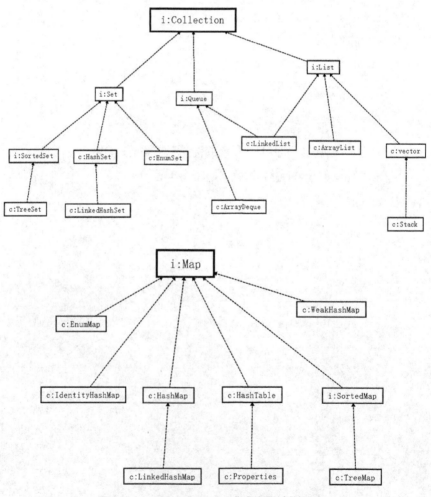

图 11-1 Collection 和 Map 集合的继承树关系图

11.3 Collection 接口

11.3.1 Collection 接口介绍

Collection 接口定义在 java.util 包下，是整个 Java 类中保存单值集合的最大父接口。一般不会直接使用 Collection 接口，而是使用其子接口 List 和 Set，List 子接口与 Set 子接口也就继承了 Collection 接口的相关方法。在 JDK 1.5 之前，Java 集合将容器中的所有对象都当作 Object 类型处理；JDK 1.5 之后引入了泛型，Java 集合可以记住容器中的对象类型，使集合操作更加安全。

Collection 接口的常用方法如下所述。

boolean add(E e)：该方法用于向集合中添加一个元素，如果添加成功，则返回 true，否则返回 false。

Boolean addAll(Collection<?extends E> c)：将指定 collection 中的所有元素都添加到此 collection 中。如果添加成功，则返回 true，否则返回 false。

void clear()：移除此 collection 中的所有元素。

boolean contains(Object o)：判定此集合中是否包含指定的元素，包含返回 true，否则，返回 false。

boolean containsAll(Collection<?> c)：如果此 collection 包含指定 collection 中的所有元素，则返回 true，否则返回 false。

boolean isEmpty()：如果此 collection 不包含元素，则返回 true，否则返回 false。

Iterator<E> iterator()：返回在此 collection 的元素上进行迭代的迭代器，用于遍历集合中的元素。

boolean remove(Object o)：从此 collection 中移除指定元素的单个对象，前提是存在。

boolean removeAll(Collection<?> c)：移除此 collection 中的那些也包含在指定 collection 中的所有元素。

boolean retainAll(Collection<?> c)：仅保留此 collection 中的那些也包含在指定 collection 中的元素（可选操作），相当于在当前集合中保留与参数集合交集的元素。

int size()：返回此 collection 中的元素个数。

Object[] toArray()：返回包含此 collection 中的所有元素的数组。

11.3.2 关于 Collection 接口的子接口与类

Collection 接口下有 3 个子接口，为 List、Set 与 Queue。使用集合的时候，不是直接使用 Collection，而是使用其子接口，在 List 和 Set 两个子接口下又派生出了相对应的实现类。

List 接口：List 接口中的内容都是允许重复的。该接口下有 3 个常用的实现类，为 ArrayList、LinkedList 和 Vector。

Set 接口：Set 接口中的内容是不允许重复的。该接口下有 3 个常用的实现类，为 HashSet、TreeSet 和 LinkedHashSet。

Queue：Java 提供的队列实现，类似于 List。

11.3.3 实现集合的增删改查

先通过 ArrayList 类来创建一个集合的对象，然后进行集合的增删改查操作。

源文件：ArrayList.java。具体示例代码如下。

//通过泛型创建存放指定元素类型的集合

```
List<String> list=new ArrayList<String>();
//添加元素
list.add("java");
list.add("c");
//当通过System.out的println()方法打印集合对象时，将输出[e1,e2…]的形式
System.out.println("集合中的元素个数: "+list.size()+",元素分别为: "+list);
//修改元素。根据索引修改指定位置上的元素，Set接口下没有索引的概念，所以set的实现类是没有该方法的
list.set(0, "JAVA");
System.out.println("集合中的元素个数: "+list.size()+",元素分别为: "+list);
//查询元素。根据索引查询索引位置上的元素，同样，Set接口下的实现类也是没有该方法的
String s=list.get(0);
System.out.println("查询到的元素为: "+s);
//查询某元素对应的索引，如果在集合中没有该元素，则返回-1。同样，Set接口下的实现类是没有该方法的
int i=list.indexOf("c");
System.out.println("查询到的元素索引为: "+i);
//删除元素
list.remove("java");
System.out.println("集合中的元素个数: "+list.size()+",元素分别为: "+list);
//清空集合元素
list.clear();
System.out.println("集合中的元素个数: "+list.size()+",元素分别为: "+list);
```

编译运行以上程序将会出现以下结果。

```
集合中的元素个数: 2,元素分别为: [java, c]
集合中的元素个数: 2,元素分别为: [JAVA, c]
查询到的元素为: JAVA
查询到的元素索引为: 1
集合中的元素个数: 2,元素分别为: [JAVA, c]
集合中的元素个数: 0,元素分别为: []
```

11.3.4 使用 foreach 循环进行遍历

以上程序中直接打印输出了集合对象，结果是[e1,e2…]的形式。显而易见，集合重写了 toString() 方法，通过这个方法也很容易输出集合中的所有元素，如果想依次访问集合中的每个元素，这时候就用到集合的遍历。

从 JDK 1.5 开始，Java 提出了 foreach 循环，也称为增强 for 循环。与之前的 for 循环比，foreach 循环使用起来更加便捷。如下示例使用 foreach 来示范集合的循环遍历操作。

源文件：ForeachDemo.java。具体示例代码如下。

```
public class ForeachDemo {
    public static void main(String[] args) {
        //创建一个集合
        List<String> movies=new ArrayList<String>();
        //向集合中添加元素
        movies.add("封神传奇");
        movies.add("寒战II");
        movies.add("盗墓笔记");
        //循环遍历集合
        for(String movie:movies){
            //输出遍历到的对象
```

```
            System.out.println(movie);
            //在循环中更改迭代变量的值
            movie="泰山归来";
        }
        System.out.println("循环遍历完成之后,元素分别为: "+movies);
    }
}
```

编译运行以上程序将会出现以下结果。

```
封神传奇
寒战II
盗墓笔记
循环遍历完成之后,元素分别为: [封神传奇, 寒战II, 盗墓笔记]
```

上面的代码中, foreach 循环依次遍历到了集合中的所有元素, 发现增强 for 循环的确比较简捷。但是存在一点问题, 就是 foreach 循环中更改了迭代变量的值, 在最后的输出中, 貌似并没有起到更改的效果。这是因为 for 循环中的迭代变量并不是集合元素本身, 系统只是将集合元素依次赋给了迭代变量, 因此修改 for 循环中的迭代变量没有任何意义。

还有一点需要注意, 在 foreach 遍历集合时, 不能在循环代码中对正在循环的集合的结构进行修改, 比如不能对集合做 remove、add 操作, 否则将引发 ConcurrentModification Exception 异常。

11.3.5 使用 Iterator 接口进行遍历

Iterator 是专门用来遍历集合元素的接口, 也称为迭代器, 在需要遍历集合的场合, 建议使用迭代器进行输出。

Iterator 接口中定义了如下所述的 3 个方法。

（1）boolean hasNext(): 如果仍有元素可以迭代, 则返回 true, 否则返回 false。

（2）Object next(): 返回迭代的下一个元素。

使用 Iterator 迭代器进行遍历

（3）void remove(): 从迭代器指向的 collection 中移除迭代器返回的最后一个元素。

在使用 Iterator 接口的时候, 必须使用集合对其进行实例化, Collection 接口中定义了一个 iterator() 方法, 可以为 Iterator 接口进行实例化操作, 所以一个迭代器对象必须依附于一个集合对象, 并为之提供相应的方法遍历或删除集合中的元素。

在完成 Iterator 接口的实例化之后, 可以通过 next() 方法取出下一个元素。如果所有元素都被取出, 再次调用 next() 方法, 就会抛出 NoSuchElementException 异常, 所以在调用 next() 方法前, 会调用 hasNext() 方法判断是否有下一个元素。

下述示例代码示范了如何使用 Iterator 接口进行集合的遍历。

源文件: IteratorDemo.java。具体示例代码如下。

```
public class IteratorDemo {
    public static void main(String[] args) {
        //创建一个集合
        List<String> cars = new ArrayList<String>();
        //向集合中添加元素
        cars.add("宾利");
        cars.add("玛莎拉蒂");
        cars.add("阿斯顿马丁");
        cars.add("劳斯莱斯");
```

```
        cars.add("布加迪");
        //获取迭代器对象
        Iterator<String> iterator=cars.iterator();
        //判断是否有下一个元素
        while(iterator.hasNext()){
        //取出下一个元素
        String car=iterator.next();
        System.out.println(car);
        }
    }
}
```

运行上述程序，输出结果如下。

```
宾利
玛莎利蒂
阿斯顿马丁
劳斯莱斯
布加迪
```

这里需要注意，在进行迭代输出的时候，如果要删除当前元素，只能使用 Iterator 接口中的 remove() 方法，而不能使用集合的 remove() 方法，否则会抛出 ConcurrentModification Exception 异常。

源文件：IteratorRemoveDemo.java。具体示例代码如下。

```
public class IteratorRemoveDemo {
    public static void main(String[] args) {
        //创建一个集合
        List<String> cars = new ArrayList<String>();
        //向集合中添加元素
        cars.add("宾利");
        cars.add("玛莎利蒂");
        cars.add("阿斯顿马丁");
        cars.add("劳斯莱斯");
        cars.add("布加迪");
        //获取迭代器对象
        Iterator<String> iterator=cars.iterator();
        //判断是否有下一个元素
        while(iterator.hasNext()){
            //指针下移，并取出下移后位置上的元素
            String car=iterator.next();
            if(car.equals("阿斯顿马丁")){
                //错误，此处不能调用集合中的remove()方法
                //cars.remove(car);
                //在遍历中删除集合元素的正确方式
                iterator.remove();
            }
            System.out.println(car);
        }
        System.out.println(cars);
    }
}
```

运行上述示例程序，输出结果如下，集合中的"阿斯顿马丁"元素已经被删除了。

```
宾利
```

玛莎利蒂
阿斯顿马丁
劳斯莱斯
布加迪
[宾利，玛莎利蒂，劳斯莱斯，布加迪]

11.4 Set 集合

Set 接口是 Collection 的子接口，基本上与 Collection 接口一样，没有提供任何额外的方法。Set 集合中的值是无序的，就像将多个对象扔进一个口袋一样，多个对象之间没有明显的顺序，并且是不可重复的。更确切地讲，Set 集合中不包含满足 e1.equals(e2) 的元素对 e1 和 e2，且最多包含一个 null 元素。

Set 接口中有两个常用的子接口 HashSet 和 TreeSet，它们各有各的特点。

11.4.1 HashSet 类

HashSet 类

HashSet 是 Set 接口的典型实现，大多数时候使用 Set 集合时就是使用这个实现类。HashSet 按 Hash 算法来存储集合中的元素，因此具有很好的存取和查找性能。

HashSet 中同样不能添加相同元素，HashSet 判断元素是否相同的依据是 equals() 方法与 hashCode() 方法的返回值是否相同。

当向 HashSet 集合中添加元素时，HashSet 会调用该元素的 hashCode() 方法来得到该元素的 hashCode 值，然后根据该 HashCode 值来决定该元素在 HashSet 中存储的位置。如果有两个元素通过 equals() 方法比较并返回 true，但是它们的 hashCode() 方法返回值不相等，HashSet 将会把它们存储在不同位置，也可以添加成功，这与 Set 集合的规则有点出入。如果两个对象通过 equals() 方法比较并返回 false，它们的 hashCode() 方法返回值相等，HashSet 同样也会认为这是两个不同的对象，并将它们保存到同一个位置，这样处理起来非常复杂，将会导致性能下降。

简单地说，HashSet 集合判断两个元素相等的依据是两个对象通过 equals() 方法比较后相等，并且两个对象的 hashCode() 方法返回值也相等。所以，当需要将某个类的对象保存到 HashSet 集合中，重写这个类的 equals() 方法和 hashCode() 方法时，应该尽量保证两个对象通过 equals() 比较后返回 true 时，它们的 hashCode() 方法返回值也相等。

如下示例示范了 HashSet 判断集合元素相同的标准。

源文件：A.java。具体示例代码如下。

```
//A类对象的equals()方法总是返回true，但是没有重写hashCode()方法
class A{
    @Override
    public boolean equals(Object obj) {
        // TODO Auto-generated method stub
        return true;
    }
}
//B类对象的hashCode()方法总是返回100，但是没有重写equals()方法
class B{
    @Override
    public int hashCode() {
            return 100;
    }
}
```

```
//C类对象的equals()方法总是返回true，并且hashCode()方法总是返回200
class C{
    @Override
    public boolean equals(Object obj) {
            return true;
    }
    @Override
    public int hashCode() {
            return 200;
    }
}
public class HashSetDemo {
    public static void main(String[] args) {
        Set set=new HashSet();
        //向集合中添加两个A类对象、两个B类对象、两个C类对象
        set.add(new A());
        set.add(new A());
        set.add(new B());
        set.add(new B());
        set.add(new C());
        set.add(new C());
        System.out.println("set中的元素为："+set);
    }
}
```

运行上述程序，输出结果为"set 中的元素为：[B@64，B@64，C@c8，A@15db9742，A@6d06d69c]"。可以发现，HashSet 集合中成功添加了 A 类的两个对象和 B 类的两个对象，但是 C 类的对象只添加了一个，因为所有 C 类对象的 equals()方法和 hashCode()方法的返回值都一样，导致 C 类对象只能添加一次。

11.4.2　TreeSet 类

与 HashSet 不同的是，TreeSet 中的元素是有序的，但并不是根据插入顺序进行排序的，也不是按照 hashCode 进行排序的，而是根据元素的实际值并采用红黑树的数据结构进行排序的。TreeSet 会调用集合元素的 compareTo(Object obj)方法来比较元素之间的大小关系，然后将集合元素按升序排列。TreeSet 类的应用示例如下。

源文件：TreeSetDemo.java。具体示例代码如下。

```
public class TreeSetDemo {
    public static void main(String[] args) {
        Set set=new TreeSet() ;
        set.add("c");
        set.add("a");
        set.add("b");
        System.out.println("集合中的元素为："+set);
    }
}
```

运行上述程序，输出结果为"集合中的元素为：[a，b，c]"。可以发现，虽然添加元素属于无序操作，但是添加之后却可以实现排序功能。

Java 提供了一个 Comparable 接口，该接口中定义了一个 compareTo(Object obj)方法，该方法返回一个整数值，实现该接口的类必须实现该方法，因此实现了该接口的类的对象就可以比较大小了。当一

个对象调用该方法与另一个对象进行比较时，例如 obj1.compareTo(obj2)，如果返回 0，表明两个对象相等；如果返回一个正整数，则表明 obj1 大于 obj2；如果返回一个负整数，则表明 obj1 小于 obj2。

上述示例中，String 类型已经实现了 Comparable 接口，并提供了比较大小的标准。如果试图把一个没有实现 Comparable 接口的对象添加进 TreeSet 集合，会抛出 ClassCastException 异常，读者可以自行验证。

还有一点需要注意，两个对象在通过 compareTo(Object obj)方法比较大小时，需要将比较对象 obj 强制转换成相同类型，所以如果在 TreeSet 中添加了不同类型的对象，同样会抛出 ClassCastException 异常。

当需要把一个对象放入 TreeSet 中，重写该对象对应类的 equals()方法时，应保证该方法与 compareTo(Object obj)方法有一致的结果，其规则是：如果两个对象通过 equals()方法比较后返回 true，则这两个对象通过 compareTo(Object obj)方法比较后应该返回 0；如果两个对象通过 equals()方法比较后返回 true，但这两个对象通过 compareTo(Object obj)方法比较不返回 0，TreeSet 将会把这两个对象保存到不同位置，也可以添加成功，这与 Set 集合的规则有点出入；如果两个对象通过 equals()方法比较后返回 false，但这两个对象通过 compareTo(Object obj)方法比较后返回 0，TreeSet 同样也会认为这是两个不同的对象，并将它们保存到同一个位置，这样处理起来非常复杂，将会导致性能下降。

11.4.3 LinkedHashSet 类

LinkedHashSet 是 HashSet 的子类，根据元素的 hashCode 值来决定元素存储位置。同时它使用链表维护元素的次序，这样在遍历 LinkedHashSet 集合中元素的时候，可按照添加元素的顺序来访问。

由于 LinkedHashSet 需要维护元素的插入顺序，因此性能上略低于 HashSet，但是在迭代访问 Set 集合里的全部元素时会有很好的性能，因为它以链表来维护内部顺序。

如下示例示范了 LinkedHashSet 集合的遍历顺序与添加顺序一致。

源文件：LinkedHashSetDemo.java。具体示例代码如下。

```java
public class LinkedHashSetDemo {
    public static void main(String[] args) {
        HashSet hashSet=new LinkedHashSet();
        hashSet.add("梁朝伟");
        hashSet.add("刘德华");
        hashSet.add("胡歌");
        System.out.println("hashSet中的值为："+hashSet);
    }
}
```

运行上述程序，输出结果为"hashSet 中的值为：[梁朝伟, 刘德华, 胡歌]"。可以发现，集合中的顺序与添加顺序是一致的。

11.5 List 集合

List 接口同样是 Collection 的子接口，与 Set 不同的是，它是有序的，并且是可以重复的。此接口的用户可以对列表中每个元素的插入位置进行精确的控制，用户可以根据元素的整数索引（在列表中的位置）访问并搜索列表中的元素。

由于 List 是有序集合，因此 List 集合里增加了一些根据索引来操作集合元素的方法。List 对于 Collection 接口扩充的方法如下。

void add(int index,Object element)：在列表的指定位置插入指定元素。

boolean addAll(Collection<? extends Object > c)：添加指定 Collection 中的所有元素到此列表的结尾，顺序是指定 Collection 的迭代器返回这些元素的顺序。

Object get(int index)：返回集合 index 索引处的元素。

int indexOf(Object o)：返回对象 o 在 List 集合中第一次出现的位置索引。

int lastIndexOf(Object o)：返回对象 o 在 List 集合中最后一次出现的位置索引。

Object remove(int index)：删除并返回 index 索引处的元素。

Object set(int index, Object element)：将 index 索引处的元素替换成 element 对象，并将新元素返回。

ListIterator<E> listIterator()：返回此列表元素的列表迭代器（按适当顺序）。

ListIterator<E> listIterator(int index)：返回列表中元素的列表迭代器（按适当顺序），从列表的指定位置开始。

List<E> subList(int fromIndex, int toIndex)：返回列表中指定的 fromIndex（包括）和 toIndex（不包括）之间的部分。

所有 List 实现类都可以调用这些方法来操作集合元素，相对于 Set 集合，List 集合可以根据索引来插入、替换和删除元素。要使用 List 接口，需要找到此接口的实现类，常用的实现类有 ArrayList、Vector、LinkedList。

11.5.1　ArrayList 类

ArrayList 是最常用的 List 接口的实现类，是基于数组实现的 List 类。ArrayList 中封装了一个动态的再分配的 Object[]数组，因此 ArrayList 在随机访问集合元素方面具有较好的性能。如下示例示范了如何使用索引操作 ArrayList。

源文件：ArrayListDemo.java。具体示例代码如下。

```
public class ArrayListDemo {
    public static void main(String[] args) {
        //创建一个集合
        List<String> city=new ArrayList<String>();
        //向集合中添加元素
        city.add("北京");
        city.add("上海");
        city.add("深圳");
        //在索引为0处，也就是集合中的第一个位置添加字符串为"广州"的元素，此方法是List接口单独定义的
        city.add(0,"广州");
        //打印集合对象，调用toString()方法
        System.out.println(city);
        //将索引为1的位置上的元素替换掉
        city.set(1, "beijing");
        System.out.println(city);
        //根据索引删除集合中的元素
        city.remove(2);
        System.out.println(city);
        //通过普通for循环遍历List集合中的元素，Set集合是无法做到的
        for(int i=0;i<city.size();i++){
            //通过索引来获取相应位置上的元素并输出打印
            System.out.print(city.get(i)+" ");
        }
```

```
        }
    }
```

运行上述程序，输出结果如下。

```
[广州, 北京, 上海, 深圳]
[广州, beijing, 上海, 深圳]
[广州, beijing, 深圳]
广州  beijing  深圳
```

需要注意的是，ArrayList 是线程不安全的，当多条线程访问同一个 ArrayList 集合时，如果有超过一条的线程修改了 ArrayList 集合，则程序必须手动保持该集合的同步性。

11.5.2 LinkedList 类

LinkedList 通常称为链表操作类，该类的使用概率非常低。

LinkedList 实现了 List 接口，即可以通过索引来随机访问集合中的元素，还实现了 Deque 接口，Deque 是 Queue 的子接口，它代表一个双向队列。除此之外，LinkedList 还可以被用作堆栈。

LinkedList 内部以链表的形式来保存集合中的元素，因此随机访问元素时的性能较差，但是在插入、删除元素时的性能非常出色。

LinkedList 类中添加了一些处理列表两端元素的方法，具体如下。

void addFirst(Object o)：将对象 o 添加到链表的头部。

void addLast(Object o)：将对象 o 添加到链表的尾部。

Object getFirst()：返回链表的头部元素。

Object getLast()：返回链表末尾的元素。

Object pop()：弹出该双向列表所表示的栈中的第一个元素。

void push(Object o)：将一个元素压进该双向队列所表示的栈中。

Object removeFirst()：删除链表的头部元素并返回。

Object removeLast()：删除链表的末尾元素并返回。

如下示例示范了 LinkedList 的常用方法。

源文件：LinkedListDemo.java。具体示例代码如下。

```java
public class LinkedListDemo {
    public static void main(String[] args) {
        // TODO Auto-generated method stub
        //创建链表
        LinkedList<String> heroes=new LinkedList<String>();
        //添加元素
        heroes.add("汽车");
        System.out.println(heroes);
        //将一个元素入栈
        heroes.push("自行车");
        System.out.println(heroes);
        //添加到链表的头部
        heroes.addFirst("火车");
        System.out.println(heroes);
        //删除链表的末尾元素
        heroes.removeLast();
        System.out.println(heroes);
        //采用出栈的方式将第一个元素弹出队列
        heroes.pop();
```

```
            System.out.println(heroes);
            heroes.pop();
            System.out.println(heroes);
    }
}
```

运行上述程序，输出结果如下。

```
[汽车]
[自行车, 汽车]
[火车, 自行车, 汽车]
[火车, 自行车]
[自行车]
[]
```

通过以上代码可以发现，LinkedList 可以用作双向队列、栈，可见 LinkedList 是一个非常强大的集合类。

11.5.3　Vector 类

Vector 是一个比较老的集合，在 JDK 1.0 时就已经存在了，里面有一些方法名很长的方法，后来在 JDK 1.2 之后，Vector 用于实现 List 接口，导致 Vector 中有一些功能重复的方法。

Vector 类的使用与 ArrayList 几乎完全相同，其内部也是基于数组实现的。实际上，Vector 有很多缺点，一般很少使用。需要注意的是，Vector 是线程安全的，所以在效率上可能要略低于 ArrayList。

11.5.4　Vector 类与 ArrayList 类的区别

Vector 类与 ArrayList 类最显著的区别如下。

首先，ArrayList 是线程不安全的，当多个线程访问同一个 ArrayList 集合时，须保证集合的同步性；Vector 就不同了，它是线程安全的，可以有多个线程同时访问，有利必有弊，Vector 在保证线程安全的同时，性能变得很低。其次，当 Vector 或 ArrayList 中的元素超过它的初始大小时，Vector 会将它的容量翻倍，而 ArrayList 只增加 50% 的大小，相比之下，ArrayList 更有利于节约内存空间。

11.6　Map 集合

Collection 中存放的都是对象，而 Map 保存的是具有映射关系的键值对，即里面的所有内容都是按照 key-value 的形式保存的。key 和 value 可以是任何引用数据类型的数据，但是 key 是不允许重复的（这里的重复是指两个 key 通过 equals() 方法比较总是返回 true），以保证 Map 中的数据是一一对应的关系，通过指定的 key，就能找到确定的 value。

Map 中定义了如下的一些常用方法。

void clear()：从此映射中移除所有映射关系。

boolean containsKey(Object key)：如果此映射包含指定键的映射关系，则返回 true，否则返回 false。

boolean containsValue(Object value)：如果此映射将一个或多个键映射到指定值，则返回 true。

V get(Object key)：返回指定键所映射的值；如果此映射不包含该键的映射关系，则返回 null。

boolean isEmpty()：如果此映射未包含键-值映射关系，则返回 true。

Set<K> keySet()：返回此映射中包含的键的 Set 视图。

V put(K key, V value)：将指定的值与此映射中的指定键关联（可选操作）。

void putAll(Map<?extends K ,?extends V> m)：从指定映射中将所有映射关系复制到此映射中。

V remove(Object key)：如果存在一个键的映射关系，则将其从此映射中移除（可选操作）。

Map 本身也是一个接口，一般会使用的子类包括 HashMap、TreeMap、HashTable。

11.6.1　HashMap 类

HashMap 类

HashMap 是 Map 的子类，是一个线程不安全的实现类。

HashMap 中的 key 和 value 都允许为 null，但是最多只允许一个 key 值为 null。

与 HashSet 集合不能保证元素的顺序一样，HashMap 也不能保证其中 key-value 对的顺序。类似于 HashSet，HashMap 判断两个 key 相等的标准同样是两个 key 通过 equals() 方法比较后返回 true，并且具有相同的 HashCode 值。

如下示例示范了 HashMap 的基本操作。

源文件：HashMapDemo.java。具体示例代码如下。

```
public class HashMapDemo {
    public static void main(String[] args) {
        //创建Map对象，并通过泛型指定key、value的类型
        Map<Integer,String> map=new HashMap<Integer,String>();
        //向Map集合中添加元素
        map.put(1, "张三");
        //新的内容替换旧的内容
        map.put(1, "zhangsan");
        map.put(2, "李四");
        map.put(3, "王五");
        //通过key值得到value值，如果没有找到，则返回null
        String str=map.get(2);
        //以Set集合的形式得到Map集合中的所有key
        Set<Integer> keys=map.keySet();
        //以Collection的形式得到Map集合中的所有value
        Collection<String> values=map.values();
    }
}
```

11.6.2　Hashtable 类

Hashtable 是最早的 key-value 形式的操作类，本身是在 JDK 1.0 的时候推出的，其基本操作与 HashMap 是类似的，主要有以下两点不同。

（1）Hashtable 中的 key 和 value 都不允许是 null，否则会抛出 NullPointerException 异常，而 HashMap 是允许 key 和 value 为 null 的。

（2）Hashtable 是线程安全的，但是性能较低，而 HashMap 正好相反。

一般在程序开发中使用较多的是 HashMap。

11.6.3　LinkedHashMap 类

LinkedHashMap 是 HashMap 的一个子类，它通过双向链表来维护 key-value 对的次序，即 LinkedHashMap 能够使 key-value 对的迭代顺序与插入顺序保持一致。该类在实际开发中使用不多。

11.6.4 Map 集合的遍历

在 Collection 接口中，可以使用 iterator() 方法为 Iterator 接口实例化，并进行输出操作，但是在 Map 接口中并没有此方法的定义，所以 Map 接口本身是不能直接使用 iterator() 方法进行遍历的。

Map.Entry 本身是一个接口，此接口是定义在 Map 接口内部的，并且此接口使用 static 进行修饰。实际上，对于每一个存放到 Map 集合中的 key 和 value，都被变成了 Map.Entry 对象，并且将 Map.Entry 保存到 Map 集合中。Map.Entry 接口中最为常用的方法有两个：一个是 K getKey()，得到 key 值；另一个是 V getValue()，得到 value 值。

对于 Map 集合元素的遍历操作，可以按照以下步骤进行。

（1）用 Map 接口中的 entrySet() 方法将 Map 接口中的全部内容（即 Entry 对象）变为 Set 集合。

（2）使用 Set 接口中定义的 iterator() 方法对 Iterator 接口进行实例化。

（3）使用 Iterator 接口进行迭代输出，每次迭代都会得到一个 Map.Entry 对象。

（4）通过 Map.Entry 的 getKey() 和 getValue() 方法遍历到 Map 集合中的 key 和 value 值。

源文件：MapDemo.java。具体示例代码如下。

```java
public class MapDemo {
    public static void main(String[] args) {
        Map<Integer,String> map=new HashMap<Integer,String>();
        map.put(1,"中国");
        map.put(2,"英国");
        map.put(3,"法国");
        map.put(4,"澳大利亚");
        //获取Map中的所有Entry集合
        Set<Map.Entry<Integer,String>> entrySet=map.entrySet();
        Iterator<Entry<Integer, String>> iterator = entrySet.iterator();
        while (iterator.hasNext()) {
            Entry<Integer, String> entry = iterator.next();
            //输出key值
            System.out.print("key:"+entry.getKey()+"  ");
            //输出value值
            System.out.println("value:"+entry.getValue());
        }
    }
}
```

运行上述程序，输出结果如下。

```
key:1   value:中国
key:2   value:英国
key:3   value:法国
key:4   value:澳大利亚
```

11.7 本章小结

本章介绍了各种集合的概念和操作，这里需要熟练掌握集合的特点和使用方式，会对以后的学习有很大帮助。

课后练习题

选择题

1. ArrayList 类的底层数据结构是（　　）。

  A. 数组结构   B. 链表结构

  C. 哈希表结构   D. 红黑树结构

2. 关于迭代器说法错误的是（　　）。

  A. 迭代器是取出集合元素的方式

  B. 迭代器的 hasNext() 方法返回值是布尔类型

  C. Map 集合没有特定迭代器

  D. next() 方法将返回集合中的上一个元素

3. 实现下列（　　）接口，可以启用比较功能。

  A. Runnable 接口   B. Iterator 接口

  C. Serializable 接口   D. Comparator 接口

第12章

Java线程编程

■ 本章将引导读者进入 Java 多线程编程的学习，在 Java 编程中，多线程技术占据着极为重要的地位，所以这一章的学习也将会非常重要。本章介绍了线程与进程的概念，描述了 Java 线程模型，讲述了创建线程的方式、线程状态及控制线程的常用方法，最后介绍了多线程及线程池的概念。

12.1　线程概述

在介绍线程之前，不得不先提到"进程"这个概念。

进程（Process）是计算机中的程序关于某数据集合的一次运行活动，是系统进行资源分配和调度的基本单位，是操作系统结构的基础。在早期的面向进程设计的计算机结构中，进程是程序的基本执行实体；在当代面向线程设计的计算机结构中，进程是线程的容器。程序是指令、数据及其组织形式的描述，进程是程序的实体，这是百度百科给出的进程的定义。初看这段文字时会觉得非常抽象，难以理解。其实读者在日常生活中经常接触到进程，例如，图 12-1 所示为 Windows 10 系统的任务管理器截图。

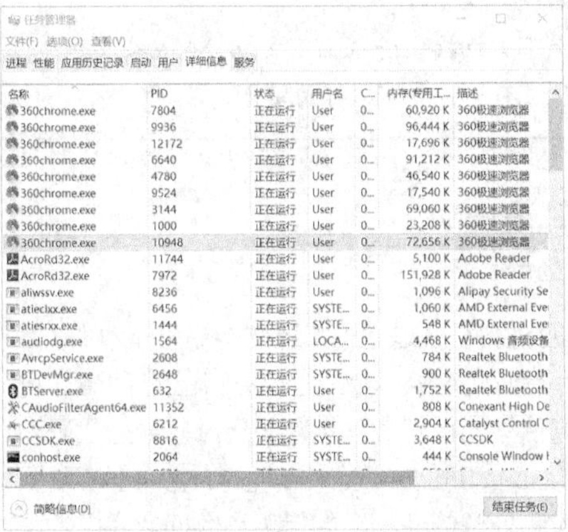

线程概述

图 12-1　Windows 10 任务管理器

图 12-1 中的每一个 .exe 程序都可以理解为一个进程，也就是说，平常使用的 QQ 或者浏览器等一些常见的软件，只要运行起来，就称为一个进程。这里对于进程给出如下定义。

进程就是在某种程度上相互隔离的、独立运行的程序。线程是受操作系统管理的基本运行单元。

那何谓多进程呢？就是让系统同时运行不同的程序。比如，在编写文档的同时打开浏览器查阅资料，同时打开聊天窗口与同事交流、互传文件，并且让计算机通过播放器播放出优美的音乐来舒缓情绪。这些动作对于用户来说都是同步的，它们互不干扰地各自工作，似乎相互之间没有交集，然而事实并非如此。对于计算机而言，它在某个时间点上只能执行一个程序，除非计算机是多 CPU 的。现代的计算机和操作系统都支持多任务的运算，CPU 不断在各程序之间"跳跃"执行，由于切换时间非常短，所以在用户看来所有程序都在同步运行。当然，在具体的实现细节上，可能会因为硬件和操作系统的不同而不同，比如，对于如何给各个运行的程序分配 CPU 时间，不同的操作系统会采用不同的策略。

那么线程又是什么的呢？线程与进程之间又有什么关系呢？

线程有时称为轻量级进程（Light Weight Process，LWP），是程序执行顺序流的最小单元，是程序中一个单一的顺序控制流程。一个进程内部可能会有多个执行顺序流，那么每个执行顺序流都可以形象地称为线程。顺序流的概念较难以理解，这里举个非常简单的例子，360.exe 进程在运行时可能会有很多子任务在执行，比如查杀病毒线程、清理垃圾线程、清理注册表线程、卸载程序线程等，这些不同的任务（或者说功能）可以同时运行，每一项任务可以理解成每个对应的线程在执行它。

在单个程序中同时运行多个线程以完成不同的工作，称为多线程。多线程实际上扩展了多进程的概念，将任务的划分下降到了程序级别，使得各个程序似乎可以在同一个时间内执行多个任务。在多线程 OS 中，通常在一个进程中包括多个线程，每个线程都是利用 CPU 的基本单位，是花费最小开销的实体。

多进程和多线程作为资源调度的两种方式已经存在很久了，但是将线程显式地作为程序语言的特征，而不是单纯当作底层操作系统的调度，Java 却是第一个主流的编程语言。其实，每个 Java 应用程序都至少有一个线程——主线程，当一个 Java 应用程序启动时，JVM 会创建主线程，并在该线程中调用程序的 main() 方法。

> 问：多线程和多进程有什么区别呢？
>
> 答：通常在一个进程中可以包含若干个线程，它们可以利用进程所拥有的资源。
>
> 线程与进程的区别可以归纳为以下几点。
>
> （1）地址空间和其他资源（如打开文件）：进程间相互独立，同一进程的各线程间共享；某进程内的线程在其他进程不可见。
>
> （2）通信：线程间可以通过直接读写进程数据段（如全局变量）来进行通信——需要进程同步和互斥手段的辅助，以保证数据的一致性。
>
> （3）调度和切换：线程上下文切换比进程上下文切换要快得多。
>
> （4）在多线程 OS 中，进程不是一个可执行的实体。

12.2　Java 线程模型

在 Java 语言中，多线程的机制是通过虚拟 CPU 来实现的。可以形象地理解为，在一个 Java 程序内部虚拟了多台计算机，每台计算机对应一个线程，有自己的 CPU，可以获取所需的代码和数据，能独立执行任务，相互间还可以共用代码和数据。Java 的线程是通过 java.lang.Thread 类来实现的，它内部实现了虚拟 CPU 的功能，能够接收和处理传递给它的代码和数据，并提供了独立的运行控制功能。图 12-2 所示为 Java 线程模型。

图 12-2　Java 线程模型

每个 Java 应用程序都至少有一个线程，这就是所谓的主线程，它由 JVM 创建并调用 Java 应用程序的 main() 方法。JVM 通常还会创建其他线程，不过这些线程对开发人员而言通常都是不可见的，比如用于自动垃圾收集的线程、对象终止或者其他与 JVM 处理任务相关的线程。

创建线程的两种方式

12.3　创建线程

Java 的 JDK 提供了对多线程技术的支持。实现多线程编程的主要方式有两种，一种是继承 Thread 类，另一种是实现 Runnable 接口的方式。

12.3.1　知识准备：继承 Thread 类创建线程

Thread 有很多个构造器用于创建线程，如下所述。

- Thread()：创建一个线程。
- Thread(Runnable target)：创建一个线程，并指定一个目标。
- Thread(Runnable target,String name)：创建一个名为 name、目标为 target 的线程。
- Thread(String name)：创建一个名为 name 的线程。
- Thread(ThreadGroup group,Runnable target)：创建一个目标为 target、隶属于 group 线程组的线程。

- Thread(ThreadGroup group, Runnable target, String name)：创建一个隶属于 group 线程组、目标为 target、名字为 name 的线程。
- Thread(ThreadGroup group, String name)：创建一个隶属于 group 线程组、名字为 name 的线程组。

使用 Thread 创建线程的一般方法：首先将一个类继承 Thread，然后覆盖 Thread 中的 run() 方法，让这个类本身成为线程类。

源文件：Aclass.java。具体示例代码如下。

```
public class Aclass extends Thread
{
    …
    public void run()
    {…}
    …
}
```

每个线程都是通过某个特定 Thread 对象所对应的方法 run() 来完成其操作的，方法 run() 称为线程体。

使用 Aclass 对象的 start() 方法，线程即进入 Runnable（可运行）状态，它将向线程调度器注册这个线程。调用 start() 方法并不一定马上会执行这个线程，它只是进入 Runnable，而不是 Running。

> **注意：**
> 不要直接在程序中调用线程的 run() 方法，因为可能存在线程等待的情况，直接调用 run() 方法容易造成死锁。

12.3.2 知识准备：实现 Runnable 接口创建线程

实现 Runnable 接口的类必须使用 Thread 类的实例才能创建线程。通过 Runnable 接口创建线程分为两步：第一步，将实现 Runnable 接口的类实例化；第二步，建立一个 Thread 对象，并将第一步实例化后的对象作为参数传入 Thread 类的构造器，并通过 Thread 类的 start() 方法建立线程。

如下示例演示了如何实现 Runnable 接口来创建线程。

源文件：mythread.java。具体示例代码如下。

```
package mythread;

public class MyRunnable implements Runnable
{
    public void run()
    {
        System.out.println(Thread.currentThread().getName());
    }
    public static void main(String[] args)
    {
        MyRunnable t1 = new MyRunnable();
        MyRunnable t2 = new MyRunnable();
        Thread thread1 = new Thread(t1, "MyThread1");
        Thread thread2 = new Thread(t2);
        thread2.setName("MyThread2");
        thread1.start();
        thread2.start();
    }
}
```

上述代码的运行结果如下。

```
MyThread1
MyThread2
```

> 问：既然这两种方式都可以创建线程，那么它们之间有什么区别呢？
>
> 答：
>
> ● 使用 Runnable 接口：可以将 CPU、代码和数据分开，形成清晰的模型；还可以从其他类继承，保持程序风格的一致性。
> ● 直接继承 Thread 类：不能再从其他类继承；编写简单，可以直接操纵线程，无须使用 Thread.currentThread()。
>
> 用这两种方式创建的线程在工作时的性质是一样的，没有本质的区别。

12.3.3 知识准备：后台线程概念

有一种线程，它是在后台运行的，它的任务是为其他线程提供服务，这种线程称为"后台线程（Daemon Thread）"，通常又称为"守护线程"。当进程中不存在非守护线程时，后台线程会自动销毁。典型的后台线程就是垃圾回收线程，当进程中有一些非守护线程在工作时，垃圾回收线程就陪伴着，默默完成垃圾回收的工作。当进程中不存在非守护线程时，垃圾回收线程也就没有存在的必要了，会自动销毁。

和后台线程相对的其他线程一般称为"用户线程"，如果在一个应用中只剩下守护线程在运行，JVM 将退出该应用程序。

通过 setDaemon(boolean d) 可以将一个普通的线程设置为后台线程。用方法 isDaemon() 可以测试特定的线程是否为后台线程。

12.3.4 任务一：继承 Thread 类创建线程实例

1. 任务描述

使用继承 Thread 类的方法创建线程，并打印出 0 ~ 99 之间的数。

2. 技能要点

● 继承 Thread 类。
● 主函数中调用 start() 方法开启线程。

3. 任务实现过程

（1）类继承了线程类 Thread，并且覆盖了它的 run() 方法。

（2）在 main() 方法中建立一个 TestThread 对象，调用 start() 方法将会启动这个线程，并在获得 CPU 时间的时候调用 run() 方法，执行 run() 的方法体。

源文件：TestThread.java。具体示例代码如下。

```
public class TestThread extends Thread {
  private int i = 0;
  public void run() {
          while(i <= 99){
                  System.out.println("Count:" + i);
                  i++;
          }
  }
  public static void main(String[] args) {
```

```
        TestThread tt = new TestThread();
        //不要直接调用run()方法
        tt.start();
    }
}
```

> **注意:**
> 如果直接通过该线程对象调用 run()方法，线程并没有开启，调用过程仍然是由主线程完成的。

12.3.5　任务二：实现 Runnable 接口方式创建线程

1. 任务描述

使用实现 Runnable 接口的方法创建一个线程，向控制台输出 0~9 的数字。

2. 技能要点

- 实现 Runnable 接口。
- 主函数中以 RunnableThread 实例为参数构造 Thread。

3. 任务实现过程

（1）类首先实现 Runnable 接口，并且在类中实现 Runnable 接口中的 run()方法。

（2）在 main()方法中建立一个 RunnableThread 对象，并将这个对象当作 Thread 构造器的参数创建一个 Thread 对象，最后调用 Thread 对象的 start()方法，它将会调用 RunnableThread 对象的 run()方法。

源文件：RunnableThread.java。具体示例代码如下。

```java
public class RunnableThread implements Runnable {
    //实现接口Runnable中的run()方法
    public void run() {
        for (int k = 0; k < 10; k++) {
            System.out.println("Count:" + k);
        }
    }

    public static void main(String[] args) {
        RunnableThread rt = new RunnableThread();
        Thread t = new Thread(rt);
        t.start();
    }
}
```

> **注意:**
> 当使用 Runnable 接口时，不能直接创建所需类的对象并运行，而必须从 Thread 类的一个对象内部运行。

从上面两种创建线程的方法可以看出，如果继承 Thread 类，则这个类本身可以调用 start()方法，也就是说将这个继承了 Thread 的类当作目标对象；而如果实现 Runnable 接口，则这个类必须被当作其他线程的目标对象。

12.3.6 技能拓展任务：实现守护线程实例

1. 任务描述

建立一个后台线程，循环输出"Daemon thread running…"，验证后台线程是否在单线程状态下自动退出。

2. 技能要点

将普通的 Thread 定义为 DaemonThread 后台线程。

3. 任务实现过程

（1）定义一个线程 DaemonThread，这个线程中的 run()方法是一个无尽循环，它将一直向控制台输出"Daemon thread running…"。

（2）在 DaemonThread 的 main()方法中，使用 setDaemon()方法将这个线程设置为后台线程，然后启动这个线程。这个线程在运行一段时间后将会自动退出，这是因为此进程中只有一个用户线程，那就是主线程，当主线程结束后，进程中就不存在用户线程了，所有后台线程都将自动结束。

源文件：DaemonThread.java。具体示例代码如下。

```java
public class DaemonThread extends Thread {
  public void run() {
      while (true) {
          System.out.println("Daemon thread running...");
      }
  }

  public static void main(String[] args) {
      DaemonThread dt = new DaemonThread();
      //将此线程设置为后台线程
      dt.setDaemon(true); //1
      dt.start();
  }
}
```

可以将位置1处注释掉，然后重新编译运行这个应用，这个应用程序将一直运行下去。

线程基本状态与结束方式

12.4 线程的运行机制

12.4.1 知识准备：线程的基本状态

线程的状态分为创建（New）、可运行（Runnable）、阻塞（Blocked）和死亡（Dead）4种。

> **注意：**
> 通常认为 Running 状态不属于 Java 规范中定义的线程状态，也就是说，在 Java 规范中并没有将运行（Running）状态真正设置为一个状态，它属于可运行（Runnable）状态的一种。为了便于理解，这里将它单独作为一个状态来分析。

当使用 new 关键字来新建一个线程时，它处于创建（New）状态，这时线程并未进行任何操作。

然后调用线程的 start() 方法来向线程调度程序（通常是 JVM 或操作系统）注册一个线程，这时这个线程一切就绪，就等待 CPU 时间了。

线程调度程序根据调度策略来调度不同的线程，调用线程的 run() 方法给已经注册的各个线程以执行的机会，被调度执行的线程进入运行（Running）状态。当线程的 run() 方法运行完毕时，线程将被抛弃，进入死亡（Dead）状态。不能调用 restart() 方法来重新开始一个处于死亡状态的线程，但是可以调用处于死亡状态的线程对象的各个方法。

如果线程在运行（Running）状态中出现 I/O 阻塞、等待键盘输入、调用了线程的 sleep() 方法、调用了对象的 wait() 方法等情况，则线程将进入阻塞（Blocked）状态，直到这些阻塞被解除，如 I/O 完成、键盘输入了数据、调用 sleep() 方法后的睡眠时间到，以及其他线程调用了对象的 notify() 或 notifyAll() 方法来唤起这个因为等待（Wait）而阻塞的线程等，线程将返回到 Runnable 状态重新等待调度。注意，被阻塞的线程不会直接返回 Running 状态，而是重新回到 Runnable 状态等待调度。

图 12-3 所示为线程的各种状态及它们之间的转换。

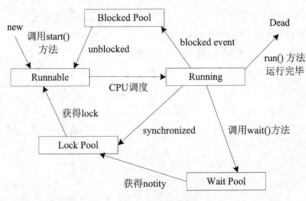

图 12-3　线程运行机制

线程调度程序会根据调度情况将正在运行（Running）中的线程设置为 Runnable 状态。例如，有一个比当前运行状态线程运行等级更高的线程进入 Runnable 状态，就可能将当前运行的线程从 Running 状态 "踢出"，让它回到 Runnable 状态。

12.4.2　知识准备：线程的结束方式

结束线程的方法有很多，最简单的是直接调用 stop() 和 subspend() 方法，但是这两种方法并不推荐使用，并且都已经被废弃，因为它们有可能导致数据不同步而发生死锁现象。如果需要结束一个线程，可以使用以下几种方法。

（1）让线程的 run() 方法执行完，线程自然结束。

（2）通过轮询和共享标志位的方法来结束线程，如 while(flag){}，flag 的初始值设为真，当需要结束时，将 flag 的值设为 false 即可。这种方法不是很好，因为如果 while(flag){} 方法阻塞了，flag 会失效。

（3）线程抛出一个未捕获（Catch）到的 Exception 或 Error 异常，通过调用 interrupt() 方法和捕获 InterruptedException 异常来终止线程。

实际上最好的方法是使用线程池，当线程不用了，就让它进入 sleep 状态并放进队列中，这样可以最大限度地利用资源。

> **注意：**
> 在多线程程序中，主线程必须在最后结束运行。

12.4.3　任务三：线程的基本状态实例

1.　任务描述

执行程序，向控制台输出 0～29 这几个数字，而输出可以被 10 整除的几个数字（0 除外）时，如 10、20，线程将会"睡眠"2s。在线程"睡眠"前后向控制台输出信息。

2.　技能要点

- 使用实现 Runnable 接口的方式建立并启动线程。
- 使用 isAlive() 方法判断线程在睡眠前后是否"活着"。

3.　任务实现过程

类首先实现了 Runnable 接口，并且在类中实现了 Runnable 接口中的 run() 方法。

（1）在 run() 方法中使用 for 循环输出 0～30 的数字，并使用 if 语句判断，当输出 10、20 这几个数字时，程序使用 isAlive() 方法判断线程是否存在。

（2）使用 Thread.sleep() 方法使线程睡眠一段时间。

（3）睡眠结束后再次使用 isAlive() 方法进行判断。

（4）在 main() 方法中调用 Thread 对象的 start() 方法，启动线程。

源文件：ThreadState.java。具体示例代码如下。

```java
public class ThreadState {
  public static void main(String args[]) {
      TestThreadState tts = new TestThreadState();
      Thread t = new Thread(tts);
      t.start();
  }
}

class TestThreadState implements Runnable {
  public void run() {
      for (int i = 0; i < 30; i++) {
          if (i % 10 == 0 && i != 0) {
              try {
                  System.out.println("Before sleeping:"
                          + Thread.currentThread().isAlive());
                  Thread.sleep(2000);
                  System.out.println("After sleeping:"
                          + Thread.currentThread().isAlive());
              } catch (InterruptedException e) {
                  e.printStackTrace();
              }
          }
          System.out.println("No. " + i);
      }
  }
}
```

运行以上程序，运行结果如下。

```
No. 0
No. 1
No. 2
No. 3
No. 4
No. 5
No. 6
No. 7
No. 8
No. 9
Before sleeping：true
After sleeping：true
No. 10
No. 11
No. 12
No. 13
No. 14
No. 15
No. 16
No. 17
No. 18
No. 19
Before sleeping：true
After sleeping：true
No. 20
No. 21
No. 22
No. 23
No. 24
No. 25
No. 26
No. 27
No. 28
No. 29
```

12.5　线程控制

线程控制

12.5.1　知识准备：测试线程

isAlive()方法可以测试线程是否处于活动状态。什么是活动状态呢？活动状态就是线程已经启动且尚未终止。如果 isAlive()返回 true，表明该线程的 start()方法已经被调用了，但并不能确定线程是否在运行（Running）；如果 isAlive()方法返回 false，则可以确定线程是一个新线程或线程已经"死亡"（Dead）。

12.5.2　知识准备：中断线程

Thread.sleep()方法可以使线程暂时中止执行（睡眠）一定的时间。
Thread.yield()方法可以使线程放弃运行，将 CPU 的控制权让出。
这两个方法都会将当前运行线程的 CPU 控制权让出来，但 sleep()方法在指定的睡眠时间内一定不会再得到运行机会，直到它的睡眠时间结束；而 yield()方法让出控制权后，还有可能马上被系统的调度机制选中运行，比如，执行 yield()方法的线程优先级高于其他的线程时，这个线程即使执行了 yield()

方法，也可能不能达到让出 CPU 控制权的目的。因为它让出控制权后，进入排队队列，调度机制将从等待运行的线程队列中选出一个等级最高的线程来运行，它又很可能被选中运行。

当一个线程在执行一个很长的循环时，它应该自始至终在适当的时候调用 sleep()或 yield()方法，以确保其他线程能够得到运行的机会，如果一个线程不遵循这个规则，那么这样的线程称为"利己线程"。

12.5.3 知识准备：设置线程优先级

getPriority()方法可以获得线程的运行优先级。

setPriority()方法可以设置线程的运行优先级。

在 Java 的线程中，每一个线程都有一个优先级，可以通过它的一个常量 NORM_PRIORITY 来获得，它的值为 5。默认情况下，子类的优先级将继承父类的优先级，通过 setPriority()方法可以提高或降低线程的优先级。Java 提供了一个线程调度器来监控程序中启动后进入就绪状态的所有线程，按照线程的优先级决定应调度哪个线程来执行。另外，Thread 类中还有一个 MIN_PRIORITY 和MAX_PRIORITY 常量，用于表示最低优先级和最高优先级，它们的值分别为 1 和 10。

线程调度程序通常会选择一个优先级最高的线程来运行。高优先级的线程将会始终保持运行，直到调用 yield()方法来放弃运行；或者 run()方法运行完成，线程进入"死亡"状态；或者一个更高优先级的线程进入可运行状态等。如果有多个相同优先级的线程同时处于可运行状态，调用哪个线程运行取决于线程调度程序对这些线程的仲裁，它并不会对所有线程都一视同仁。

表 12-1 列出了和线程控制有关的一些方法。

表 12-1 和线程控制的有关方法

方　　法	说　　明
start()	新建的线程进入 Runnable 状态
run()	线程进入 Running 状态
wait()	线程进入等待状态，等待被通知，这是一个对象方法，而不是线程方法
notify()/notifyAll()	唤醒其他线程，这是一个对象方法，而不是线程方法
yield()	线程放弃执行，使其他优先级不低于此线程的线程有机会运行，它是一个静态方法
getPriority()/setPriority()	获得/设置线程优先级
suspend()	挂起该线程，不推荐使用
resume()	唤醒该线程，与 suspend()方法相对，不推荐使用
sleep()	线程睡眠指定的一段时间
join()	调用这个方法的主线程，会等待加入的子线程完成

另外，线程优先级和操作系统密切相关。虚拟机将线程优先级映射为主机平台上的优先级，而主机平台上的优先级有可能多于或少于 Java 中定义的线程优先级（10 级）。当虚拟机取决于操作系统的线程机制时，线程的调度完全受线程机制的支配。

12.5.4 知识准备：Thread.join()线程等待

Thread API 包含了等待另一个线程完成的方法——join() 方法。当调用 Thread.join()方法时，调用线程将阻塞，直到被 join() 方法加入的目标线程完成为止。

Thread.join() 方法通常由使用线程的程序调用，以将大问题划分成许多小问题，每个小问题分配一个线程，所有小问题都得到处理后，再调用主线程来进一步操作。比如，一个线程用于将数据从数据库中读出来，而另一个线程用于将数据输出到屏幕上，那么，可以将输出到屏幕的线程当作主线程，然后在这个线程中调用从数据库中读取数据的线程，并调用这个子线程的 join() 方法将它加入主线程中。在子线程完成操作之前，用于输出的主线程将一直阻塞。

12.5.5　任务四：设置线程优先级实例

1. 任务描述

打印出 1 ~ 30 的数字，如果打印的数字可以被 5 整除，分 4 种情况执行 sleep() 或 yield() 方法。

2. 技能要点

● 在 main() 方法中定义两个线程，初步尝试多线程概念。
● 使用 yield()、sleep() 方法使线程"让位"或者"睡眠"。
● 使用 setPriority() 方法设置线程优先级。

3. 任务实现过程

（1）定义一个线程类 MyThread 继承 Thread 类，覆盖 run() 方法。
（2）使用 for 循环输出 0 ~ 30 的数，当遇到可以被 5 整除的数时，执行 sleep() 或 yield() 方法。
（3）在主线程中启动两个 MyThread 线程，分别命名为 t1 和 t2，分别考察下列 4 种情况。
情况 1：打印的数字可以被 5 整除时，执行 yield() 方法，在主线程中以相同的默认优先级运行两个线程 t1 和 t2。
情况 2：当打印的数字可以被 5 整除时，执行 yield() 方法，在主线程中将一个线程 t2 的优先级设置为 Thread.MAX_PRIORITY，然后运行两个线程 t1、t2。
情况 3：当打印的数字可以被 5 整除时，执行 sleep() 方法，在主线程中以相同的默认优先级运行两个线程 t1 和 t2。
情况 4：当打印的数字可以被 5 整除时，执行 sleep() 方法，在主线程中将一个线程 t2 的优先级设置为 Thread.MAX_PRIORITY，然后运行两个线程 t1、t2。
源文件：TestSleepYield.java。具体示例代码如下。

```
public class TestSleepYield {
  public static void main(String[] args) {
      MyThread t1 = new MyThread("t1");
      MyThread t2 = new MyThread("t2");
      //设置优先级
      t2.setPriority(Thread.MAX_PRIORITY);
      t1.start();
      t2.start();
  }
}

class MyThread extends Thread {
  MyThread(String s) {
      super(s);
```

```
        }

        public void run() {
            for (int i = 1; i <= 30; i++) {
                System.out.println(getName() + ": " + i);
                if (i % 5 == 0) {
                    //睡眠
                    try {
                        sleep(10);
                    } catch (InterruptedException e) {
                        e.printStackTrace();
                    }

                    //让位
                    //yield();
                }
            }
        }
    }
```

4 种情况下的程序运行结果如下所述。

情况 1：调度程序首先启动一个线程，假设为 t1，向控制台打印出数字，然后在可被 5 整除的地方调用 yield() 方法，此时 t1 让出对 CPU 的控制权，因为它和 t2 的优先级一样，所以它们有一样的机会来获得对 CPU 的控制权，一般而言（但并非一定），此时将会启动 t2，如此反复。

情况 2：调度程序首先启动优先级高的线程 t2，向控制台打印出数字，然后在可被 5 整除的地方调用 yield()，此时它让出对 CPU 的控制权，进入等待队列，但因为它的优先级高于 t1，所以，调度程序还是会选择 t2 来运行。所以，这种情况的运行结果将会是 t2 首先运行，完成 30 个打印任务，然后才运行 t1。

情况 3：调度程序首先启动一个线程，假设为 t1，它将向控制台打印出数字，然后在可被 5 整除的地方调用 sleep() 方法，此时 t1 将睡眠 10ms，让出对 CPU 的控制权，t2 将被选中执行，向控制台输出数字，可能还没有等 t2 执行完 5 个打印动作，在可被 5 整除的地方调用 sleep() 而睡眠，t1 的睡眠时间已经到了，它将和 t2 竞争对 CPU 的控制权，t1 或 t2 将被选中执行，此时 t1 将按不规律步长交叉运行。

情况 4：调度程序首先启动一个线程，因为 t2 的优先级比较高，所以会选择 t2，向控制台打印出数字，然后在可被 5 整除的地方调用 sleep()，此时 t2 将睡眠 10ms，让出对 CPU 的控制权，t1 将被选中执行，它也将向控制台输出数字，然后在可被 5 整除的地方，也将调用 sleep() 而睡眠，让出控制权，此时 t1 将运行。和情况 3 不同的是，当 t2 的睡眠时间到达时会马上被选中，而不是和 t1 处于同一水平线上竞争，如此反复。

读者可以根据上述 4 种情况来修改 TestSleepYield.java 示例代码来验证这个程序，以加深对 sleep()、yield() 及线程优先级的理解。

12.5.6　技能拓展任务：线程的 join() 方法实现实例

1. 任务描述

初始化一个数组并打印数组元素。其中对数组的初始化是通过一个单独的线程来完成的，而 main() 方法调用也是一个系统线程，它是主线程。对比在主线程中加入初始化线程的 join() 方法前后程序的输出结果，查看区别。

2. 技能要点

使用 Thread.join() 将子线程加入主线程中。

3. 任务实现过程

（1）通过（内部）类 JoinThread 来初始化一个数组 a，然后将这个数组的元素打印出来。

（2）对数组的初始化是通过一个单独的线程来完成的，而 main() 方法调用也是一个系统线程，它是主线程。正常的情况下，main() 方法中的打印数组操作需要等待 JoinThread 中的初始化操作完成后才可以进行。输出结果为初始化操作和打印操作不规律地穿插进行。因为主进程和子进程之间的调度不是可以控制的，所以得到的结果是不可预测的。也就是说，重新执行一遍这个程序，结果可能不一样。

（3）在 main() 方法中使用 join() 方法将子线程加入主线程中，主线程等待子线程初始化完成再进行打印操作，得到理想的输出结果。

源文件：TestJoin.java。具体示例代码如下。

```
public class TestJoin{
    static int[]a=new int[20];
    public static void main(String args[]){
        JoinThread r=new JoinThread();
    Thread t=new Thread(r);
    t.start();
    try{
        t.join();
    }catch(InterruptedException e){
        System.out.println(e.getMessage());
    }
    for(int i=0;i<20;i++){
        System.out.println("Printing array a["+i+"]: "+a[i]);
    }
    }
    static class JoinThread implements Runnable{
        public void run(){
        for(int i=0;i<20;i++){
            System.out.println("Initializing array a["+i+"]: "+(i-50));
            a[i]=i-50;
        }
        }
    }
}
```

如果不使用 join() 方法，将程序中的 try…catch 部分代码注释掉，则可能出现如下的输出。

```
Printing array a[0]:0
Printing array a[1]:0
Printing array a[2]:0
Printing array a[3]:0
Printing array a[4]:0
Printing array a[5]:0
Printing array a[6]:0
Printing array a[7]:0
Printing array a[8]:0
Printing array a[9]:0
```

```
Printing array a[10]:0
Printing array a[11]:0
Printing array a[12]:0
Printing array a[13]:0
Printing array a[14]:0
Initializing array a[ 0]:−50
Initializing array a[ 1]:−49
Initializing array a[ 2]:−48
Initializing array a[ 3]:−47
Initializing array a[ 4]:−46
Initializing array a[ 5]:−45
Initializing array a[ 6]:−44
Initializing array a[ 7]:−43
Initializing array a[ 8]:−42
Initializing array a[ 9]:−41
Initializing array a[ 10]:−40
Initializing array a[ 11]:−39
Initializing array a[ 12]:−38
Initializing array a[ 13]:−37
Initializing array a[ 14]:−36
Initializing array a[ 15]:−35
Printing array a[15]:0
Printing array a[16]:0
Printing array a[17]:0
Printing array a[18]:0
Printing array a[19]:0
Initializing array a[ 16]:−34
Initializing array a[ 17]:−33
Initializing array a[ 18]:−32
Initializing array a[ 19]:−31
```

执行上述完整的示例程序，使用 join() 方法将 JoinThread 加入主线程中，则将会得到下面的结果。

```
Initializing array a[ 0]:−50
Initializing array a[ 1]:−49
Initializing array a[ 2]:−48
Initializing array a[ 3]:−47
Initializing array a[ 4]:−46
Initializing array a[ 5]:−45
Initializing array a[ 6]:−44
Initializing array a[ 7]:−43
Initializing array a[ 8]:−42
Initializing array a[ 9]:−41
Initializing array a[ 10]:−40
Initializing array a[ 11]:−39
Initializing array a[ 12]:−38
Initializing array a[ 13]:−37
Initializing array a[ 14]:−36
Initializing array a[ 15]:−35
Initializing array a[ 16]:−34
Initializing array a[ 17]:−33
Initializing array a[ 18]:−32
Initializing array a[ 19]:−31
```

```
Printing array a[0]:-50
Printing array a[1]:-49
Printing array a[2]:-48
Printing array a[3]:-47
Printing array a[4]:-46
Printing array a[5]:-45
Printing array a[6]:-44
Printing array a[7]:-43
Printing array a[8]:-42
Printing array a[9]:-41
Printing array a[10]:-40
Printing array a[11]:-39
Printing array a[12]:-38
Printing array a[13]:-37
Printing array a[14]:-36
Printing array a[15]:-35
Printing array a[16]:-34
Printing array a[17]:-33
Printing array a[18]:-32
Printing array a[19]:-31
```

12.6　多线程编程

12.6.1　知识准备：多线程概述

"多线程"描述的是，在主线程中有多个线程在运行。而通常情况下提及"多线程"的时候，指的是如下特定情况。

（1）多个线程来自同一个 Runnable 实例。

（2）多个线程使用同样的数据和代码。

例如如下语句。

```
Thread t1 = new Thread(object1);
Thread t2 = new Thread(object1);
```

注意，这里的目标对象 object1 必须实现 Runnable 接口，并且实现了接口中唯一的一个方法 run()。

下面是多线程示例。

源文件：MultiThread.java。具体示例代码如下。

```java
public class MultiThread {
  public static void main(String[] args) {
      RunningObject ro = new RunningObject();
      Thread t1 = new Thread(ro, "1st");
      Thread t2 = new Thread(ro, "2nd");
      t1.start();
      t2.start();
  }
}

class RunningObject implements Runnable {
  public void run() {
```

```
        for (int i = 0; i < 20; i++) {
            String name = Thread.currentThread().getName();
            System.out.println(name + ": " + i);
        }
    }
}
```

上述示例程序的执行结果如下。

```
1st: 0
1st: 1
1st: 2
1st: 3
1st: 4
1st: 5
1st: 6
1st: 7
1st: 8
1st: 9
1st: 10
1st: 11
1st: 12
1st: 13
1st: 14
1st: 15
1st: 16
2nd: 0
2nd: 1
2nd: 2
2nd: 3
2nd: 4
2nd: 5
2nd: 6
2nd: 7
2nd: 8
2nd: 9
2nd: 10
2nd: 11
2nd: 12
2nd: 13
2nd: 14
2nd: 15
2nd: 16
1st: 17
1st: 18
1st: 19
2nd: 17
2nd: 18
2nd: 19
```

示例程序 MultiThread.java 中创建了两个新的线程 t1 和 t2，它们共享代码——RunningObject 中的 run()方法，同时也共享数据——Runnable 类型的对象 ro。两个线程在运行过程中分别操纵对象 ro 调用其 run()方法。从输出结果可以看出，线程 t1 和 t2 作为独立的顺序控制流，并发地交替执行。

可以想象，如果先启动的线程因某种原因处于阻塞状态，如等待用户键盘输入数据、网络原因等，CPU 会立即转而执行其他线程，而不会空闲。

需要注意的是，这和在 main() 方法中直接调用两个方法有本质上的不同，直接调用两个方法不会出现交替的情况，必须要前面的方法执行完才会执行后面的方法。

12.6.2　知识准备：多线程共享数据

假设有一对很年轻的程序员夫妻，他们的工资比较低，而且每天加班到很晚，伴随着物价的上涨，他们已经没有办法生活下去了。两人看着银行账户里的最后 1000 元钱潸然泪下。突然，他们想到一个好办法，于是去银行为这个账户办理了两张银行卡，然后约定，同时在不同取款机都按金额 1000 元的按钮，于是……

其实这个故事有两个结局，如果银行的取款机程序是没有经验的程序员做的，那么他们的取款动作就相当于两个线程，他们的账户就相当于一个共享数据，如果两个线程同时访问共享数据，那么可能每个线程都能得到自己想要的数据，这样他们就拿走了银行 2000 元钱。不过这种情况不太可能出现，因为银行是强大而彪悍的组织，他们肯定会雇用强大、有经验的程序员，这些有经验的程序员在处理这个多线程问题时，一定会使用"对象互斥锁"来保证共享数据操作的完整性。

1.　共享数据的同步问题

前面的章节中介绍了堆栈的概念。堆栈是这样的数据结构：它是一个用于存放数据的队列，最先进入的元素最后一个被释放（后进先出），用 push() 方法可以把一个元素添加到堆栈顶（称为"压栈"），用不指定索引的 pop() 方法可以把一个元素从堆栈顶释放出来（称为"出栈"或"弹栈"）。也就是说，对堆栈中的数据进行操作总在栈顶（Stack Top）进行，图 12-4 展示了一个堆栈的压栈和出栈操作。

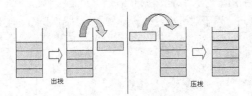

出栈　　　　　　压栈

图 12-4　堆栈操作

以一个数组来模拟堆栈（Stack，也称为栈）的操作：一个方法向堆栈里压（Push In）数据（压栈），一个方法向外弹出（Pop Out）数据（出栈）。如下示例是一个用 int 类型的数组来模拟的堆栈。

源文件：StackInterface.java。具体示例代码如下。

```
public interface StackInterface{
  //压栈
  public void push(int n);
  //出栈
  public int pop();
}
```

这里定义了一个用于表示"堆栈"的接口，它有 push() 和 pop() 两个方法，分别表示向堆栈压入（push）数据和从堆栈中弹出（pop）数据。为了更好地演示后面有关共享数据出错的情景，对弹出方法做了一些修改，不但返回弹出的数据，还返回弹出数据在数组中的下标（索引），代码如下。

```
public interface StackInterface {
  //向堆栈中压入数据
  public void push(int n);
```

```
//从堆栈中弹出数据，返回一个int类型的数组（实际上，数组长度为2，
//第一个元素表示弹出的数据，第二个元素表示弹出数据的下标）
public int[] pop();
}
```

这时，在此基础上实现了如下"堆栈"类。

源文件：UnsafeStack.java。具体示例代码如下。

```java
public class UnsafeStack implements StackInterface {
    private int top = 0;

    private int[] values = new int[10];

    public void push(int n) {
        values[top] = n; // 1
        System.out.println("压入数字" + n + "步骤1完成");
        top++; // 2
        System.out.println("压入数字完成");
    }

    public int[] pop() {
        System.out.print("弹出");
        top--; // 3
        int[] test = { values[top], top }; // 4
        return test;
    }
}
```

然后定义两个线程，分别用于对这个堆栈进行 pop 和 push 操作。

源文件：PopThread.java。用于对堆栈进行 pop 操作的 PopThread 类代码如下。

```java
public class PopThread implements Runnable {
    private StackInterface s;

    public PopThread(StackInterface s) {
        this.s = s;
    }

    public void run() {
        //注意在这边打印出来的是弹出数据对应的下标，而不是数字本身
        System.out.print("->" + s.pop()[1] + "<-");
    }
}
```

用于对堆栈进行 push 操作的 PushThread 类代码如下。

源文件：PushThread.java。具体示例代码如下。

```java
public class PushThread implements Runnable {
    private StackInterface s;

    public PushThread(StackInterface s) {
        this.s = s;
    }

    public void run() {
        for (int i = 0; i < 30; i++) {
```

```
            System.out.print(".");
        }
        int k = 15;
        s.push(k);
    }
}
```

然后定义一个程序来使用这两个线程,对同一个堆栈进行压栈和出栈操作,下面是示例。

源文件:TestUnsafeStack.java。具体示例如下。

```
public class TestUnsafeStack {
  public static void main(String[] args) {
      UnsafeStack s = new UnsafeStack();
      s.push(1); // 5
      s.push(2); // 6
      PushThread r1 = new PushThread(s);
      PopThread r2 = new PopThread(s);
      Thread t1 = new Thread(r1);
      Thread t2 = new Thread(r2);
      t1.start(); // 7
      t2.start(); // 8
  }
}
```

运行应用程序 TestUnsafeStack,将得到如下输出。

```
压入数字1步骤1完成
压入数字完成
压入数字2步骤1完成
压入数字完成
..........................压入数字15步骤1完成
压入数字完成
弹出->2<-
```

如果多运行几遍这个应用程序,又可能得到如下输出。

```
压入数字1步骤1完成
压入数字完成
压入数字2步骤1完成
压入数字完成
..........................压入数字15步骤1完成
弹出->1<-压入数字完成
```

可以看到,两次的执行结果并不一样,而且,第二次的结果是不正确的。下面分析其中的原因。

为了方便读者了解其运行过程,这里只将执行操作返回的下标打印出来,也就是说,"弹出->2<-"或"弹出->1<-"中的数字 1、2 表示的是下标,而不是弹出的元素。

首先回头看堆栈类 UnsafeStack.java 和用于测试 pop 和 push 线程的程序 TestUnsafeStack.java,这里为了方便表述,已经在关键的程序行加上了编号。

下面我们来分析一下出错的情况是如何发生的。

其中一种执行情况是执行正确的情况,也就是线程调度按照开发人员的期望来执行的情况,部分代码如下。在这个执行过程中,都按照"线性"执行,一条语句接着一条语句按照它们出现的顺序执行。然而,计算机系统对于线程的调度并不一定按照用户的意愿来"线性"执行,它可能会在执行某个应该连贯执行的语句的过程中放弃执行,转而执行其他语句。这就是会出现不同结果,并且还是开发人员不期望的结果的原因。

```
语句5:[1][][]………/top=1
语句6:[1][2][]………/top=2
```

语句7：启动压栈（push）线程
语句8：启动出栈（pop）线程
语句1：[1][2][15][][]………/top=2
语句2：[1][2][15][][][]………/top=3
语句3：[1][2][15][][][]………/top=2
语句4：[1][2][][][][]………/top=2

另外一种情形，部分代码如下。在这种情况下，语句//1 执行完了以后，已经将 15 压入堆栈中，但是还没有来得及将 top 加上 1（此时的 top 仍为 2），执行线程被用于出栈的线程 t2 打断，然后 t2 执行语句//3，将 top 减去 1（现在 top=1），然后执行语句//4，将下标为 1 的元素（元素值为 2）返回，然后线程调度程序再返回执行被打断的 push 线程，执行语句//2，将 top 加上 1（此时 top 的值为 2）。这个时候就会发生从栈中弹出的数据不是栈顶数据的情况，显然这和堆栈的定义不符。

语句5：[1][][]………/top=1
语句6：[1][2][]………/top=2
语句7：启动压栈（push）线程
语句8：启动出栈（pop）线程
语句1：[1][2][15][][]………/top=2
语句3：[1][2][15][][][]………/top=1
语句4：[1][][15][][][]………/top=1
语句2：[1][][15][][][]………/top=2

因此，对共享的数据进行操作，一定要万分小心。在后面的课程中，将讲述如何避免这种情况的出现。

2. 互斥锁

Java 语言中引入了"对象互斥锁（Mutual Exclusive Lock，简称对象锁）"的概念，用来保证共享数据操作的完整性。

每个对象都对应于一个可称为"对象锁"的标记，这个标记用来保证在任一时刻只能有一个线程访问该对象。

关键字 synchronized 用来与对象的互斥锁联系。当某个对象用 synchronized 修饰时，表明该对象在任一时刻只能由一个线程访问。

对象锁的概念可以用银行的营业员来做一个类比。比如，一个营业员（共享对象）可以被多个客户"访问"（提供服务），但每一次一个营业员只能为一个客户服务。当营业员正在为一个客户服务时，它会在柜台上竖起一个"忙"的牌子，这样，其他客户就只能等待。当营业员当前客户服务完成后，它将取下那个标有"忙"的牌子，这样，其他的客户就知道这个营业员现在有空了。这个用于提示"忙"的牌子，就类似于"对象锁"。就算正在服务的客户因为忘记密码或其他的原因产生"阻塞"，也不会放弃对营业员的占用。

对应到 Java 程序中，对类似营业员这样的对象加上 synchronized 关键字来修饰，这样，这个对象一次就只能为一个线程（客户）使用了。

在 Java 中有两种使用 synchronized 的方式：一种是放在方法前面，这样，调用该方法的线程均将获得对象的锁；另一种是放在代码块前面，用于修饰对象引用，它有如下两种形式。

（1）用于修饰当前对象引用——synchronized (this){…}或 synchronized {…}：代码块中的代码将获得当前对象引用的锁。

（2）用于修饰指定的对象——synchronized(otherObj){…}：代码块中的代码将获得指定对象引用的锁。

这里需要特别指出的是，synchronized 锁定的不是方法或者代码块，而是对象。当 synchronized 被当作方法的修饰符时，它所取得的对象锁将被转交给方法调用者。如果 synchronized 修饰的是对象引用，则取得的对象锁将被转交给该引用所指向的对象。

对一个对象进行同步控制，意味着调用该方法的线程将会取得该对象的"锁"。假设一个线程 t 获得了一个 A 类的对象 a 的锁，则意味着其他通过 synchronized 方法或 synchronized 语句块来申请对 a 进行访问的线程在线程 t 释放这个对象锁之前将无法得到满足。而如果另外的线程通过 synchronized 方法或 synchronized 语句块来申请线程访问另一个 A 类的对象 b，则可以获得对象 b 的锁。

synchronized 也可以用来修饰类，当将 synchronized 用在类前面时，表示这个类的所有方法都是 synchronized 的。

如果一个线程一直占用一个对象的锁，则其他线程将永远无法访问该对象，因此，需要在适当的时候将对象锁归还。

线程归还锁的时机如下。

（1）当线程执行到 synchronized 块结束时，释放对象锁。

（2）当在 synchronized 块中遇到 break、return 或抛出 Exception 异常时，自动释放对象锁。

（3）当一个线程调用 wait() 方法时，它将放弃拥有的对象锁，并进入等待队列。

使用 synchronized 来修饰 pop() 和 push() 这两个方法，这两个方法在执行过程中就可以以"独占"方式来访问堆栈。

源文件：SafeStack.java。具体示例代码如下。

```java
public class SafeStack implements StackInterface {
    private int top = 0;

    private int[] values = new int[10];

    public void push(int n) {
        synchronized (this) {
            values[top] = n;
            System.out.println("压入数字" + n + "步骤1完成");
            top++;
            System.out.println("压入数字完成");
        }
    }

    public int[] pop() {
        synchronized (this) {
            System.out.print("弹出");
            top--;
            int[] test = { values[top], top };
            return test;
        }
    }
}
```

在压栈和出栈的方法中加上 synchronized 关键字，对当前的堆栈对象进行锁定，当执行 pop 或 push 操作的时候锁定对象，即实现了安全的堆栈。这种实现了"线程安全"的类命名为"SafeStack"。

这个时候再对这个"安全堆栈"进行压栈和出栈操作，将不会再出现前面的问题。

源文件：TestSafeStack.java。具体示例代码如下。

```java
public class TestSafeStack {
    public static void main(String[] args) {
        SafeStack s = new SafeStack();
        s.push(1);
```

```
        s.push(2);
        PushThread r1 = new PushThread(s);
        PopThread r2 = new PopThread(s);
        Thread t1 = new Thread(r1);
        Thread t2 = new Thread(r2);
        t1.start();
        t2.start();
    }
}
```

运行上述这个程序，它将总是输出如下信息。

```
压入数字1步骤1完成
压入数字完成
压入数字2步骤1完成
压入数字完成
............................压入数字15步骤1完成
压入数字完成
弹出->2<-
```

3. 死锁

通过"对象锁"可以避免多个线程在访问同一个数据时的不同步问题。但这种方式也很容易引起"死锁"。所谓"死锁"，是指两个线程都相互等待对方释放 lock。

最常见的死锁形式是当线程 1 持有对象 A 上的锁，正在等待 B 上的锁，而线程 2 持有对象 B 上的锁，却正在等待对象 A 上的锁，这两个线程永远都不会获得第二个锁，或者释放第一个锁，它们只会永远等待下去。

出现死锁的程序将一直等待，所以要避免这种情况的出现。要避免死锁，应该确保在获取多个锁时，在所有线程中都以相同的顺序获取锁。

12.6.3　知识准备：线程间通信

在堆栈中每次最多只能有一个数据，也就是说，每次当堆栈中有数据的时候，应该执行出栈线程，将栈中数据弹出，当数据被弹出的时候，应该通知压栈线程压入数据；而当堆栈中没有数据的时候，应该启动压栈线程压入数据，并在压入数据后通知出栈线程将数据弹出。但是，上面定义的这两个线程（PopThread/PushThread）都没有充分考虑如何去和对方通信。通过 Object 类中定义的 wait()、notify()和 notifyAll()方法，可以让线程相互通知事件的发生。要执行这些方法，必须拥有相关对象的锁。

wait()会让调用线程等待，并放弃对象锁，直到用 Thread.interrupt() 中断它，或者过了指定的时间，或者另一个线程用 notify()或 notifyAll()唤醒它。

当对某个对象调用 notify()时，如果有线程正在通过 wait()等待该对象，就会唤醒其中一个线程。当对某个对象调用 notifyAll() 时，会唤醒所有正在等待该对象的线程。注意，在调用 notify()来唤醒等待的线程的时候，并不能控制唤醒线程，而完全由系统来控制。如果唤醒的线程不能得到应满足的条件，它将一直等待。所以，应该用 notifyAll()而不是 notify()来唤醒等待的线程。

另外，wait()方法也可以接收一个参数，表示暂停一定的时间（毫秒），它可以不需要使用 notify()、notifyAll()来唤醒。wait()方法和 sleep()方法的区别主要在于，前者将会释放对象锁，sleep()方法则不会。

12.6.4　知识准备：实现线程间通信

现在使用 wait()、notify()和 notifyAll()这 3 个方法来对"安全堆栈"示例做一个改进。

源文件：SafeStack.java。具体示例代码如下。

```java
public class SafeStack implements StackInterface {
    private int top = 0;

    private int[] values = new int[10];

    private boolean dataAvailable = false;

    public void push(int n) {
        synchronized (this) {
            while (dataAvailable) // 1
            {
                try {
                    wait();
                } catch (InterruptedException e) {
                }
            }
            values[top] = n;
            System.out.println("压入数字" + n + "步骤1完成");
            top++;
            dataAvailable = true;
            notifyAll();
            System.out.println("压入数字完成");
        }
    }

    public int[] pop() {
        synchronized (this) {
            while (!dataAvailable) // 3
            {
                try {
                    wait();
                } catch (InterruptedException e) {
                }
            }
            System.out.print("弹出");
            top--;
            int[] test = { values[top], top };
            dataAvailable = false;
            // 唤醒正在等待压入数据的线程
            notifyAll();
            return test;

        }
    }
}
```

在这个改良的堆栈类中使用了 wait()、notifyAll()来实现压栈线程和出栈线程之间的通信。当压栈线程试图向堆栈中压入一个数据的时候，如果堆栈中已经有了数据，则它将等待，直到出栈线程从中弹出数据，并且调用 notifyAll()方法唤醒它；当出栈线程试图从堆栈中弹出一个数据的时候，如果堆栈为空，那么它将等待，直到压栈线程压入一个数据，并且调用 notifyAll()方法唤醒它。

在这个类中定义了一个 boolean 类型的变量 dataAvailable，用来表示堆栈中是否有数据，如果压栈线程压入了一个数据，则将它的值设置为 true；如果出栈线程从堆栈中读取了数据，那么将 dataAvailable 设置为 false。通过判断 dataAvailable 的值，就可以让出栈线程或者压栈线程等待。在位置 1、3 处通过一个 while 语句来判断 dataAvailable，并据此让出栈线程或者压栈线程等待。注意，这里使用的是 while 而不是 if 来判断条件，这种方式在线程编程中一般称为"旋锁（Spin Lock）"，针对 wait()、notify()、notifyAll()采用旋锁来作为条件表达式，而不是采用 if 语句，主要是因为使用 if 语句有可能会引起问题。

如果使用 if 语句，将 1、3 位置处改成 if(...)，若有两个出栈线程 A 和 B，假设 A 先调用，它将在 3 位置处判断 dataAvailable 是否为 true，假设为 false，则 A 将等待，让出对象锁。如果 B 被调用，它也将在//3 处判断 dataAvailable 是否为 true，因为此时还是没有数据，则 B 也将等待，让出对象锁。压栈线程 C 被调用时，将数据压入栈中，并调用 notifyAll()来唤醒线程 A、B，它们将获得一样的运行机会。假设 A 被调用，它将弹出数据，此时堆栈中已经没有了数据。然后 B 被调用时，尝试弹出数据，因为堆栈中已经没有数据，它将产生一个异常，操作失败。

使用 if 语句的问题就在于，在进行弹栈、压栈之前没有重新检查 dataAvailable 变量。所以，当一个线程被唤醒时，它必须重新检查它的等待条件，通过旋锁才可以实现这个目的。

在之前的介绍中曾经说过，不要对捕获的异常"不作为"，但这个例子是一个特例，InterruptedException 异常发生的时候，忽略这个异常，让旋锁重新测试 dataAvailable。当然，在应用中，如果 InterruptedException 是一个错误，可以对它进行处理，而不是选择忽略它。例如如下示例。

压栈线程的定义如下，在 run()方法里向堆栈中压入一个随机数。

源文件：PushThread.java。具体示例代码如下。

```java
public class PushThread implements Runnable {
  private StackInterface s;

  public PushThread(StackInterface s) {
      this.s = s;
  }

  public void run() {
      int i = 0;

      while (true) {
          java.util.Random r = new java.util.Random();
          i = r.nextInt(10);
          s.push(i);
          try {
              Thread.sleep(100);
          } catch (InterruptedException e) {
          }
      }
  }
}
```

出栈线程定义如下。

源文件：PopThread.java。具体示例代码如下。

```java
public class PopThread implements Runnable {
  private StackInterface s;

  public PopThread(StackInterface s) {
      this.s = s;
  }

  public void run() {
```

```
        while (true) {
            System.out.println("->" + s.pop()[0] + "<-");
            try {
                Thread.sleep(100);
            } catch (InterruptedException e) {
            }
        }
    }
}
```

为了更好地演示压栈和出栈操作，压栈和出栈两个线程类中都使用 Thread.sleep()方法来降低操作的执行速度。

测试类定义如下。

源文件：TestSafeStack.java。具体示例代码如下。

```
public class TestSafeStack {
  public static void main(String[] args) {
        SafeStack s = new SafeStack();
        //s.push(1);
        //s.push(2);
        PushThread r1 = new PushThread(s);
        PopThread r2 = new PopThread(s);
        PopThread r3 = new PopThread(s);
        Thread t1 = new Thread(r1);
        Thread t2 = new Thread(r2);
        Thread t3 = new Thread(r3);
        t1.start();
        t2.start();
        t3.start();
    }
}
```

在这个测试类中启动了一个压栈线程和两个出栈线程，编译并运行它，将得到类似如下的输出。

```
压入数字7步骤1完成
压入数字完成
弹出->7<-
压入数字0步骤1完成
压入数字完成
弹出->0<-
压入数字5步骤1完成
压入数字完成
弹出->5<-
```

因为压入的是随机数，所以每次运行它的时候可能在压入/弹出的数值上会有所区别，但可以看出它的基本规律：压入一个数据，将它弹出，然后压入另一个数据，将它弹出，如此反复。

12.6.5　知识拓展：定时器

java.util 包中有两个类和定时相关，分别是 Timer 和 TimerTask。

Timer 是一个定时器，它可以定时地执行一些任务，而它所定时执行的任务是由 TimerTask 定义的。

TimerTask 是一个实现了 Runnable 接口的类，所以它本质上是一个线程。将要定时执行的任务放在它的 run()方法中，然后将这个 TimerTask 作为 Timer 对象的 schedule()方法的参数，它将会定时执行这个 TimerTask 所定义的任务。

根据以下两个步骤可以实现一个定时功能。

（1）定义一个类，让它继承 TimerTask，并且将需要定时执行的动作定义在 run() 方法中。

（2）实例化一个 Timer 对象，然后将定义的 TimerTask 对象作为 Timer 对象的 schedule() 方法参数，并且在这个方法中设置定时排程。

Timer 中有 4 个重载的 schedule() 方法，它们各自定义不同的排程，具体如下所述。

- schedule(TimerTask tt,Date date)：在指定的时间（date）执行 TimerTask 所指定的任务。
- schedule(TimerTask tt,Date date,long period)：在指定的时间（date）开始第一次执行 TimerTask 的任务，每隔 period 时间（单位，毫秒）重复。
- schedule(TimerTask tt,long delay)：在指定的时间（delay，毫秒）后执行 TimerTask 指定的任务。
- schedule(TimerTask tt,long delay,long period)：在指定的时间（delay，毫秒）后执行 TimerTask 指定的任务，每隔 period 时间（毫秒）重复。

下面是定时器示例。

源文件：TimerWork.java。具体示例代码如下。

```java
import java.util.Timer;
import java.util.TimerTask;

public class TimerWork {
  public static void main(String[] args) {
      Timer tmr = new Timer();
      tmr.schedule(new TimerPrinter(), 0, 2000);
  }
}

class TimerPrinter extends TimerTask {
  int i = 0;

  public void run() {
      System.out.println("No. " + i++);
  }
}
```

类 TimerPrinter 继承了 TimerTask，并且覆盖了 run() 方法，它将会向控制台输出一个整数，并且将它加 1。而在类 TimerWork 中定义了一个 Timer，并且将 TimerPrinter 作为它的定时任务，它将在 0ms 后启动第一次任务，并向控制台打印数据，然后每隔 2000ms（2s）重复执行一次。

12.7 多线程编程的一般规则

在进行多线程编程的时候，有一些规则必须遵守，否则容易造成不同步或者死锁等难以预料的错误，多线程编程需要遵循的一般规则如下所述。

（1）如果两个或两个以上的线程都修改一个对象，那么把执行修改的方法定义为同步的，如果对象更新影响到只读方法，那么只读方法也要定义成同步的。

（2）如果一个线程必须等待一个对象状态发生变化，那么它应该在对象内部等待，而不是在外部。它可以调用一个被同步的方法，并让这个方法调用 wait() 方法。

（3）每当一个方法返回某个对象的锁时，它应当调用 notify()、notifyAll() 方法来让等待队列中的其他线程有机会执行。

（4）仔细查看每次调用的 wait() 方法，使得它都有相应的 notify()、notifyAll() 方法，且它们均作用于同一个对象。

（5）针对 wait()、notify()、notifyAll() 方法使用旋锁。

（6）优先使用 notifyAll() 方法而不是 notify() 方法。

（7）按照固定的顺序获得多个对象锁，以避免死锁。

（8）不要对上锁的对象改变它的引用。

（9）不要滥用同步机制，避免无谓的同步控制。

12.8　java.util.concurrent 中的同步 API

12.8.1　知识准备：线程池

1. 线程池的概念

假设有一家银行的某个营业厅为客户提供存取款服务，当有客户来办理业务的时候，银行经理就雇用一名营业员为其服务，当营业员办理完客户请求的业务后，银行经理就将其解雇。当有两名客户的时候，银行经理就雇用另两名营业员为其服务……如果有 n 个客户，就需要雇用 n 个营业员。

这样的营业厅并不存在，通常的情况下，一个营业厅里面会有几个营业员待在柜台里面，等着顾客上门来办理业务。当顾客人数多于营业员人数的时候，一部分顾客只能等待，直到有营业员空闲下来，其他顾客才能获得服务的机会。

如果把营业员看成一个个提供服务的线程，而将顾客当作服务请求，那么，我们生活中常见的这种情形，其实就是一个生活版的"线程池"。线程池的基本设想和银行营业厅营业员的设置思路基本是一致的：在一个容器里（如营业大厅柜台里）预先设置若干提供服务的资源（营业员），当有服务请求的时候（如存取款服务请求），就从这些资源中分配一个提供服务（分配一个营业员提供服务）。

为什么需要"线程池"呢？还是回到本节最开始介绍的那个有点荒唐的场景中：雇佣和解雇营业员是需要成本的，而且，如果客户太多，雇佣过多的营业员就会造成营业厅中柜台资源的不足。

假设有一台 Web 服务器（如新浪的服务器或者 Google 的服务器），用户都连接到这台服务器上访问相关的网页，如果采取"一个顾客对应一个营业员"的方法，那么，因为线程的创建和销毁都需要耗费资源，如果一个系统里的线程超过一定的数量，就会因为内存的过度消耗而造成系统的崩溃。因此，对于像 Web 服务器这种需要处理大量短小任务的应用，应该限制其并发处理的线程。这就是线程池的意义所在。

所谓线程池，可以将它想象成一个专门存放一定数量、提供某种服务的线程的"容器"。这个容器中预备好了一定数量的线程等待提供服务，当有服务请求时，将给这个请求分配一个线程；当服务请求处理完以后，将线程放回到线程池中，等待下一次分配；当服务请求数高于线程池中的线程数时，一部分线程将等待，直到池中有空闲的线程。

2. ThreadPoolExecutor 类

在 JDK 5 之前，如果想要使用线程池，需要自己来编写。JDK 5 中新增了相关的功能，开发人员可以直接使用线程池，这主要通过 java.concurrent.ThreadPoolExecutor 这个类和一些其他相关类来实现。

ThreadPoolExecutor 类有 4 个构造器，具体如下。

（1）ThreadPoolExecutor(int corePoolSize, int maximumPoolSize, long keepAliveTime, Time

Unit unit,BlockingQueue<Runnable> workQueue)

corePoolSize：线程池维护线程的最少数量。

maximumPoolSize：线程池维护线程的最大数量。

keepAliveTime：线程池维护的线程所允许的空闲时间。

unit：线程池维护线程所允许的空闲时间的单位，取值可以为 java.util.concurrent. TimeUnit 中的几个静态属性（NANOSECONDS、MICROSECONDS、MILLISECONDS、SECONDS，分别表示纳秒、微秒、毫秒、秒）。

workQueue：线程池所使用的缓冲队列。

（2）ThreadPoolExecutor(int corePoolSize,int maximumPoolSize,long keepAliveTime,Time Unit unit,BlockingQueue<Runnable> workQueue,RejectedExecutionHandler handler)

前面 5 个参数和第一个构造器中的参数含义是一样的，最后一个参数 handler 表示线程池对拒绝任务的处理策略，它可以有下述 4 个选择。

ThreadPoolExecutor.AbortPolicy()：终止当前任务并抛出 java.util.concurrent.Rejected ExecutionException 异常。

ThreadPoolExecutor.CallerRunsPolicy()：重试添加当前的任务，它会自动重复调用 execute()方法。

ThreadPoolExecutor.DiscardOldestPolicy()：抛弃最旧的任务。

ThreadPoolExecutor.DiscardPolicy()：抛弃当前的任务。

（3）ThreadPoolExecutor(int corePoolSize,int maximumPoolSize,long keepAliveTime,Time Unit unit,BlockingQueue<Runnable> workQueue,ThreadFactory threadFactory)

其中，前 5 个参数和第一个构造器的参数含义是一样的，最后一个 threadFactory 参数表示用于创建线程池对象的工厂。

（4）ThreadPoolExecutor(int corePoolSize,int maximumPoolSize,long keepAliveTime,Time Unit unit,BlockingQueue<Runnable> work Queue, ThreadFactory threadFactory,RejectedExecution Handler handler)

对于各参数的含义，前面 3 个构造器中已经描述过了。

3. execute()方法

ThreadPoolExecutor 类有一个重要的方法 execute()，它接收一个 Runnable 类型的参数，表示往线程池中添加一个在将来某个时刻执行的任务，任务将会被放入任务缓冲队列 workQueue 中。当一个任务通过 execute(Runnable)方法添加到线程池时，根据不同的情况，会进行不同的操作，具体如下所述。

- 如果此时线程池中的线程数量小于 corePoolSize，即使线程池中的线程都处于空闲状态，也要创建新的线程来处理被添加的任务。
- 如果此时线程池中的线程数量等于 corePoolSize，但是缓冲队列 workQueue 未满，那么任务被放入缓冲队列。
- 如果此时线程池中的线程数量大于 corePoolSize，缓冲队列 workQueue 满，并且线程池中的线程数量小于 maximumPoolSize，建新的线程用来处理被添加的任务。
- 如果此时线程池中的线程数量大于 corePoolSize，缓冲队列 workQueue 满，并且线程池中的线程数量等于 maximumPoolSize，那么通过 handler 所指定的策略来处理此任务。

也就是说，处理任务的优先级为核心线程 corePoolSize、任务队列 workQueue、最大线程 maximumPoolSize。如果三者都满了，使用 handler 处理被拒绝的任务。当线程池中的线程数量大于 corePoolSize 时。如果某线程空闲时间超过 keepAliveTime，线程将被终止。这样，线程池可以动态调整池中的线程数。

问：wait notify 机制与 synchronized 关键字相比有什么好处呢？

答：wait notify 机制可以避免轮询带来的性能损失。

我们用"图书馆借书"这个经典例子来进行解释。一本书同时只能借给一个人。现在有一本书，图书馆已经把这本书借给了张三。在简单的 synchronized 同步机制下，李四如果想借，需要先去图书馆查看书有没有还回来。李四是个心急的人，他每天都去图书馆查；而张三看书看得慢，过了半个月才把书还回来，结果李四在这半个月里全白跑了，浪费了不少车费。而如果使用 wait notify 机制，李四就不用白忙了。他第一次去图书馆时发现书已借走，就回家静静等待（wait）；张三把书还掉后，通知（notify）李四，李四去图书馆拿书即可。整个过程中，李四没有白跑，没浪费钱。也就是说，若使用简单的 synchronized 机制实现互斥，会导致线程主动发起轮询，若 N 次轮询没有成功，就产生了 N 次的 CPU 空间浪费；如果加上了 wait notify 机制，就可以避免这些无谓的轮询，降低 CPU 的消耗。

12.8.2 知识准备：锁

除了线程池外，JDK 5 中还针对资源的锁进行了增强。这些相关的类位于 java.util.concurrent.locks 包中，利用这些新增的特性，可以实现对竞争资源并发访问的控制。

java.util.concurrent.locks 包中有 3 个主要的接口，为 Condition、Lock、Read Lock。

Condition 的作用在于线程之间进行沟通，它用于告知线程目前的状况（是要等待，还是通知）。它的主要方法 await()（包括 awaitNanos()、awaitUninterruptibly()和 awaitUntil()）、signal()及 signalAll()，分别和 Object 的 wait()、notify()、notifyAll()类似。await()方法用于通知当前的线程等待，直到被唤醒或者中断；signal()方法用于通知目前处于等待状态的线程从上次中断的等待点开始执行；signalAll()方法用于通知所有等待中的线程进入对锁的竞争。

Lock、ReadLock 的作用和 synchronized 类似，只不过 Lock、ReadLock 提供了更灵活的调度、更好的性能。Lock 有 3 个主要的方法，为 lock()、unlock()及 newCondition()。lock()方法用于获得对共享对象的锁定；unlock()用于解除对对象的锁定。通常用同一个 Lock 对象来调用 lock()和 unlock()方法；newCondition()用于创建一个和 Lock 对象关联的 Condition 对象。

12.8.3 任务五：线程池实例

1. 任务描述

构造一个线程池，多线程在等待线程池提供服务，线程池最多同时提供 4 个服务，输出线程池中的线程数和线程进入线程池的记录。编写程序使多个线程同时请求线程池服务，查看输出结果，分析线程池的工作机制。

2. 技能要点

- 线程池概念，编写程序构造线程池。
- 多线程调用线程池。

3. 任务实现过程

（1）首先定义一个要执行的任务类，下面为示例。

源代码：ThreadPoolTask.java。具体示例代码如下。

```
public class ThreadPoolTask implements Runnable{
    //任务名称
    private String taskName;
```

```
ThreadPoolTask(String taskName){
    this.taskName = taskName;
}
public void run(){
    System.out.println("执行任务："+taskName);
    try {
        //执行需要处理的任务，此处用休眠一段时间来模拟
        Thread.sleep(1000);
    } catch (Exception e) {
        e.printStackTrace();
    }

}
public String getTaskName(){
    return this.taskName;
}
}
```

这里定义的任务是向控制台打印出一行提示信息，表示执行的任务名称。

（2）将多个 ThreadPoolTask 任务对象放到一个线程池中。

源代码：PoolTest.java。具体示例代码如下。

```
import java.util.concurrent.ArrayBlockingQueue;
import java.util.concurrent.ThreadPoolExecutor;
import java.util.concurrent.TimeUnit;

public class PoolTest {
 private static final int TASK_SLEEP_TIME = 2;
 private static final int TASK_MAX_NUMBER = 10;

public static void main(String[] args) {

    //构造一个线程池
    ThreadPoolExecutor threadPool = new ThreadPoolExecutor(2, 4, 2,
        TimeUnit.SECONDS, new ArrayBlockingQueue<Runnable>(3),
        new ThreadPoolExecutor.CallerRunsPolicy());

    for(int i=1;i<=TASK_MAX_NUMBER;i++){
        try {
            //产生一个任务，并将其加入线程池
            String task = "任务#" + i;
            System.out.println("往线程池放入任务：" + task);
            threadPool.execute(new ThreadPoolTask(task));

            //为便于观察，等待一段时间
            Thread.sleep(TASK_SLEEP_TIME);
            //获得线程池中的活动线程数
            System.out.println("线程池中的线程数：" +threadPool.getActiveCount());
        } catch (Exception e) {
            e.printStackTrace();
```

```
            }
        }
        //关闭线程池，释放资源。这步一定要做
        threadPool.shutdown();
    }
}
```

（3）编译并执行 PoolTest，将会得到类似如下的输出结果。

```
往线程池放入任务：任务# 1
执行任务：任务# 1
线程池中的线程数：1
往线程池放入任务：任务# 2
执行任务：任务# 2
线程池中的线程数：2
往线程池放入任务：任务# 3
线程池中的线程数：2
往线程池放入任务：任务# 4
线程池中的线程数：2
往线程池放入任务：任务# 5
线程池中的线程数：2
往线程池放入任务：任务# 6
执行任务：任务# 6
线程池中的线程数：3
往线程池放入任务：任务# 7
执行任务：任务# 7
线程池中的线程数：4
往线程池放入任务：任务# 8
执行任务：任务# 8
执行任务：任务# 3
执行任务：任务# 4
执行任务：任务# 5
线程池中的线程数：3
往线程池放入任务：任务# 9
执行任务：任务# 9
线程池中的线程数：4
往线程池放入任务：任务# 10
线程池中的线程数：4
执行任务：任务# 10
```

在创建的线程池中，至少有两个线程在等待提供服务，如果积压的任务过多，多到任务列表都装不下（超过 3 个）的时候，就创建新的线程来处理。但是线程池中线程的总数不能多于 4 个，如果 4 个线程都在处理任务，再有新的任务添加进来时，任务就会被通过程序中指定的策略来处理，这里的处理方式是不停地重新派发，直到线程池接收这个任务为止。

因为维护线程是需要占用资源的，如果线程池中的线程比较空闲，在 3s 内都没有新的任务需要处理时，那么有的线程就会被销毁，但是，线程池中的线程数量至少要保留两个。

可以修改创建线程池的构造器中的不同的参数，再编译运行程序，体会不同的结果，以加深了解。

12.8.4　知识准备：使用锁实例

这里以经典的对一个银行账户进行存取款为例，下面是具体示例。

（1）首先对银行账户进行定义。

源代码：CreditCardAccount.java。具体示例代码如下。

```java
public class CreditCardAccount {
        private String cid;              //账号
        private int balance;             //账户余额

        CreditCardAccount(String cid, int balance) {
                this.cid = cid;
                this.balance = balance;
        }

        public String getCid() {
                return cid;
        }

        public void setCid(String cid) {
                this.cid = cid;
        }

        public int getBalance() {
                return balance;
        }

        public void setBalance(int balance) {
                this.balance = balance;
        }

        public String toString() {
                return "{ " + cid + " }";
        }
}
```

（2）再来定义一个用于执行存取账号资金的任务类。

源代码：UnsafeOperation.java。具体示例代码如下。

```java
public class UnsafeOperation implements Runnable {
        private String atm;                        //执行操作的ATM机器名称
        private CreditCardAccount myCard;          //所要操作的信用卡账户
        private int ioCash;                        //操作的金额，存取均有可能

        public UnsafeOperation(String atm, CreditCardAccount myCard,
int ioCash) {
                this.atm = atm;
                this.myCard = myCard;
                this.ioCash = ioCash;
        }

        public void run() {
                //执行存取款业务
                System.out.println(atm + "正在操作账户" + myCard + "，金额为" + ioCash + "，当前金额为" +
myCard.getBalance());
                //休眠一段时间
                try{
                Thread.sleep(100);
                }catch(InterruptedException e){
                 e.printStackTrace();
```

```
                    }
                    myCard.setBalance(myCard.getBalance() + ioCash);
                     //休眠一段时间
                    try{
                     Thread.sleep(100);
                    }catch(InterruptedException e){
                     e.printStackTrace();
                    }
                    System.out.println(atm +"操作账户" + myCard +"成功, 操作金额为" + ioCash + ", 当前金额为" +
myCard.getBalance());
            }
        }
```

（3）同时启动 4 个线程来分别执行存取款业务。

源代码：UnsafeLockTest.java。具体示例代码如下。

```
public class UnsafeLockTest {
        public static void main(String[] args) {
            CreditCardAccount myCard = new CreditCardAccount("boc-010-080-1234", 0);
            //创建一些账户并发访问ATM机, 执行存、取操作
            UnsafeOperation o1 = new UnsafeOperation("atm001", myCard, -4000);
            UnsafeOperation o2 = new UnsafeOperation("atm002", myCard, 6000);
            UnsafeOperation o3 = new UnsafeOperation("atm003", myCard, -8000);
            UnsafeOperation o4 = new UnsafeOperation("atm003", myCard, 800);
            Thread t1 = new Thread(o1);
            Thread t2 = new Thread(o2);
            Thread t3 = new Thread(o3);
            Thread t4 = new Thread(o4);
            t1.start();
            t2.start();
            t3.start();
            t4.start();
        }
}
```

（4）编译执行这个程序，毫无疑问，将会得到不正确的输出，例如如下情形。

```
atm001正在操作账户{ boc-010-080-1234 }, 金额为-4000, 当前金额为0
atm001操作账户{ boc-010-080-1234 }成功, 操作金额为-4000, 当前金额为-4000
atm002正在操作账户{ boc-010-080-1234 }, 金额为6000, 当前金额为-4000
atm002操作账户{ boc-010-080-1234 }成功, 操作金额为6000, 当前金额为2000
atm003正在操作账户{ boc-010-080-1234 }, 金额为-8000, 当前金额为2000
atm003操作账户{ boc-010-080-1234 }成功, 操作金额为-8000, 当前金额为-6000
atm003正在操作账户{ boc-010-080-1234 }, 金额为800, 当前金额为-6000
atm003操作账户{ boc-010-080-1234 }成功, 操作金额为800, 当前金额为-5200
```

（5）除了用 synchronized 来对共享对象加锁外，在 JDK 5 中，可直接使用 Lock 来对操作进行加锁，请看如下示例。

源代码：Operation.java。具体示例代码如下。

```
import java.util.concurrent.locks.ReadWriteLock;

public class Operation implements Runnable {
        private String atm;                        //执行操作的ATM机器名称
        private CreditCardAccount myCard;          //所要操作的信用卡账户
        private int dwCash;                        //操作的金额, 存取均有可能
        private ReadWriteLock myLock;              //执行操作所需的锁对象, 此处为读写锁
        private int operationType;                 //操作类型: 存款-1/取款-2/查询-3
        //构造器
        public Operation(String atm, CreditCardAccount myCard,
```

```
                    int dwCash, ReadWriteLock myLock) {
            this.atm = atm;
            this.myCard = myCard;
            this.dwCash = dwCash;
            this.myLock = myLock;
        }
            //重载构造器
        public Operation(String atm, CreditCardAccount myCard, int dwCash,
                    ReadWriteLock myLock, int operationType) {
            this.atm = atm;
            this.myCard = myCard;
            this.dwCash = dwCash;
            this.myLock = myLock;
            this.operationType = operationType;
        }
    public void setOperationType(int operationType){
        this.operationType = operationType;
    }

    public int getOperationType(){
        return this.operationType;
    }

    public void run() {
        //根据条件执行存取款业务
        if(operationType == 1){
            //获取 "写" 锁
            myLock.writeLock().lock();
            try{
                System.out.println(atm + "正在往账户" + myCard + "存款，当前余额为："+ myCard.get
Balance()+"，存款金额为" + dwCash );
                    try{
                        Thread.sleep(100);
                    }catch(InterruptedException e){
                        e.printStackTrace();
                    }
                myCard.setBalance(myCard.getBalance() + dwCash);
                    try{
                        Thread.sleep(100);
                    }catch(InterruptedException e){
                        e.printStackTrace();
                    }
                System.out.println(atm + "往账户" + myCard + "存款成功，操作金额为" + dwCash + "，当前
余额为" + myCard.getBalance());
                }finally{
                    //释放锁
                    myLock.writeLock().unlock();
                }
        }else if (operationType == 2){
                //获取 "写" 锁
            myLock.writeLock().lock();
            try{
                System.out.println(atm + "正在从账户" + myCard + "取款，当前余额为："+ myCard.get
Balance()+"，取款金额为" + dwCash );
                    try{
```

```
                    Thread.sleep(100);
                }catch(InterruptedException e){
                        e.printStackTrace();
                }
                myCard.setBalance(myCard.getBalance() + dwCash);
                try{
                        Thread.sleep(100);
                }catch(InterruptedException e){
                        e.printStackTrace();
                }
        System.out.println(atm + "从账户" + myCard + "取款成功, 操作金额为" + dwCash + ", 当前余额为" +
myCard.getBalance());
                }finally{
                    //释放锁
                    myLock.writeLock().unlock();
                }
        }else{
            //获取"读"锁
            myLock.readLock().lock();
            try{
                    System.out.println(atm + "正在查询账户" + myCard + ", 当前余额为: "+ myCard.get
Balance());
                try{
                        Thread.sleep(100);
                }catch(InterruptedException e){
                        e.printStackTrace();
                }
                }finally{
                    //释放锁
                        myLock.readLock().unlock();
                }
            }
        }
    }
```

（6）结合线程池，将任务放到线程池中，解决访问共享对象的问题。

源代码：LockTest.java。具体示例代码如下。

```
import java.util.concurrent.ExecutorService;
import java.util.concurrent.Executors;
import java.util.concurrent.locks.Lock;
import java.util.concurrent.locks.ReentrantLock;

public class LockTest {
    public static void main(String[] args) {
        //创建并发访问的信用卡账户
        CreditCardAccount myCard
= new CreditCardAccount("boc-010-080-1234", 0);
        //创建一个锁对象
        Lock lock = new ReentrantLock();
        //创建一个线程池
        ExecutorService pool = Executors.newCachedThreadPool();
        //创建一些账户并发访问ATM机, 执行存、取操作
        Operation o1 = new Operation("atm001", myCard, -4000, lock);
        Operation o2 = new Operation("atm002", myCard, 6000, lock);
```

```
        Operation o3 = new Operation("atm003", myCard, -8000, lock);
        Operation o4 = new Operation("atm003", myCard, 800, lock);
        //将各个ATM机的操作任务放入线程池
        pool.execute(o1);
        pool.execute(o2);
        pool.execute(o3);
        pool.execute(o4);
        //关闭线程池
        pool.shutdown();
    }
}
```

在这个例子中，通过锁很方便地控制了多个 atm 操作线程对共享银行账户的安全访问。

ATM 机对账号操作还有另一种情形，除了存款和取款外，还可以对账号中的余额进行查询，这个操作只是一个"读"操作，这种操作和存取款这样的"写"操作是不同的。如果有几个查询同时进行，这些查询任务之间是没必要进行排他锁定的。因此，如果对查询也采取和存取款一样的锁定机制，那么在效率上会有所影响。基于这样的考虑，JDK 5 中提供了可以区分读、写操作的锁，即 ReadWriteLock，它维护着一对"锁"，一个用于"读"，一个用于"写"。"读"锁可以被几个"读"线程同时拥有，只要没有"写"操作；而"写"锁只能排他性地持有锁。通过 ReadWriteLock 的 readLock() 方法，可以获得"读"锁，writeLock()可以获得"写"锁。当某共享对象被"读"锁锁定时，其他"读"锁仍有机会访问该共享对象；当"写"锁锁定共享对象时，其他锁将不能访问该共享对象。

这个示例中使用的是一个 reentrant 互斥对象锁，它和用 synchronized()方法实现的内置锁机制具有相同的基本行为和语义，但它包含一些扩展功能。ReentrantLock 将被最后成功锁定且尚未解锁的线程拥有。调用锁的线程在锁没有被其他线程拥有时成功获得锁并且返回，而方法在当前线程已经拥有锁的情况下立即返回。

ReentrantLock 的另一个构造器有一个参数，可以是 boolean 值，它允许开发人员选择"公平（fair）"锁还是"不公平（unfair）"锁。"公平锁"使线程按照请求锁的顺序依次获得锁；而"不公平锁"则允许讨价还价。在这种情况下，某些线程有时可以比先请求锁的其他线程先得到锁。

> **注意：**
> 与使用 synchronized 来锁定一个对象不同的是，使用 Lock 来锁定对象时，必须在使用完锁以后调用 unlock()方法将其释放。为了确保对象能被释放，建议将释放锁的功能放在 finally 从句中执行。

12.8.5　知识准备：使用读/写锁

将上述示例子稍进行修改，给 Operation 类加上查询功能，并且使用 ReadWriteLock 来替换普通锁。

源代码：ReadWriteOperation.java。具体示例代码如下。

```java
import java.util.concurrent.locks.ReadWriteLock;

public class ReadWriteOperation implements Runnable {
        private String atm;                     //执行操作的ATM机器名称
        private CreditCardAccount myCard;       //所要操作的信用卡账户
        private int dwCash;                     //操作的金额，存取均有可能
        private ReadWriteLock myLock;           //执行操作所需的锁对象，此处为读写锁
        private int operationType;              //操作类型：存款-1/取款-2/查询-3
                                                //构造器
        public ReadWriteOperation(String atm, CreditCardAccount myCard, int dwCash, ReadWriteLock
```

```java
myLock) {
                    this.atm = atm;
                    this.myCard = myCard;
                    this.dwCash = dwCash;
                    this.myLock = myLock;
            }
            //重载构造器
            public ReadWriteOperation(String atm, CreditCardAccount myCard,
    int dwCash, ReadWriteLock myLock, int operationType) {
                    this.atm = atm;
                    this.myCard = myCard;
                    this.dwCash = dwCash;
                    this.myLock = myLock;
                    this.operationType = operationType;
            }
        public void setOperationType(int operationType){
            this.operationType = operationType;
        }

        public int getOperationType(){
            return this.operationType;
        }


        public void run() {
                //根据条件执行存取款业务
                if(operationType == 1){
                    //获取“写”锁
                    myLock.writeLock().lock();
                    try
                    {
                        System.out.println(atm + "正在往账户" + myCard + "存款，当前余额为："+
myCard.getBalance()+", 存款金额为" + dwCash );
                            try{
                            Thread.sleep(100);
                            }catch(InterruptedException e){
                            e.printStackTrace();
                            }
                            myCard.setBalance(myCard.getBalance() + dwCash);
                            try{
                            Thread.sleep(100);
                            }catch(InterruptedException e){
                            e.printStackTrace();
                            }
                            System.out.println(atm + "往账户" + myCard + "存款成功，操作金额为" + dwCash + ", 当
前余额为" + myCard.getBalance());
                        }finally{
                            //释放锁
                    myLock.writeLock().unlock();
                }
            }else if (operationType == 2){
                //获取“写”锁
```

```
                    myLock.writeLock().lock();
                    try{
                        System.out.println(atm + "正在从账户" + myCard + "取款，当前余额为："+
myCard.getBalance()+"，取款金额为" + dwCash );
                            try{
                            Thread.sleep(100);
                            }catch(InterruptedException e){
                            e.printStackTrace();
                             }
                            myCard.setBalance(myCard.getBalance() + dwCash);
                            try{
                            Thread.sleep(100);
                            }catch(InterruptedException e){
                            e.printStackTrace();
                            }
                        System.out.println(atm + "从账户" + myCard + "取款成功，操作金额为" + dwCash + "，当
前余额为" + myCard.getBalance());
                        }finally{
                            //释放锁
                        myLock.writeLock().unlock();
                    }
            }else{
                        //获取"读"锁
                        myLock.readLock().lock();
                        try{
                        System.out.println(atm + "正在查询账户" + myCard + "，当前余额为："+ myCard.getBalance());
                            try{
                            Thread.sleep(100);
                            }catch(InterruptedException e){
                            e.printStackTrace();
                            }
                             }finally{
                            //释放锁
                        myLock.readLock().unlock();
                    }
                }
            }
        }
    }
```

将 LockTest.java 修改成如下代码。

源代码：ReadWriteLockTest.java。具体示例代码如下。

```
import java.util.concurrent.ExecutorService;
import java.util.concurrent.Executors;
import java.util.concurrent.locks.ReadWriteLock;
import java.util.concurrent.locks.ReentrantReadWriteLock;

public class ReadWriteLockTest {
        public static void main(String[] args) {
                //创建并发访问的信用卡账户
                CreditCardAccount myCard
= new CreditCardAccount("boc-010-080-1234", 0);
```

```
                          //创建一个锁对象
                          ReadWriteLock lock = new ReentrantReadWriteLock();
                          //创建一个线程池
                          ExecutorService pool = Executors.newCachedThreadPool();
                          //创建一些账户并发访问ATM机，执行存、取操作
                          ReadWriteOperation o1
= new ReadWriteOperation("atm001", myCard, -4000, lock,2);
                          ReadWriteOperation o2
= new ReadWriteOperation("atm002", myCard, 6000, lock,1);
                          ReadWriteOperation o3
= new ReadWriteOperation("atm003", myCard, 0, lock,3);
                          ReadWriteOperation o4
= new ReadWriteOperation("atm003", myCard, 800, lock,1);
                          ReadWriteOperation o5
= new ReadWriteOperation("atm003", myCard, 800, lock,1);
                          //将各个ATM机的操作任务放入线程池
                          pool.execute(o1);
                          pool.execute(o2);
                          pool.execute(o3);
                          pool.execute(o4);
                          pool.execute(o5);
                          //关闭线程池
                          pool.shutdown();
             }
}
```

执行这个程序，将得到如下输出。

```
atm001正在从账户{ boc-010-080-1234 }取款，当前余额为：0，取款金额为-4000
atm001从账户{ boc-010-080-1234 }取款成功，操作金额为-4000，当前余额为-4000
atm002正在往账户{ boc-010-080-1234 }存款，当前余额为：-4000，存款金额为6000
atm002往账户{ boc-010-080-1234 }存款成功，操作金额为6000，当前余额为2000
atm003正在查询账户{ boc-010-080-1234 }，当前余额为：2000
atm003正在往账户{ boc-010-080-1234 }存款，当前余额为：2000，存款金额为800
atm003往账户{ boc-010-080-1234 }存款成功，操作金额为800，当前余额为2800
atm003正在往账户{ boc-010-080-1234 }存款，当前余额为：2800，存款金额为800
atm003往账户{ boc-010-080-1234 }存款成功，操作金额为800，当前余额为3600
```

在实际开发中，如果能明确区分读/写操作，建议使用读/写锁来提高性能，否则使用普通锁。

12.8.6　技能拓展任务：使用 Condition 来实现线程间的通信

1. 任务描述

Condition 类的 await()、signal() 及 signalAll()，其作用类似于 Object 类中的 wait()、notify() 和 notifyAll() 方法。请对 12.6.2 小节中的 SafeStack 类使用 Condition 来进行改写，实现线程间通信。

2. 技能要点

了解 Condition 的作用，使用 Condition 实现线程间的通信。

3. 任务实现过程

（1）对 12.6.2 小节中的 SafeStack 类使用 Condition 来进行改写。

在这个程序中，首先创建一个 Lock 对象，然后通过 Lock 对象的 newCondition() 方法得到一个

Condition 对象。在需要对堆栈内的数据（共享数据）进行操作的地方，使用 Lock 对象的 lock()方法来进行锁定，往堆栈内压入数据后，通过 Condition 对象的 signalAll()来通知其他等待从堆栈中获取数据的线程；从堆栈内弹出数据后，也通过 Condition 对象的 signalAll()来通知压栈线程往堆栈内压入数据。当堆栈中没有数据时，使用 Condition 的 await()方法来让出栈线程等待；同样，当堆栈中已经有数据的时候，使用 Condition 的 await()方法来让压栈线程等待。改写后的程序如下。

源文件：SafeStack.java。具体示例代码如下。

```java
import java.util.concurrent.locks.*;

public class SafeStack implements StackInterface {
    private int top = 0;
    private int[] values = new int[10];
    private boolean dataAvailable = false;
    //创建一个锁
    private Lock lock = new ReentrantLock();
    //获得一个Condition对象
    private Condition con = lock.newCondition();
    //压栈操作
    public void push(int n) {
        //锁定对象
        lock.lock();
        try{
            while (dataAvailable) {     // 1
                try {
                    con.await();
                } catch (InterruptedException e) {
                }
            }
            values[top] = n;
            System.out.println("压入数字" + n + "步骤1完成");
            top++;
            dataAvailable = true;
            con.signalAll();
            System.out.println("压入数字完成");
        }finally{
            lock.unlock();
        }
    }

    public int[] pop() {
        lock.lock();
        try{
            while (!dataAvailable) {        // 3
                try {
                    con.await();
                } catch (InterruptedException e) {
                }
            }
            System.out.print("弹出");
            top--;
            int[] test = { values[top], top };
```

```
        dataAvailable = false;
        //唤醒正在等待压入数据的线程
        con.signalAll();
        return test;
    }finally{
        lock.unlock();
    }
  }
}
```

（2）改写 TestSafeStack.java 测试程序，这里通过使用线程池的方法对其进行改写。

源代码：TestSafeStack.java。具体示例代码如下。

```java
import java.util.concurrent.ExecutorService;
import java.util.concurrent.Executors;
import java.util.concurrent.locks.Lock;
import java.util.concurrent.locks.ReentrantLock;

public class TestSafeStack {
  public static void main(String[] args) {
      //创建一个锁对象
      Lock lock = new ReentrantLock();
      //创建一个线程池
      ExecutorService pool = Executors.newCachedThreadPool();

      SafeStack s = new SafeStack();
      //s.push(1);
      //s.push(2);
      PushThread r1 = new PushThread(s);
      PopThread r2 = new PopThread(s);
      PopThread r3 = new PopThread(s);
      Thread t1 = new Thread(r1);
      Thread t2 = new Thread(r2);
      Thread t3 = new Thread(r3);
      pool.execute(t1);
      pool.execute(t2);
      pool.execute(t3);
      pool.shutdown();
  }
}
```

输出结果和 12.6.2 小节类似，此处不再重复。

另外，java.util.concurrent 包中还有其他一些重要的类，如 CyclicBarrier、CountDownLatch、Future、ExecutorCompletionService、Semaphore 类等，限于篇幅，本书不做介绍，这些类的用法请读者自行参考相关 API 文档学习。

12.9 本章小结

本章着重介绍了线程的概念和应用。从创建线程入手，逐步介绍了线程状态、优先级和线程控制方法，探讨了多线程间数据共享和线程间通信的问题。通过学习本章，读者可以对线程有比较全面的了解和掌握。在实际应用中，线程的使用会有更多学问和技巧，读者可在实践中进一步体会。

课后练习题

一、选择题

1. 使比其自身优先级低的线程运行的 Thread 类的方法是（   ）。

A. sleep()   B. yield()   C. join()   D. interrupt()

2. 下面关于对象加锁的叙述错误的是（   ）。

A. 当一个线程获得了对象的锁后，其他任何线程不能对该对象进行任何操作

B. 对象锁的使用保证了共享数据的一致性

C. 当 synchronized() 程序块执行完毕后释放对象锁

D. 当持有锁的线程调用该对象的 wait() 方法时不会释放对象锁

3. 若要把变量声明为多个线程共用的变量，应使用（   ）修饰符。

A. protected   B. private   C. transient   D. volatile

4. 线程交互中不提倡使用的方法是（   ）。

A. wait()   B. notify()   C. stop()   D. notifyall()

5. 下面不属于线程生命周期的状态的是（   ）。

A. 新建状态   B. 可运行状态   C. 运行状态   D. 等待状态

6. 一个 Java Application 运行后，在系统中作为一个（   ）。

A. 线程   B. 进程   C. 进程或线程   D. 不可预知

二、简答题

1. 简述线程的基本概念。

2. 创建线程有哪几种方式？有何不同？

3. 简述线程的基本状态及状态之间的关系。

4. 什么是线程的优先级？

三、编程题

编写一个应用程序，创建 3 个线程，分别显示各自的运行时间。

第13章

Java I/O系统

■ 本章主要介绍 Java I/O 系统方面的相关内容,包括 File 类、输入和输出、Reader 和 Writer、RandomAccessFile、I/O 流的典型使用方式。

13.1 File 类

File 类介绍

Java 中的 File 类可直接处理文件和文件系统，也就是说，File 类没有指定信息怎样从文件读取或向文件存储，它描述了文件本身的属性。File 对象用来获取或处理与磁盘文件相关的信息，如权限、时间、日期和目录路径。此外，File 类还浏览子目录层次结构。很多程序中，文件是数据的根源和目标，尽管它们在小应用程序中因为安全原因而受到严格限制，但仍是存储固定和共享信息的主要资源，Java 中将目录当成 File 对象对待。

如下构造函数可以用来生成 File 对象：

- File(String directoryPath)
- File(String directoryPath, String filename)
- File(File dirObj, String filename)

其中，directoryPath 表示文件的路径，filename 表示文件名，dirObj 表示一个 File 对象。如下示例创建了 3 个 File 对象。

File file1 = new File("/");

File file2 = new File("/", "mytext.txt");

File file3 = new File(file1, "mytext.txt");

file1 对象仅由路径构造器生成，file2 由包含路径和文件名两个参数的构造器生成，file3 对象的参数包括指向 file1 文件的路径及文件名。这里的 file2 和 file3 指向同一个文件。

13.1.1 目录列表类

File 类可以用来查看一个目录列表，File 对象提供了两个方法供程序员使用：一个是不带参数的 list() 方法，它可以获得此 File 对象包含的全部列表；另一个是带参数的 list() 方法，它能够得到一个受限列表，例如得到所有扩展名为.java 的文件，这种带参数的 list() 方法就相当于一个"目录过滤器"。这两种方法直接使用时并不具备递归查看功能，即无法查看目录中的子目录列表。如下示例示范了如何使用 File 类。

源文件：Test.java。具体示例代码如下。

```java
public class Test {
    public static void main(String[] args) {
        File file = new File("f:/java_test");
        String data1[] = file.list();
        for (String string : data1) {
            System.out.println(string);
        }
    }
}
```

上述程序通过 File 对象调用 list() 方法，将指定的目录文件中的所有文件及文件夹的名称返回，保存在指定的字符串数组中，运行上述程序后，结果如下。

```
Hello.class
hello.java
hello.java.bak
HH.java
新建文件夹
```

13.1.2 目录实用工具

虽然 list()方法能将目录中的所有内容罗列出来，但是当需要查看特定内容的时候，必须进行"过滤"，只将想要的内容显示出来。这里需要使用另外一个方法 list(FilenameFilter filter)，通过 FilenameFilter 参数可以只列出符合条件的目录。

在 FilenameFilter 接口中包含一个 accept(File dir, String name)方法，该方法会对指定 File 类的目录中的子目录及文件进行检索，通过指定的规则返回一个 boolean 值，如果为 true，则 list()方法会将该子目录或者文件列出。

源文件：Test.java。具体示例代码如下。

```java
public class Test {
    public static void main(String[] args) {
        File file = new File("f:/java_test");
        //FilenameFilter文件目录过滤器
        String name_data[] = file.list(new FilenameFilter() {
            @Override
            public boolean accept(File dir, String name) {
                //返回名称以".java"结尾的文件
                return name.endsWith(".java");
            }
        });
        for (String string : name_data) {
            System.out.println(string);
        }
    }
}
```

上面程序中的粗体部分指定了过滤的规则，运行程序后将会把目标路径中所有名称以".java"结尾的文件及文件夹列出。

13.1.3 目录的检查及创建

1. 目录的检查

常用的目录检查方法如下所述。

- boolean exists()：判断 File 对象的文件或目录是否存在。
- boolean canWrite()：判断目录或文件是否可写。
- boolean canRead()：判断目录或文件是否可读。
- boolean isFile()：判断 File 对象指向的是否为一个文件。
- boolean isDirectory()：判断 File 对象指向的是否为一个目录。
- boolean isAbsolute()：判断文件对象的路径是否为绝对路径。这取决于不同的操作系统，在 UNIX、Linux、BSD 等系统上，如果路径的开头是"/"，说明是一个绝对路径；在 Windows 系统上，如果路径的开头是盘符，或者路径由"\"来分隔，则说明它是一个绝对路径。

2. 目录的创建

目录创建的相关方法如下。

- boolean mkdir()：试图新建一个 File 对象所定义的路径，如果新建成功，返回 true，否则返回 false。此时 File 对象必须是目录对象。

- boolean createNewFile()：自动创建一个 File 对象中指定文件名的空的文件，只有在指定文件名文件不存在的时候才能成功。
- File createTempFile(String prefix, String suffix)：在默认的临时目录下创建一个临时文件，文件名由前缀 prefix、系统生成的随机数和后缀 suffix 指定，返回一个表示新创建的临时文件 File 对象。
- File createTempFile(String prefix, String suffix, File directory)：在指定的目录 directory 下创建一个临时文件，文件名由前缀 prefix、系统生成的随机数和后缀 suffix 指定，返回一个表示新创建的临时文件 File 对象。

下面是简单的方法测试示例。

源文件：Test.java。具体示例代码如下。

```java
public class Test {
    public static void main(String[] args) throws IOException {
        File file = new File("f:/java_test/day1");
        //返回File对象的文件名或路径的最后一级子路径名，此处输出java_test
        System.out.println(file.getName());
        //返回File对象的路径的路径名
        System.out.println(file.getPath());
        //返回绝对路径名
        System.out.println(file.getAbsolutePath());
        //检查该File对象指定的文件或目录是否存在
        System.out.println(file.exists());
        //创建File对象指定的目录
        file.mkdir();
        //创建一个临时文件
        File tempfile = file.createTempFile("temp", ".txt", file);
        //指定JVM退出时删除该临时文件
        tempFile.deleteOnExit();
        //创建一个新的File对象
        File myFile = new File("f:/java_test/day1/my.txt");
        //利用该对象创建新的文件
        myFile.createNewFile();
    }
}
```

运行程序后，可以在控制台看到对应的输出信息，并且创建的临时文件并不会在目录中，因为程序运行结束后已将该文件删除。

13.2　输入和输出

输入和输出

在 Java 中，数据的输入/输出需要 I/O 流来实现，那么什么是"流"（Stream）？"流"其实是对数据不同的输入/输出源的一种抽象的表述。对于流，可以把它想象成一根水管，水管中的水就相当于数据，如图 13-1 所示。

图 13-1　流的模型示意图

按照不同的分类方式，流可以分为不同类型。按照流的方向不同，可分为输入流和输出流；按照操作的数据单位不同，可分为字节流和字符流；按照功能不同，可分为节点流和处理流。

13.2.1 InputStream 类型

InputStream 属于输出流，也属于字节流。InputStream 是所有输入流的抽象基类，也是所有字节流的抽象基类，其本身并不能创建对象，但是它自身的一些方法都可以被其子类的输入流所使用，如图 13-2 所示。

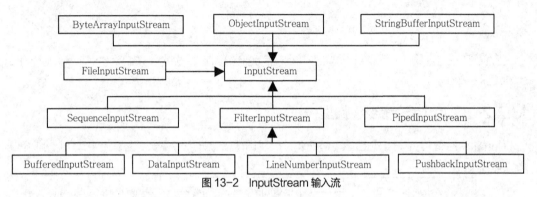

图 13-2　InputStream 输入流

InputStream 中有如下 3 种读取数据的方法。

- int read()：从输入流中读取一个字节，就好比一次从水管中取一滴水，返回值为读取的字节数据，其类型为 int，当读取完毕时返回-1。
- int read(byte[] b)：从输入流中一次性最多读取数组 b 长度的字节数，就好比一次从水管中取一桶水，并且数据会保存在数组 b 中，返回值为实际读取的字节数，当读取完毕时返回-1。
- int read(byte[] b,int off,int len)：从输入流中一次性最多读取数组 len 个字节，数据会保存在数组 b 中，放入数组时的起始位置并不是数组的起点，而是下标为 off 的位置；返回值为实际读取的字节数，如图 13-3 和图 13-4 所示。

图 13-3　读取起始位置　　　　　　　　　图 13-4　已读字节数

虽然 InputStream 不能创建实例，但是其子类 FileInputStream 可作为一个读取文件的输入流，可以通过如下示例进行实际操作。

源文件：FileInputStreamTest.java。具体示例代码如下。

```
public class FileInputStreamTest {

    public static void main(String[] args) throws IOException {
        //创建输入流，设定目标文件
        FileInputStream fin = new FileInputStream("f:/java_test/hello.java");
        //定义一个大小为1024字节的 "水桶"
        byte buf[] = new byte[1024];
        //保存最终读取的数据
        String data = "";
        //保存实际读取的字节数
```

```
        int len = 0;
        //利用 "水桶" 循环取水
        while((len = fin.read(buf)) > 0){
            //将 "水桶" 中的字节数据转换成字符串
            data += new String(buf, 0, len);
        }
        System.out.println(data);
        //关闭流
        fin.close();
    }

}
```

上述这段程序会将 hello.java 这个文件中的内容原样输出，在程序的最后需要调用 close()方法将打开的流手动关闭。

13.2.2 OutputStream 类型

OutputStream 类型与 InputStream 类似，它是所有输出流的抽象基类，也是所有字节流的抽象基类，如图 13-5 所示。

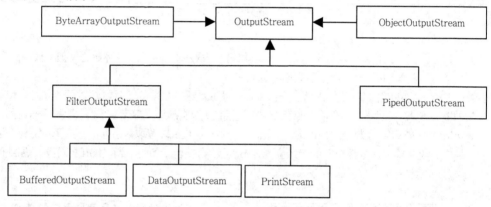

图 13-5 输出流

OutputStream 中有如下 3 种输出数据的方法。

- void write(int c)：将指定的字节输出到输出流中。
- void write(byte[] buf)：将字节数组 buf 中的数据输出到输出流中。
- void write(byte[] buf,int off,int len)：将字节数组 buf 中以 off 下标开始、长度为 len 的数据输出到输出流中。

如下示例使用 FileInputStream 作为输入，用 FileOutputStream 作为输出，实现对文件内容的复制。

源文件：FileOutputStreamTest.java。具体示例代码如下。

```
public class FileOutputStreamTest {

    public static void main(String[] args) throws IOException {
        //创建输入流，设定目标文件
        FileInputStream fin = new FileInputStream("f:/java_test/hello.java");
        //创建输出流，设定目标文件
        FileOutputStream fout = new FileOutputStream("f:/java_test/out.txt");
        //定义一个大小为1024字节的 "水桶"
```

```
byte buf[] = new byte[1024];
//保存实际读取的字节数
int len = 0;
//利用 "水桶" 循环取水
while((len = fin.read(buf)) > 0){
    //每读一次，就将读取到的数据输出到输出流，写入到文件
    fout.write(buf, 0, len);
}
//关闭流
fin.close();
fout.close();
}

}
```

运行程序后，将在目标路径下产生一个新的 out.txt 文件，里面的内容就是 hello.java 的内容。

13.3 Reader 和 Writer

Reader 和 Write 介绍

Java 1.1 中对 I/O 的操作进行了改进，新增了两个类 Reader 和 Writer，作为输入/输出的抽象基类。InputStream 和 OutputStream 只支持 8 位字节流，不能很好地控制 16 位 Unicode 字符，由于 Unicode 主要面向的是国际化支持，所以添加了 Reader 和 writer 类，以应对国际化的需求。但是这两个类的引入并非为了替代原有的 InputStream 和 OutputStream。

Reader 与 Writer 操作的数据单元为 16 字节，所对应的流属于字符流，所包含的方法与 InputStream 和 OutputStream 类似。

Reader 里包含如下所述 3 种方法。

- int read()：从输入流中读取一个字符，返回值为读取的字符数据，其类型为 int，当读取完毕时返回−1。
- int read(char[] cbuf)：从输入流中一次性最多读取数组 cbuf 长度的字符数据，并且数据会保存在数组 cbuf 中，返回值为实际读取的字符数，当读取完毕时返回−1。
- int read(byte[] cbuf, int off, int len)：从输入流中一次性最多读取数组 len 个字符，数据会保存在数组 cbuf 中，放入数组时的起始位置并不是数组的起点，而是下标为 off 的位置，返回值为实际读取的字符数。

Writer 里包含如下所述两种方法。

- void write(String str)：将字符串 str 中的字符输出到输出流中。
- void write(String str, int off, int len)：将字符串 str 中以 off 下标开始、长度为 len 的字符数据输出到输出流中。

13.3.1 数据的来源和去处

Java 1.1 I/O 库的运行效率相比 Java 1.0 有所提升，并且 Java 1.0 中的几乎所有 I/O 流在 Java 1.1 中都有对应的类，但这并不意味着使用时完全可以 "取新弃旧"，在某些特定的条件下可能必须使用 Java 1.0 中的流。

旧库与新库信息发起与接收之间的对应关系总结如表 13-1 所示。

表 13-1　旧库与新库信息发起与接收之间对应关系

Java 1.0 I/O 类	Java 1.1 I/O 类
FilterInputStream	Reader
OutputStream	Writer
FilterInputStream	FileReader
FilterOutputStream	FileWriter
StringBufferInputStream	StringReader
无	StringWriter
ByteArrayInputStream	CharArrayReader
ByteArrayOutputStream	CharArrayWriter
PipedInputStream	PipedReader
PipedOutputStream	PipedWriter

13.3.2　更改流的行为

在 Java 1.0 中，数据流通过 FilterInputStream 和 FilterOutputStream 的"装饰器"（Decorator）子类适应特定的需求。Java 1.1 的 I/O 流沿用了这一思想，但没有继续采用所有装饰器都从相同 filter（过滤器）基础类中衍生的这一做法。若通过观察类的层次结构来理解它，可能会令人产生少许的困惑。尽管 BufferedOutputStream 是 FilterOutputStream 的一个子类，但是 BufferedWriter 并不是 FilterWriter 的子类（对后者来说，尽管它是一个抽象类，但没有自己的子类或者近似子类的东西，也没有一个"占位符"可用，所以不必费心地寻找），然而两个类的接口是非常相似的，而且不管在什么情况下，显然应该尽可能地使用新版本，而不应考虑旧版本，除非在一些类中必须生成一个 Stream，不可生成 Reader 或者 Writer，新旧版本具体对应关系如表 13-2 所示。

表 13-2　字符流与字节流

Java 1.0	Java 1.1
FilterInputStream	FilterReader
FilterOutputStream	FilterWriter
BufferedInputStream	BufferedReader
BufferedOutputStream	BufferedWriter
LineNumberInputStream	LineNumberReader
StreamTokenizer	StreamTokenizer
PushBackInputStream	PushBackReader

13.3.3　未发生变化的类

Java 1.1 中并不是将所有类都进行了改变，其中一些类未做任何修改，可以像之前一样继续使用，包括 DataOutputStream、File、RandomAccessFile、SequenceInputStream。

13.4　RandomAccessFile

RandomAccessFile 类介绍

RandomAccessFile 类在 Java 的 I/O 中算是一个比较特殊的类，多数人习惯叫它"随机访问"。

RandomAccessFile 可以读取文件的内容，也可以向文件输出内容。但是与普通的 InputStream 和 OutputStream 不同的是，RandomAccessFile 可以直接跳转到文件的任意位置进行数据的读/写。

RandomAccessFile 之所以能实现随机访问，是因为在其内部有一个记录指针，用来记录当前的读/写位置。当创建一个 RandomAccessFile 对象时，其记录指针的默认初始位置为文件的起始位置。通过设置记录指针的位置可以调整 RandomAccessFile 读/写时的起始位置，既可以向前移动，也可以向后移动，达到一个随机访问的效果。同时，当进行了 n 个字节的读/写后，记录指针也会跟着往后移动 n 个字节。

RandomAccessFile 的构造方法有两个，第一个参数，一种是使用 String 指定文件名，一种是使用 File；第二个参数则是用来设定访问的模式，有如下 4 种模式。

- "r"：以只读的方式打开文件，不可写入数据。
- "rw"：以读、写的方式打开文件，文件不存在则会创建该文件。
- "rws"：以读、写的方式打开文件，要求对文件的内容或元数据的每个更新都同步写入底层存储设备。
- "rwd"：以读、写的方式打开文件，要求对文件内容的每个更新都同步写入底层存储设备。

RandomAccessFile 对文件进行读/写时的方法和 InputStream 与 OutputStream 中的 read() 与 write() 用法完全一样。

13.5　I/O 流的典型使用方式

13.5.1　缓冲输入文件

如果想要打开一个文件用于字符输入，可以使用以 String 或 File 对象作为文件名的 FileInputReader，为了提高速度，对那个文件进行缓冲，可将产生的引用传给一个 BufferedReader 构造器。当 readLine() 返回 null 时，就到了文件的末尾。下面是缓冲输入文件示例。

源文件：BufferedInputFile.java。具体示例代码如下。

```java
public class BufferedInputFile {
    static String path = "f:/java_test/hello.java";
    public static void main(String[] args) throws IOException {
        //创建缓冲对象
        BufferedReader reader = new BufferedReader(new FileReader(path));
        String data;
        //String对象不可改变，改变其内容实则是重新创建对象，StringBuilder可避免新建对象
        StringBuilder builder = new StringBuilder();
        while((data = reader.readLine()) != null){
            //添加换行
            builder.append(data+"\n");
        }
```

```
        reader.close();
        System.out.println(builder.toString());
    }


}
```

13.5.2 从内存中输入

下面是从内存中输入的示例。

源文件：MemoryReader.java。具体示例代码如下。

```
public class MemoryReader {
    static String path = "f:/java_test/hello.java";
    public static void main(String[] args) throws IOException {
        //从一个字符串中逐个读入字节
        StringReader stringReader = new StringReader(readContent(path));
        int c;
        while ((c = stringReader.read()) != -1) {
            System.out.println((char) c);
        }


    }


    private static String readContent(String path) throws IOException {
        //创建缓冲对象
        BufferedReader reader = new BufferedReader(new FileReader(path));
        String data;
        //String对象不可改变，改变其内容实则是重新创建对象，StringBuilder可避免新建对象
        StringBuilder builder = new StringBuilder();
        while ((data = reader.readLine()) != null) {
            //添加换行
            builder.append(data + "\n");
        }
        reader.close();
        return builder.toString();
    }


}
```

13.5.3 格式化的内存输入

要读取格式化数据，可以使用 DataInputStream，它是一个面向字节的 I/O 类，因此必须使用 InputStream 类，而不是 Reader 类。

DataInputStream 用 readByte()一次一个字节地读取字符，返回的结果为该字节对应的整数值（int），返回值不能用来检测输入是否结束，可以使用 available()方法查看还有多少个可供存取的字符。

请看如下格式化的内存输入示例。

源文件：FormatMemoryReader.java。具体示例代码如下。

```
public class FormatMemoryReader {
    static String path = "f:/java_test/hello.java";
    public static void main(String[] args) throws IOException {
```

```
        //构造方法参数为InputStream数据
        DataInputStream din = new DataInputStream(new FileInputStream(path));
        while(din.available() != 0){
            //将字节转换成字符显示
            System.out.println((char)din.readByte());
        }
    }
}
```

13.5.4 基本的文件输入

FileWriter 对象可以向文件写入数据，PrintWriter 有 8 个构造器，首先创建一个与指定文件连接的 PrintWriter。

源文件：BasicFileOutput.java。具体示例代码如下。

```
public class BasicFileOutput {
    static String path = "f:/java_test/hello.java";
    static String newpath = "f:/java_test/new.java";

    public static void main(String[] args) throws IOException {
        //利用缓冲
        StringReader stringReader = new StringReader(readdata());
        BufferedReader reader = new BufferedReader(stringReader);
        //以File对象传参创建PrintWriter，如果对应文件不存在则创建
        PrintWriter writer = new PrintWriter(new File(newpath));
        String str;
        while ((str = reader.readLine()) != null) {
            writer.println(str);
        }
        //上面创建的PrintWriter对象不具备自动刷新功能，此处需要手动刷新，否则数据不会输出到指定文件
        writer.flush();
        writer.close();
    }

    private static String readdata() throws IOException {
        BufferedReader reader = new BufferedReader(new FileReader(path));
        StringBuilder builder = new StringBuilder();
        String s;
        while ((s = reader.readLine()) != null) {
            builder.append(s + "\n");
        }
        reader.close();
        return builder.toString();
    }
}
```

13.5.5 读/写随机访问文件

使用 RandomAccessFile 的 seek()方法可以在文件中到处移动，并修改文件中的某个值。在使用 RandomAccessFile 时，必须知道文件排版，这样才能正确地操作它。

源文件：RandomAccessFileTest.java。具体示例代码如下。

```
public class RandomAccessFileTest {
    public static String path = "f:/java_test/hello.java";
```

```
public static void main(String[] args) throws IOException {
    //以只读方式打开
    RandomAccessFile accessFile = new RandomAccessFile(path, "r");
    //获取文件的长度
    long length = accessFile.length();
    //将记录指针移动至文件内容的1/2处
    accessFile.seek(length / 2);
    byte data[] = new byte[1024];
    int len = 0;
    while ((len = accessFile.read(data)) != -1) {
        System.out.println(new String(data, 0, len));
    }
    accessFile.close();
}
}
```

13.5.6 文件的复制

文件的复制是一个非常重要的操作。当程序涉及文件操作时往往会有文件的复制，如下所述是几种常用的方式。

1. 使用 FileStreams

这是最容易想到的也是最经典的方法，它使用 FileInputStream 读取数据，使用 OutputStream 写入数据。具体示例代码如下。

```
public static void copy_FileStreams(File source,File dest) throws IOException{
    FileInputStream in = null;
    FileOutputStream out = null;

    in = new FileInputStream(source);
    out = new FileOutputStream(dest);

    byte data[] = new byte[1024];
    int len = 0;
    while((len = in.read(data)) != -1){
        out.write(data, 0, len);
    }

    in.close();
    out.close();
```

2. 使用 FileChannel 复制

在 Java 的 I/O 中提供了一个与 Channel 相关的类，使用其提供的 transferFrom()方法可以快速地复制文件。具体示例代码如下。

```
public static void copy_FileChannels(File source,File dest) throws IOException{
    FileChannel in = null;
    FileChannel out = null;
```

```
        in = new FileInputStream(source).getChannel();
        out = new FileOutputStream(dest).getChannel();
        out.transferFrom(in, 0, in.size());
        in.close();
        out.close();
    }
```

3. 使用 Files 类

Java 1.7 中提供了一个 Files 类，通过该类中的 copy()方法可进行文件复制，具体示例代码如下。

```
public static void copy_Files(File source,File dest) throws IOException{
        Files.copy(source.toPath(), dest.toPath());
    }
```

如下示例程序将利用上述 3 种方法复制文件，顺便测试这三者在复制大文件时的效率。

源文件：CopyFiles.java。具体示例代码如下。

```
public class CopyFiles {

    //目标文件为视频文件
    static String path = "f:/java_test/life.avi";
    static String newpath1 = "f:/java_test/copy1.avi";
    static String newpath2 = "f:/java_test/copy2.avi";
    static String newpath3 = "f:/java_test/copy3.avi";

    public static void main(String[] args) throws IOException {

        File source = new File(path);
        File dest1 = new File(newpath1);
        File dest2 = new File(newpath2);
        File dest3 = new File(newpath3);
        //保存复制开始、结束的系统时间，计算时间差，获取复制所耗的时间
        long start = 0;
        long end = 0;

        start = System.currentTimeMillis();
        copy_FileStreams(source, dest1);
        end = System.currentTimeMillis();
        System.out.println("copy_FileStreams:"+(end – start));

        start = System.currentTimeMillis();
        copy_FileChannels(source, dest2);
        end = System.currentTimeMillis();
        System.out.println("copy_FileChannels:"+(end – start));

        start = System.currentTimeMillis();
        copy_Files(source, dest3);
        end = System.currentTimeMillis();
        System.out.println("copy_Files:"+(end – start));
    }

    public static void copy_FileStreams(File source,File dest) throws IOException{
        FileInputStream in = null;
        FileOutputStream out = null;

        in = new FileInputStream(source);
```

```
        out = new FileOutputStream(dest);

        byte data[] = new byte[1024];
        int len = 0;
        while((len = in.read(data)) != −1){
            out.write(data, 0, len);
        }

        in.close();
        out.close();
    }

    public static void copy_FileChannels(File source, File dest) throws IOException{
        FileChannel in = null;
        FileChannel out = null;

        in = new FileInputStream(source).getChannel();
        out = new FileOutputStream(dest).getChannel();

        out.transferFrom(in, 0, in.size());
        in.close();
        out.close();
    }

    public static void copy_Files(File source, File dest) throws IOException{
        Files.copy(source.toPath(), dest.toPath());
    }
}
```

运行程序后将输出如下信息，可以看出，使用 FileChannel 复制大文件效率最高，所以处理大文件时 FileChannel 是不错的选择。对于小文件的操作留给读者自己去测试。

```
copy_FileStreams: 2029
copy_FileChannels: 141
copy_Files: 192
```

13.6 本章小结

本章简单介绍了 Java 的 I/O 系统的基本概念及一些基本的操作，对各个类的方法的介绍也只是最基本和最常用的，其他内容和细节并未陈述，这些内容需要读者在日后的学习和实际工作中进一步探究。

课后练习题

一、选择题

1. 请问如下（　　）类是 FileOutStream 类的正确构造方法形式。

A. FileOutStream(FileDescriptor fd)

B. FileOutStream(String path, boolean b)

C. FileOutStream(boolean b)

D. FileOutStream()

E. FileOutStream(File file)

2. 请问下列（　　）是定义在 java.io 包中的抽象类。

A. InputStream   B. OutputStream

C. PrintStream   D. Reader

E. FileInputStream   F. FileWriter

3. 请问下列（　　）描述是正确的。

A. InputStream 和 OutputStream 是基于字节流的

B. Reader 和 Writer 是基于字符流的

C. ObjectInputStream 和 ObjectOutputStream 是不支持序列化对象的

D. Reader 和 Writer 是支持对象序列化的

E. 以上说法都不对

二、编程题

1. 编写一个文件功能类 FileFunction，有如下方法。

（1）public static void copyFile(String fromFileName, String toFileName) throws FileException: 功能将原文件复制到目标文件中，如果原文件不存在，抛出 FileException 异常。

（2）public static boolean isFileExist(String fileName)：判断文件是否存在。

（3）public static void deleteFile(String name) throws FileException: 删除文件方法。

2. 编写一个文本分析类 TextProcessor，有如下方法。

（1）public int getWordNum(String fileName) throws FileException: 统计一个含有英文单词的文本文件的单词个数。

（2）public void getWordNumFile(String formfileName, String word)　throws Exception: 统计指定的文件中含有指定单词的个数。

第14章

网络编程

■ 本章介绍计算机网络基础知识，包括
TCP/IP 和 IP 地址、网络掩码和端口号的
原理；讲解 Java 中的 InetAddress 类和
URL 类；介绍使用 ServerSocket 类和
Socket 类实现 TCP/IP 的客户端（Client）
和服务器端（Server）的交互的方法。

14.1　网络基础

14.1.1　网络类型

计算机网络按照不同的分类方式来划分，可以分为如下所述不同的类型。

- 按照网络规模和地理位置可以简单地划分为局域网（LAN）、城域网（MAN）和广域网（WAN）。
- 按照网络拓扑结构可以分为星形网络、总线型网络、环形网络、树形网络、星形环线网络等。所谓网络的拓扑结构，是指网络中各个结点相互连接的方法和形式。
- 按照传输介质来划分，分为有线网、光纤网和无线网。
- 按照通信方式划分为点对点传输网络和广播式传输网络。

另外，还有很多其他分类方式，如按服务方式分类、按网络使用目的分类等。

14.1.2　网络工作模式

从互联网应用系统的工作模式角度看，互联网应用可以分为客户端/服务器（Client/Server，C/S）模式与对等（Peer to Peer，P2P）模式两类。

1. C/S 模式

C/S 模式的主要目的是通过将任务合理分配到客户端和服务器端，降低系统的通信开销，可以充分利用两端硬件环境的优势。其中一台或几台较大的计算机集中进行共享数据库的管理和存取，称为服务器，而将其他应用处理工作分散到网络中的其他计算机上去做，构成分布式的处理系统。

当前银行的柜台应用系统就是这种类型的典型应用案例：银行账户的信息（账号、余额等信息）都在银行的数据库中，在柜台的客户端可以进行一些基本运算，结果将返回给服务器。也就是说，客户端的机器分担了一部分的运算处理功能。

2. 对等模式

在对等模式网络结构中没有专用的服务器，每一个工作站既可以作为客户端，也可以作为服务器。也就是说，没有固定的服务器，每个端点是平等的，交互是直接的，这也是它被称为 Peer to Peer 的原因。同时，这样的结构可以互相通信和共享资源（文件、外设等）。

14.1.3　网络通信结构

为了使网络中的两个结点之间能进行对话和信息交换，就必须在它们之间建立通信工具，即接口。接口包括两部分：硬件装置实现结点之间的信息传送；软件装置规定双方进行通信的约定协议。

1978 年，国际标准化组织（International Standard Organization，ISO）为网络通信结构制定了一个标准模式，称为开放系统互联（Open System Interconnect，OSI）参考模型体系结构。OSI 标准定制过程中所采用的是化整体为部分的划分方法，将整个庞大而复杂的问题划分为若干个容易处理的小问题，也就是分层的体系结构方法。该结构共分 7 层，从低到高分别是物理层、数据链路层、网络层、传输层、会话层、表示层和应用层。

- 物理层：处于底层，是网络硬件设备之间的接口。
- 数据链路层：在网络实体之间建立、维持和释放数据链路连接，以及传输数据链路服务数据单元。

- 网络层：通过网络连接交换网络服务数据单元。
- 传输层：在系统之间提供可靠的、透明的数据传送，提供端到端的错误恢复和流控制。
- 会话层：提供两个进程间的连接管理功能。
- 表示层：处理被传输数据的表示问题，完成数据转换、格式化和文本压缩。
- 应用层：是直接面对用户的一层，提供 OSI 用户服务。

使用这种网络分层方法，主要基于以下考虑：

- 网络结构化，层与层之间相对独立；
- 有利于促进标准化，这是因为每层的功能和提供的服务都已经有了精确的说明；
- 灵活性好，是指只要接口不变就不会因层的变化（甚至是取消该层）而变化。

14.2　网络通信协议

网络通信协议是为连接不同操作系统和不同硬件体系结构的互联网提供的通信支持，对速率、代码传输、代码结构、传输控制步骤、出错控制等制定标准，是一种网络通用语言。网络通信协议有如下所述 3 个关键部分。

- 语法（Syntax）：包括数据格式、数据编码及信号等。
- 语义（Semantics）：包括用于协调和差错处理的控制信息。
- 定时（Timing）：包括传输速率和数据排序等。

14.2.1　知识准备：TCP

TCP（Transmission Control Protocol，传输控制协议）是应用于运输层的传输控制协议。TCP 被称为可靠的端对端协议，这是因为它对两台计算机之间的连接起了重要作用：当一台计算机需要与另一台远程计算机连接时，TCP 会让它们建立一个连接，在两台计算机之间进行面向连接的传输。TCP 利用重发技术和拥塞控制机制，向应用程序提供可靠的通信连接，使它能够自动适应网上的各种变化。TCP 重发一切没有收到的数据，进行数据内容准确性检查，并保证分组的正确顺序，使传输具有高可靠性，确保传输数据的正确性，不出现丢失或乱序。因此，即使在 Internet 暂时出现堵塞的情况下，TCP 也能够保证通信的可靠性。

14.2.2　知识准备：IP

IP（Internet Protocol，网络协议）是应用于网络层的网络之间互联的协议，是 TCP/IP 组件中的关键部分。Internet 上的所有数据通过 IP 包的方式传输。IP 提供了能适应各种各样网络硬件的灵活性，对底层网络硬件几乎没有任何要求，任何一个网络只要可以从一个地点向另一个地点传送二进制数据，就可以使用 IP 加入 Internet。

如果希望在 Internet 上进行交流和通信，则每台联上 Internet 的计算机都必须遵守 IP。为此使用 Internet 的每台计算机都必须运行 IP 软件，以便时刻准备发送或接收信息。网络中的计算机通过安装 IP 软件，使许许多多局域网络构成一个庞大而又严密的通信系统，从而使 Internet 看起来好像是真实存在的，但实际上它是一种并不存在的虚拟网络，只不过是利用 IP 把全世界的所有愿意接入 Internet 的计算机局域网络连接起来，使得它们彼此之间都能够通信。

与 TCP 相反，IP 是一个无连接、不可靠的协议。在向另一台主机传输数据之前，它不交换控制信息，数据包只传送到目的主机，并且假设能够被正确地处理。由于 IP 并不重传已丢失的数据包或者监测受损害的数据，所以 IP 是不可靠的。这种功能需要通过 TCP 来实现。

14.2.3　知识准备：TCP/IP

TCP/IP（Transmission Control Protocol/Internet Protocol，传输控制协议/因特网互联协议），又叫网络通信协议，这个协议是 Internet 最基本的协议，是 Internet 国际互联网络的基础，简单地说，就是由网络层的 IP 和传输层的 TCP 组成的。

IP 只保证计算机能发送和接收分组数据，而 TCP 则可提供一个可靠的、可控的信息流传输服务。因此，虽然 IP 和 TCP 这两个协议的功能不尽相同，也可以分开单独使用，但它们是在同一时期作为一个协议来设计的，并且在功能上也是互补的，只有两者结合，才能保证 Internet 在复杂的环境下正常运行。凡是要连接到 Internet 的计算机，都必须同时安装和使用这两个协议，因此在实际中常把这两个协议统称为 TCP/IP。TCP/IP 使 Internet 尽可能成为一个分散、无序的网络。TCP/IP 最早出现在 UNIX 系统中，现在几乎所有厂商和操作系统都已经支持它。

TCP/IP 通常被看成一个 4 层模型，包括应用层、传输层、网络层和链路层。它和 OSI 参考模型的 7 层之间的对应关系如表 14-1 所示。

表 14-1　TCP/IP 4 层模型和 OSI 参考模型之间的对应关系

TCP/IP	OSI
应用层	应用层 表示层 会话层
主机到主机层（TCP） （又称传输层）	传输层
网络层（IP）	网络层
网络接口层（又称链路层）	数据链路层 物理层

TCP 对应 OSI 模型的传输层，而 IP 对应到 OSI 模型的网络层。

位于 TCP/IP 各个层的数据通常需要用一个公共的机制来封装：定义描述元信息和数据报的部分真实信息的报头的协议，这些元信息可以是数据源、目的地和其他附加属性。来自于高层的协议封装在较低层的数据包中，当信息在不同层之间传递时，都会在每一层重新构建一次。

14.2.4　知识准备：IP 地址

Internet 中有成千上万的计算机在进行通信，那么，计算机和计算机之间进行通信的时候，如何互相找到呢？

假设你需要给你在 A 市的朋友写一封信，你会如何做呢？

首先，你会写一封信；然后将这封信放入信封，并在信封上写上对方的地址，比如 A 市××区××街道××号×××收；最后投入邮筒。邮递员就会根据信封上的地址准确地将信投递到指定的地址。

将需要从 A 机器发送到 B 机器的数据看成是信的内容，那么，机器在发送数据包的时候也必须知道对方的地址。在网络中，地址就是通过所谓的 IP 地址来标识的。也就是说，为了实现 Internet 上不同计算机之间的通信，每台计算机都必须有一个不与其他计算机重复的地址——IP 地址。

IP 地址是数字型的，按照 TCP/IP 规定，由 32 位（bit）二进制数表示。为了便于记忆，将它分隔成 4 段（segment），每段由 8 位二进制数组成，每段（8 位）之间用圆点（.）隔开。用点分开的各段可以表示的数值范围是 0～255。另外，为了方便人们使用，IP 地址经常被写成十进制数的形式，如 172.168.0.1。

为了保证 Internet 上每台计算机的 IP 地址的唯一性，用户需要向 InterNIC（Internet Network Information Center）组织申请 IP 地址。当然，国内用户可以向国内的互联网管理组织 CNNIC 申请。

1. 网络标识和主机标识

IP 地址由网络标识（Network ID）和主机标识（Host ID）组成，它们都包含在 32 位二进制数据中。

同一个物理网络上的所有主机都使用同一个网络标识，网络上的主机（包括网络上的工作站、服务器和路由器等）都有一个主机标识与其对应。Internet 委员会定义了 5 种 IP 地址类型，以适合不同容量的网络，即 A～E 类。其中 D 类、E 类为特殊用途，很少用到，所以本书不对此做详细的讲解，只对常用的 A、B、C 三类 IP 地址做讲解。

（1）A 类地址：用于大型网络。A 类地址中的最前面一段用来表示"网络 ID"，且最前面一段的 8 位二进制数中的第一位必须是"0"；其余 3 段表示"结点 ID"。A 类地址的表示范围为 0.0.0.0～126.255.255.255。

（2）B 类地址：用于中型网络。前两段用来表示"网络 ID"，且第一段的 8 位二进制数中的前两位必须是"10"。后两段用来表示"结点 ID"。B 类地址的表示范围为 128.0.0.0～191.255.255.255。

（3）C 类地址：用于小型网络，如局域网。在 C 类地址中，前三段表示"网络 ID"，且第一段的 8 位二进制数中的前三位必须是"110"。最后一段用来表示"结点 ID"。C 类地址的表示范围为 192.0.0.0～223.255.255.255。

2. 子网掩码（mask）

和 IP 地址一样，子网掩码也是一个 32 位的地址。它是一种用来指明一个 IP 地址的哪些位标识的是主机所在的子网及哪些位标识的是主机的位掩码。其中网络地址部分的对应位设置为 1，主机地址部分的对应位设置为 0。

一般来说，指定子网掩码可以简单地按照如下规则。

A 类网络掩码：255.0.0.0。

B 类网络掩码：255.255.0.0。

C 类网络掩码：255.255.255.0。

14.2.5 端口

计算机的端口（Port）是计算机与外界交流的出入口。它包含硬件和软件两方面的含义。硬件意义上的端口常称为接口，比如 USB 端口（接口）等；而软件意义上的端口一般指网络中面向连接服务和无连接服务的通信协议端口，是一种抽象的软件结构，包括一些数据结构和 I/O（基本输入/输出）缓冲区。一般所说的是软件意义上的含义。下面所论及的端口（Port）都是软件意义上的端口，并且本书中只论述 TCP/IP 端口。

如果说 IP 地址相当于现实生活中的门牌号，那么，端口（Port）号就相当于该门牌对应的房子的各个房间号。

端口号的取值范围为 0～65535，通常将它分为如下所述 3 类。

（1）公认端口（Well Known Ports）：取值范围为 0～1023，它们紧密绑定（Binding）一些服务。

通常这些端口的通信明确表明了某种服务的协议，例如 80 端口实际上总是用于 HTTP 服务，21 端口用于 FTP 服务等。

（2）注册端口（Registered Ports）：取值范围为 1024～49151，它们松散地绑定一些服务。也就是说，有许多服务绑定于这些端口，这些端口同样用于许多其他目的，例如许多系统处理动态端口都从 1024 左右开始。

（3）动态和/或私有端口（Dynamic and/or Private Ports）：取值范围为 49152～65535。理论上，不应为服务分配这些端口，实际上，通常从 1024 起分配动态端口。

在使用这些端口的时候，一般需要遵循如下准则。

（1）低于 255：用于公共应用。

（2）从 255～1023：分配给公司，用于商业应用。

（3）高于 1023：没有限制。

所以，通常如果是自己建立的应用，都使用高于 1023 的端口号。

表 14-2 列出了一些常见的服务及它们默认情况下所占用的端口号，注意在建立自己的网络服务时，不要和这些常用的默认端口号重叠。

表 14-2　常见服务和对应端口号

端口（Port）	服务（Service）
7	Echo 服务
21	FTP
23	Telnet
25	SMTP
79	Finger
80	HTTP

14.2.6　任务一：通过 Java 编程获得 IP 地址

1. 任务描述

通常，当处理网络协议时，需要知道远程主机的 IP 地址。一般而言，可以通过在命令行中输入"ping <hostname>"的方式来获得指定主机名称 hostname 对应的 IP 地址。在 Java 中，有一个类专门用于代表一个 IP 地址，即 InetAddress。这里尝试用 InetAddress 类获得本地机器的 IP 地址。

通过 Java 编程获得 IP 地址

2. 技能要点

InetAddress 类的使用。

3. 任务实现过程

（1）了解 InetAddress 类的定义和用法。

InetAddress 在 java.net 包中，它没有任何构造器，可以通过如下所述自身的静态方法来得到 InetAddress 类的实例。

static InetAddress getByName(String hostname)：返回与指定主机名称 hostname 对应的 IP 地

址，如果参数为 null，则返回本地机器的地址。

static InetAddress[] getAllByName(String hostname)：返回与指定主机名称 hostname 对应的 IP 地址数组，这种情况适用于主机有几个网卡的情况。

static InetAddress getLocalHost()：返回本地机器的 IP 地址。

（2）编写程序：输入一个主机名称，返回它对应的 IP 地址。

源文件：Ping.java。具体示例代码如下。

```java
import java.net.*;

public class Ping {
  public static void main(String args[]) throws Exception {
      InetAddress ia;
      //如果没有输入机器名，则ping本地机器
      if (args.length < 1) {
          ia = InetAddress.getLocalHost();
      } else {
          ia = InetAddress.getByName(args[0]);
      }
      System.out.println(ia);
  }
}
```

（3）将这个程序编译，然后用类似命令运行，ping 华清远见主页：java Ping www.farsight.com.cn。可以得到图 14-1 所示的结果。

图 14-1 执行 Ping 程序后的结果

如果在执行这个程序的时候不输入参数，则这个程序将会执行 InetAddress 类的静态方法 getLocalHost()，返回本地机器对应的 IP 地址；否则将执行 InetAddress 的 getByName()方法，并将输入的参数当作此方法的参数，返回对应主机的 IP 地址。

14.3 Socket 套接字

Socket 套接字是指向基于网络的另一个应用程序的通信链的引用。应用程序通常通过套接字向网络发出请求或者应答网络请求。Socket 大致位于 OSI 参考模型的会话层（Session Layer），而会话层负责控制和管理两台计算机之间的数据流交换。作为会话层的一部分，Socket 隐藏了数据流传输中的复杂性。这就像人们打电话一样，先拿起电话，然后拨号给对方，和对方交流的时候，声音会被转换成数字信号传输，在电话的另一端再还原成声音。对于人们来说，人们不用去知道声音是如何传递的，只需要和电话听筒/话筒打交道。而 Socket，就是计算机进行数据交换的一个"接口"，简而言之，一台计算机和另一台计算机进行对话的 Socket 将会建立一个"连接通道"，使用这个通道可以在计算机之间交换数据。

14.4 Java Socket 编程

Java Socket 编程

Java 中与 Socket 编程相关的类如下。

import java.io.*和import java.net.*,

Java 中提供了两类 TCP Socket，如下。

java.net.Serversocket（服务器端）和java.net.socket（客户端）

14.4.1 ServerSocket

要建立一个Socket通信应用,首先需要建立一个服务器端的应用。在Java中,有一个ServerSocket类专门用于建立服务器端的 Socket 应用,并不主动建立连接,而只是打开一个端口等待客户端的连接。

1. ServerSocket 构造器

ServerSocket()：用于建立一个 Socket，未绑定端口。

ServerSocket(int port)：用指定的端口 port 来创建一个侦听 Socket。

ServerSocket(int port,int backlog)：加上一个用来改变连接队列长度的参数 backlog。

ServerSocket(int port,int backlog,InetAddress localAddr)：在机器存在多个 IP 地址的情况下,允许通过 localAddr 参数来指定侦听的 IP 地址。

2. ServerSocket 的方法

Socket accept() throws IOException：用于接收一个客户端的连接。如果有客户端连接到 ServerSocket 所创建的侦听端口,则返回一个 Socket 实例,否则将一直等待。

void close() throws IOException：关闭 Socket 连接。

Public SetSoTimeout(int timeout) throws IOException：设置最大监听时间。

14.4.2 Socket 类

1. Socket 类常用构造器

Socket()：建立一个没有连接的 Socket。

Socket(InetAddress address,int port)：建立一个指定主机IP 地址 address、端口 port 上的 Socket 连接。

Socket(String host,int port)：建立一个指定主机名称 host、端口 port 上的 Socket 连接。

2. Socket 常用方法

getInputStream()：得到一个 InputStream 流,可以像使用任何其他数据流一样使用该对象。

getOutputStream()：得到一个 OutputStream 流。

Socket 通过 getInputStream()和 getOutputStream()来读写数据。一般情况下, 将 ServerSocket 的 OutputStream 当作（发送给）客户端 Socket 的 InputStream,而将客户端的 OutputStream 当作（发送给）服务器端 Socket 的 InputStream。

14.4.3 Socket 通信过程

（1）服务器建立监听进程，监听每个端口是否要求进行通信。

（2）客户端创建一个 Socket 对象，向服务器端发送连接请求。

（3）服务器监听到客户端的连接请求，创建一个 Socket，与客户端进行通信。

（4）建立接收和发送两个缓存区，并打开 Socket 及其输入/输出流。

（5）根据协议读/写 Socket 内容。

（6）通信结束后关闭 Socket。

14.4.4 任务二：Socket 通信实例

1. 任务描述

分别编写 Socket 服务器端和客户端程序，并实现通信。客户端发送一个输出流，服务器端接收输出流，打印在控制台。

2. 技能要点

- Socket 通信过程。
- 编写 Socket 通信客户端与服务器端程序。
- Socket 和 ServerSocket 类的常用方法和异常捕获的方法。

3. 任务实现过程

（1）首先编写一个基本的 Socket 通信的服务器端程序，示例如下。

源文件：Server.java。以下是具体示例代码。

```java
import java.io.*;
import java.net.*;

public class Server {
 public static void main(String args[]) {
     ServerSocket server;
     try {
         server = new ServerSocket(1234);
         Socket sk = server.accept();

         BufferedReader br = new BufferedReader(
new InputStreamReader(sk.getInputStream()));
         System.out.println(br.readLine());
         br.close();
         server.close();
     } catch (IOException e) {
         System.out.println(e);
     }
 }
}
```

这个程序通过如下代码建立了一个 ServerSocket 对象。

```java
server = new ServerSocket(1234);
```

建立的"服务器"用于监听本地主机的 1234 端口，然后调用 ServerSocket 对象上的 accept()方法来接收客户端的连接，如果没有客户端连接过来，则服务器将一直堵塞。这个方法返回一个 Socket 对象，如下。

```
Socket sk = server.accept();
```

得到 Socket 对象后，就可以使用 Socket 对象的 getInputStream()方法来从客户端得到一个输入流 InputStream，然后，为了方便处理客户端得到的数据流（假设客户端传递过来的只是简单的字符串），将它封装成 InputStreamReader 对象，最后将它封装成 BufferedReader 对象。这样，就可以利用 BufferedReader 对象的 readLine()方法以行为单位读取客户端发送的内容了。取得客户端发送过来的信息后，就可以方便地对它进行处理，比如在这个程序中，只是简单地将它打印到控制台，代码如下。

```
System.out.println(br.readLine());
```

最后将 BufferedReader 流和 Socket 连接关闭，这一步一定不要忘记做。

另外，因为建立 Socket 连接及对 InputStream 等流进行处理的时候可能会发生异常，因此，需要对这些异常进行处理。在这个程序中，只是简单地在捕获异常后将异常打印到控制台。

（2）编写一个 Socket 通信的客户端程序。

源文件：Client.java。具体示例代码如下。

```java
import java.io.*;
import java.net.*;

public class Client {
  public static void main(String args[]) {
      Socket client;
      PrintStream ps;
      try {
          client = new Socket("localhost", 1234);
          System.out.println("连接成功");
          ps = new PrintStream(client.getOutputStream());
          ps.println("Hello! Android! ");
          ps.close();
          client.close();
      } catch (IOException e) {
          System.out.println(e);
      }
  }
}
```

这个程序首先建立一个到服务器端的连接（在 Socket 构造器中指明目的机器和端口）："client = new Socket("localhost",1234);"。这个地方需要指定两个参数，前面一个参数是待连接的主机名称，后面一个参数用于指明连接到这台机器的哪个端口。这里的主机名一定要写正确，并且端口号需要和前面建立的服务器中的端口一致。

然后，通过 Socket 对象的 getOutputStream()方法得到一个输出流 OutputStream 对象。为了方便地输出字符串，将它包装成 PrintStream 对象，最后调用 PrintStream 对象的 println()方法向服务器端发送一个字符串。

在程序的最后，也要记得关闭 Socket 连接和相应的输出流，语法如下。

```
ps.close();
client.close();
```

（3）编译上述两个程序，先执行 Server，可以看到 Server 处于等待状态，它正在等待客户端的连接，如图 14-2 所示；再在另一个命令行窗口执行 Client，它将向服务器发送一个字符串"Hello! Android!"，如图 14-3 所示。此时再返回查看服务器端的控制台，正常情况下，可以看到它已经得到了客户端的数据，并且将它打印到了控制台，结果如图 14-4 所示。

Server [Java Application]

图 14-2　处于等待中的
服务器端程序

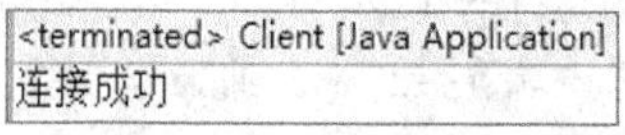

<terminated> Client [Java Application]
连接成功

图 14-3　客户端程序连接服务器
端程序后的状态

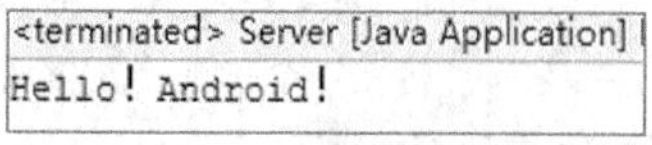

<terminated> Server [Java Application]
Hello！Android！

图 14-4　服务器程序连接
成功后的状态

上面这两个程序只是简单地实现了单向的发送（从客户端到服务器端），但实际上，服务器端也可以同时是客户端，而客户端也可以同时是服务器端，这样，这两个程序之间就可以互发信息了。

Java URL 类

14.5　Java URL 类

14.5.1　知识准备：URL 概念

URL（Uniform Resource Locator，统一资源定位器）表示 Internet 上某一资源的地址。URL 由协议名和资源名组成，如下。

protocol:resourceName

例如：http://www.farsight.com.cn，http://www.tsinghua.edu.cn。

14.5.2　知识准备：Java 中的 URL 类

1. 构造器

public URL(String spec)：建立表示指定字符串的 URL 对象，例如 URL u1 = new URL("http://www.farsight.com.cn/")。

public URL(URL context, String spec)：建立表示指定上下文及指定路径的 URL 对象，例如 URL u2 = new URL(u1, "welcome.html")。

public URL(String protocol, String host, String file)：建立指定协议、主机及文件所表示的 URL 对象，例如 URL u3 = new URL("http", "www.google.com", "developers/index.html")。

public URL (String protocol, String host, int port, String file)：建立指定协议、主机、端口以及文件所表示的 URL 对象，例如 URL u4 = new URL("http","www.google.com", 80, "developers/index.html")。

2. 常用方法

String getFile()：返回 URL 所指向的文件名。

String getHost()：返回 URL 所指向的主机名。

String getPath()：返回 URL 的路径部分。

int getPort()：返回 URL 的端口。

String getProtocol()：返回这个 URL 所使用的端口。

URLConnection openConnection()：返回一个通过 URL 指定的连接到远程主机的 URLConnection 对象。

InputStream openStream()：打开一个指向这个 URL 的连接，并且从连接返回一个 InputStream 用于读取。

14.5.3　知识拓展：URL 应用实例

具体示例代码如下。

```
…
    URL url2=null;
    URLConnection conn=null;
    String nextLine=null;
    StringTokenizer tokenizer=null;
    Collection urlCollection=new ArrayList();
    try    {
        url2=new URL(urlString);
        conn=url2.openConnection();
        conn.setDoOutput(true);
        conn.connect();
        BufferedReader Reader1
=new BufferedReader(
new InputStreamReader(conn.getInputStream()));
        while((nextLine=Reader1.readLine())!=null)    {
            tokenizer=new StringTokenizer(nextLine);
            while(tokenizer.hasMoreTokens()) {
                String urlToken=tokenizer.nextToken();
                if (hasMatch(urlToken))
                    urlCollection.add(trimURL(urlToken));
            }
        }
    }catch(…)
```

这个程序的作用是从指定的 URL 中搜索页面中的超链接。首先通过 java.net.URL 建立一个 URL 对象，然后利用这个对象上的 openConnection()方法得到一个 URLConnection 对象，再调用 URLConnection 对象上的 connect()方法连接到指定的远程资源；当连接到远程资源以后，就可以通过 URLConnection 对象上的 geInputStream()方法得到一个 InputStream 流，将这个流封装成 InputStreamReader 后再封装成 BufferedReader 对象，就可以通过 BufferedReader 对象的 readLine() 方法来一行行地得到这个 URL 指向的网页的内容，然后使用 StringTokenizer 来分析这个网页中的内容，将网页中的超链接提取出来。

通过如下命令可以执行这个程序。

java URLLinkExample <url，如http://www.sina.com.cn>

如果使用了代理服务器，请使用如下命令。

java　−Dhttp.proxyHost=<hostname|hostIP>　−Dhttp.proxyPort=<port>　URLLinkExam　ple　<url：http://www.sina.com.cn>

图 14-5 所示是执行 URLLinkExample 的结果。

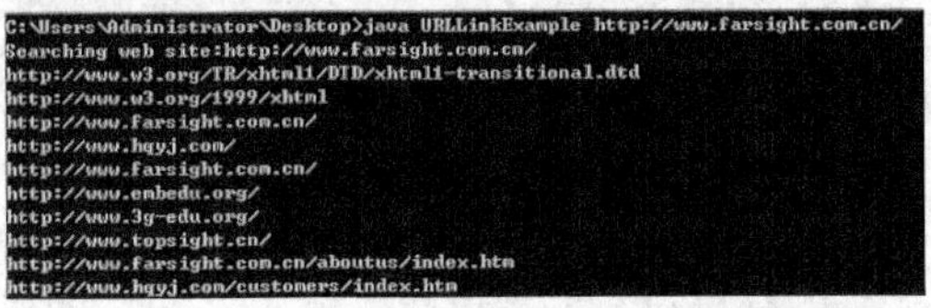

图 14-5　URLLinkExample 执行结果

这个程序中用到了 StringTokenizer 字符串标记类，它的作用是对指定的字符串进行语法分析

（parse）。它将一个指定的字符串按照指定的分隔字符分隔成不同的部分，分隔后得到的各部分字符串称为字符串标记（token）。StringTokenizer 类位于 java.util 包中，实现了 java.util.Enumeration 接口。

StringTokenizer 的构造器有如下 3 个。

- StringTokenizer(String str)：给指定的字符串 str 建立一个字符串标记。
- StringTokenizer(String str, String delim)：给指定的字符串 str 建立一个字符串标记，str 将按照指定的 delim 中的字符解析。
- StringTokenizer(String str, String delim, boolean returnDelims)：给指定的字符串 str 建立一个字符串标记，str 将按照指定的 delim 中的字符串解析，并且根据 returnDelims 的值决定是否将分隔字符也返回。如果为 true，则将分隔符也返回。在前面的两个构造器中，不会将分隔字符返回。

默认情况下，如果没有指定分隔字符，它将把空白字符、回车、Tab 键、换行当作分隔字符，前文示例 URLLinkExample 中使用的 StringTokenizer 就是如此。需要特别提醒读者注意的是，在 delim 中指定的字符串中，每一个字符都会被当作分隔符，而不是将整个字符串当作分隔符。

StringTokenizer 从 Enumeration 继承了一些方法，也自己定义了一些方法，常用的方法如下。

- int countTokens()：使用当前的分隔符得到的字符标记（token）数目。
- boolean hasMoreTokens()：是否还有可用的字符标记（token）。
- String nextToken()：按照当前的分隔符得到下一个字符标记（token）。
- String nextToken(String delim)：根据指定的 delim 返回下一个字符标记（token）。

源文件：SplitString.java。具体示例如下。

```
import java.util.StringTokenizer;

public class SplitString {
  public static void main(String[] args) {
        String src = "When you have no light to guide you"
                + " And no one to walk beside you" + " I will come to you";
        System.out.println("Source String: " + src);
        System.out.println("--------------------");
        StringTokenizer st = new StringTokenizer(src, "you");
        while (st.hasMoreTokens()) {
            System.out.println(st.nextToken());
        }
    }
}
```

这个程序中将指定的字符串 src 分隔，分隔字符为 you 中包含的 3 个字符：y、o 和 u。编译运行这个程序，将得到如下输出结果。

```
Source String: When you have no light to guide you And no one to walk beside you I will come to you
--------------------
When
 have n
 light t
 g
ide
 And n

ne t
 walk beside
```

I will c

me t

如果在构建 StringTokenizer 对象的时候使用第三个构造器，并且将 returnDelims 参数设置成 true，将得到如下输出。

Source String: When you have no light to guide you And no one to walk beside you I will come to you
_____

When

y

o

u

have n

o

light t

o

g

u

ide

y

o

u

And n

o

o

ne t

o

walk beside

y

o

u

I will c

o

me t

o

y

o

u

可以看出，分隔字符串中的各个字符也被当作字符标记（token）输出来了。

14.6 本章小结

网络编程是 Java 语言高级编程的一部分。通过本章的学习，读者可以掌握计算机网络基础知识，包括 TCP/IP、IP 地址及网络掩码，并且可以使用 Java.NET 中的 InetAddress 类实现类似 ping 的功能；读者需要掌握如何使用 java.net 包中的类实现网络通信，包括 Socket 通信方式，以及 URL 类的用法。

课后练习题

一、选择题

1. 202.111.123.3 属于（ ）类 IP 地址。

A. A 类地址   B. B 类地址   C. C 类地址   D. D 类地址

2. 用于 SMTP 服务的默认端口号是（ ）。

A. 25   B. 21   C. 80   D. 8080

3. 网络 Sockets 读写流继承自（ ）。

A. InputStream、OutputStream

B. StreamReaders、StreamWriters

C. Reader、Writer

D. Streams

4. Scoket 编程中要建立一个客户端到服务器（IP193.0.5.10，port 1234）的连接，正确的语句是（ ）。

A. Socket client=new Socket(1234 , "193.0.5.10");

B. Socket client=new Socket("193.0.5.10",1234);

C. ServerSocket client=new ServerSocket("193.0.5.10",1234);

D. Socket client=new ServerSocket(1234，" 193.0.5.10");

5. Internet 上的计算机在通信之前需要（ ）。

A. 使用 WWW 服务   B. 发送电子邮件

C. 指定一个 IP 地址   D. 建立主页

二、简答题

1. 简述 TCP/IP。

2. 简述 IP 地址的分类。

3. 简述什么是端口号，以及端口号的分类和使用规则。

三、编程题

使用 Socket 编写一个能多个人聊天的程序。

第15章

Android下的Java高效编程

■ 本章主要介绍 Android 下的 Java 编程与传统 Java 编程的一些区别，提出了 Android 下的 Java 编程在性能和功耗方面应该遵循的一些原则。这一章的很多观点都来自于官方的 Android 开发者指南。开发者指南里重点告诉我们的是应该怎么做，作为一个应用开发者这其实已经足够，如果要深层次地理解这些原则，还要关注一些 Android 底层的东西。

15.1　Android 下 Java 编程性能优化介绍

Android 下 Java 编程
性能优化介绍

使用 Android 平台的设备一般为移动设备，其运算能力、存储空间、电池容量都比较有限。所以对于 Android 应用程序来说，为保证运行顺畅，其必须是高效节能的。其中，电池续航能力是迫使人们必须优化程序的关键，因为 Android 设备的一般耗电量都比较大，即使应用程序运行已经很快，若耗电量巨大，用户迟早会发现这一点而抛弃该程序应用。要做到应用程序的优化，有以下两条基本的原则。

● 不要做不必要做的事情。
● 尽可能地节省内存的使用。

这一章介绍的所有优化方法都是基于这两个原则的。为什么这两条原则这么重要？因为 Android 应用程序的成败关键在于是否有好的用户体验，如果程序不顺畅或者响应时间很慢，那么这个应用程序必然不算成功。如果遵守这两点原则，那么应用程序在设备里就会相对顺畅。但是这是相对的，影响应用程序性能的因素还有很多，甚至包括设备上的其他应用程序。所以最好所有应用程序开发人员都遵守这两条原则，避免运行时应用程序的"撞车"。

这就是上面两条原则这么重要的原因。Android 的成功在于开发程序提供给用户体验，然而用户体验的好坏又决定代码是否能及时地响应，而不至于慢得让人崩溃。因为我们所有的程序都会在同一个设备上运行，所以我们需要把它们作为一个整体来考虑。这就像考驾照需要学习交通规则一样：如果所有人遵守，事情就会很流畅；但不遵守时，就会撞车。

虽然这两条原则和优化方法会对应用程序的优化起到一定作用，但是这无法成为应用程序成败的关键。选择高效、适合的算法和数据结构是程序的基础，是要在性能优化之前考虑的事情。如果希望自己的设备运行类似 Windows 中的 Android 虚拟机那样的占用大量内存的应用程序，那么在现在的硬件条件下，在正式进行优化之前，要说明的是，无论是对于虚拟机还是 Java 编译器，这些方法都是正确的。这些方法可归为两类，分别为提升性能的优化方法和编程中注意避免的事项，可以看作是 To Do 和 Not To Do。

15.2　提升性能的优化方法

15.2.1　使用本地方法

提升性能的优化方法

先举个例子，当处理字符串的时候，应尽量多地使用诸如 String.indexOf()、String.lastIndexOf()这种对象自身带有的方法。因为这些方法是使用 C/C++来实现的，比在一个 Java 循环中做同样的事情快 10 ~ 100 倍。但是使用本地方法并不是因为本地方法一定比 Java 高效，至少 Java 和 native 之间过渡的关联是有消耗的，而 JIT 并不能越过这个界限进行优化。当分配本地资源时（本地堆上的内存、文件说明符等），往往很难实时回收这些资源。同时也需要在各个结构中编译自己的代码，而非依赖 JIT。甚至需要针对相同的架构来编译出不同版本：针对 ARM 处理器的 GI 编译的本地代码，并不能充分利用 Nexus One 上的 ARM，而针对 Nexus One 上 ARM 编译的本地代码不能在 GI 的 ARM 上运行。当存在有用户想部署到 Android 上的本地代码库时，本地代码显得尤为有用，但这并非为了 Java 应用程序的提速。

15.2.2　使用虚方法优于使用接口

如果想创建一个 HashMap 对象，可以声明它为 HashMap 类型或者向上转型为 Map 类型，那么使用如下语句中的哪一种更好呢？

```
Map myMap1 = new HashMap();
HashMap myMap2 = new HashMap();
```

可能大家根据 Java 的编程经验会觉得使用 Map 更好，因为它允许实现 Map 接口上的任何方法。但是这种观点适用于常规的编程，而非嵌入式系统。因为相对于具体的引用虚拟方法进行调用，通过引用接口的调用会耗费两倍以上的时间。

15.2.3　使用静态代替虚拟

如果方法不需要访问外部对象，那么应将方法声明为静态方法。静态方法的调用会比非静态方法快 15%～20%，因为它不需要设置虚拟方法导向表。这是一个很好的性能提升途径，同时，通过这种做法，也可以知道调用该方法会不会改变此对象的状态。

15.2.4　缓冲对象属性调用

首先阅读如下这两行代码。

```
for (int i = 0; i < this.mCount; i++)
    dumpItem(this.mItems[i]);
```

这样的代码性能是很低的。因为在 for 循环中，每次都要访问对象属性，这要比访问本地变量慢很多，可以进行如下的优化，先将对象属性赋予本地变量，在 for 循环中调用本地变量。

```
int count = this.mCount;
Item[] items = this.mItems;

for (int i = 0; i < count; i++)
    dumpItems(items[i]);
```

所以这里总结出一个原则，即在调用对象属性时进行缓冲。举个例子说，就是不要在一个 for 语句中第二次调用同一个类的方法。例如如下示例代码就会多次执行 getCount() 方法，这会造成程序运行速度极慢，应该把它隐藏于一个 int 变量中，这就是属性的缓冲。

```
for (int i = 0; i < this.getCount(); i++)
    dumpItems(this.getItem(i));
```

当需要不止一次调用某个对象实例时，可先将这个实例本地化，把实例中某些需要用到的属性和值赋给本地变量，例如如下示例。

```
protected void drawHorizontalScrollBar(Canvas canvas, int width, int height) {
    if (isHorizontalScrollBarEnabled()) {
        int size = mScrollBar.getSize(false);
        if (size <= 0) {
            size = mScrollBarSize;
        }
        mScrollBar.setBounds(0, height- size, width, height);
        mScrollBar.setParams(
        computeHorizontalScrollRange(),
        computeHorizontalScrollOffset(),
        computeHorizontalScrollExtent(), false );
        mScrollBar.draw(canvas);
```

```
        }
    }
```

这段程序中 4 次调用了 mScrollBar 的属性，所以应该先把 mScrollBar 缓冲到一个堆栈变量之中，这时再运行程序就变成了 4 次访问堆栈，效率会提升很多。另外，对于方法的调用，同样也可以像本地变量一样具有此特点。

15.2.5 声明 final 常量

例如如下示例是某个类内部的变量声明。

```
static int intVal = 42;
static String strVal = "Hello, world!";
```

变量的生成过程：当第一次使用一个类时，编译器会调用一个类初始化方法——clinit，这个方法将值 42 赋予变量 intVal，并得到类字符串常量 strVal 的引用。当这些值在后面被引用时，通过字段查找进行访问。

用 "final" 关键字来优化，上述示例代码如下。

```
static final int intVal = 42;
static final String strVal = "Hello, world!";
```

这个类第一次运行生成变量时，不会调用 clinit 方法，因为这些常量直接写入了类文件静态属性初始化中，这个初始化直接由虚拟机来处理。代码访问 intVal 将会使用 Integer 类型的 42，访问 strVal 将使用相对节省的 "字符串常量" 来替代一个属性调用。这仅针对基本数据类型和 String 类型常量的优化，而非任意的引用类型。但尽可能地将常量声明为 static final 类型是一种好的做法。实际上将一个类或者方法声明为 "final" 并不会带来任何执行上的好处，但是它能够进行一定的最优化处理。例如，如果编译器知道一个 get() 方法不能被子类重载，那么它就把该函数设置成 inline。

15.2.6 考虑用包访问权限替代私有访问权限

以如下类定义为例。

源文件：Foo.java。具体代码如下。

```
public class Foo {
    private int mValue;

    public void run() {
        Inner in = new Inner();
        mValue = 27;
        in.stuff();
    }

    private void doStuff(int value) {
        System.out.println("Value is " + value);
    }

    private class Inner {
        void stuff() {
            Foo.this.doStuff(Foo.this.mValue);
        }
    }
}
```

这里要注意的是定义了私有内部类（Foo$Inner），它直接访问外部类中的私有方法和私有变量。这是合法的调用，程序运行结果也会打印出预期的 Value is 27。

问题是 Foo$Inner 在理论上（后台运行上）应该是一个完全独立的类，它违规地调用了 Foo 的私有成员，虚拟机会认为这是非法的。为了弥补这个缺陷，编译器产生了一对合成的方法，如下。

```
/*package*/ static int Foo.access$100(Foo foo) {
    return foo.mValue;
}
/*package*/ static void Foo.access$200(Foo foo, int value) {
    foo.doStuff(value);
}
```

当内部类需要访问外部类的 mValue 和调用 doStuff 时，内部类就会调用这些静态的方法。但这时并不直接访问该类成员，而是通过公共的方法来访问。我们之前说过，直接访问比间接访问要快，这个例子说明，某些语言约定导致了不可见的性能问题。可以通过让拥有包空间的内部类直接声明需要访问的属性和方法来避免这个问题。

如果在高性能的 Hotspot 中使用这些代码，可以声明被内部类访问的字段和成员为包访问权限，而非私有。但是这意味着这些字段会被其他处于同一个包中的类访问，因此在公共 API 中不宜采用。

15.2.7　使用改进的 for 循环语法

改进的 for 循环也就是 for⋯each 循环，能够用于实现 Iterable 接口的集合类及数组。在集合类中，迭代器会促使接口访问 hasNext() 和 next() 方法，在 ArrayList 中，无论有没有 JIT，计数循环都比迭代快 3 倍。但其他集合类中，改进的 for 循环语法和迭代器具有相同的效率。

源文件：Foo.java。具体示例代码如下。

```
public class Foo {
    int mSplat;
    static Foo mArray[] = new Foo[27];

    public static void zero() {
        int sum = 0;
        for (int i = 0; i < mArray.length; i++) {
            sum += mArray[i].mSplat;
        }
    }

    public static void one() {
        int sum = 0;
        Foo[] localArray = mArray;
        int len = localArray.length;

        for (int i = 0; i < len; i++) {
            sum += localArray[i].mSplat;
        }
    }

    public static void two() {
        int sum = 0;
        for (Foo a: mArray) {
            sum += a.mSplat;
        }
    }
}
```

- zero() 是方法中运行最慢的，因为对于这个遍历中的历次迭代，JIT 不能优化获取数组长度的开销。

- one()稍快一些，因为将所有东西都放进局部变量中避免了查找代价。
- two()是在无 JIT 的设备上运行最快的，它采用了改进的 for 循环语句。但是对于有 JIT 的设备，则和 one()不分上下。所以是否选用改进的 for 循环语句，需要谨慎考虑。

15.3　编程中注意避免的事项

15.3.1　避免创建不必要的对象

编程中注意避免的事项

创建对象是有代价的，虽然通过多线程给临时对象分配一个地址池能降低分配开销，但分配内存往往需要比不分配内存付出更高的代价。

因此如果在用户界面内分配对象，需要一个强制性的内存回收机制，但是这会给用户体验带来停顿间隙。因此，应该尽可能避免创建不必要的对象，具体有如下几种情况。

- 当从原始的输入数据中提取字符串时，试着从原始字符串返回一个子字符串，而不是创建一个副本，可以创建一个新的字符串对象，它和原始数据共享数据空间。
- 如果有一个返回字符串的方法，应该知道无论如何，返回的结果都是 StringBuffer，需要改变函数定义和执行，让函数直接返回，而不是通过创建一个临时的对象。一个更激进的做法就是把一个多维数组分割成几个平行的一维数组。
- 一个 int 类型的数组比一个 Integer 类型的数组要好。同样的，两个 int 类型的数组比一个二维的(int,int)对象数组的效率要高得多。对于其他原始数据类型，这个原则同样适用。
- 如果需要实现存放数组(Foo,Bar)对象的容器，两个平行数组 Foo[]、Bar[]会优于一个(Foo,Bar)对象的数组。不过也有例外，就是当设计其他代码的接口 API 时，速度上会有一点损失。但是在代码里面应该尽可能地编写高效代码。
- 通常来说，尽可能避免创建短时临时对象，少的对象意味着低频率的垃圾回收，这会提高程序的用户体验质量。

15.3.2　避免使用内部的 Getters/Setters

在类似 C++的原生语言中，通常会使用 Getters(i=getCount())函数去代替直接访问属性字段（i=mCount）。这样做的目的是使编译器去内联这些访问。如果想约束这些访问，只需添加一些访问约束代码即可。

但是在 Android 编程中，这个想法就不实用了，因为虚方法的调用代价比直接读取字段要大得多。按照面向对象语言的通常做法，在外部调用时使用 Getters 和 Setters，但是在内部调用时直接调用字段。因为没有 JIT 时，直接访问字段比使用 Getter 方法快大约 3 倍；而有 JIT 时会快约 7 倍，所以避免使用内部的 Getters/Setters 是提高性能的一种方法。

15.3.3　避免使用枚举类型

在编程中，很多人会感到枚举类型很好用，但是使用它的代价却很大，在空间和速度方面都会有影响。例如如下示例。

```
public class Foo {
  public enum Shrubbery { GROUND, CRAWLING, HANGING }
}
```

上述枚举类型创建的 Shrubbery 会转换为一个约占用 900 字节的 Foo$Shrubbery.class 文件。第一次使用时，类进行初始化，要使用上面的调用方法去描述枚举类型的每一项。每一个对象都会分配自己的静态空间，被存储于一个名为 "$VALUE" 的静态数组中。这一系列的代码和数据仅仅是为了描述 3 个整数值，这个代价太大了。

当调用这个枚举类型的时候，会引起静态属性的调用，如果 GROUND 是一个静态的 final 变量，编译器会把它当作一个常数嵌套在代码里面，例如如下代码。

```
Shrubbery shrub = Shrubbery.GROUND;
```

枚举类型也有优势，那就是通过枚举类型可以得到更好的 API 和一些编译时间上的检查。因此，一种比较平衡的做法就是在公用 API 中使用枚举类型变量，当处理问题时尽量避免这样做。

在一些环境下面，通过 ordinal() 方法获取一个枚举变量的整数值是很有用的，例如如下代码。

```
for (int n = 0; n < list.size(); n++) {
  if (list.items[n].e == MyEnum.VAL_X)
    //代码块1
  else if (list.items[n].e == MyEnum.VAL_Y)
    //代码块 2
}
```

将如上代码优化，有可能在一些条件下获得更快的运行速度，代码如下。

```
int valX = MyEnum.VAL_X.ordinal();
int valY = MyEnum.VAL_Y.ordinal();
int count = list.size();
MyItem items = list.items();

for (int  n = 0; n < count; n++)
{
  int  valItem = items[n].e.ordinal();

  if (valItem == valX)
    //代码块 1
  else if (valItem == valY)
    //代码块 2
}
```

15.3.4　避免使用浮点类型

浮点类型是奔腾 CPU 发布之后的一个突出特点，比起单独使用整数，浮点数和整数结合使用会使程序运行更快。速度术语中，在现代硬件上，float 和 double 之间并没有不同。更广泛地讲，double 型数据占据的存储空间大约是 float 的两倍。在没有存储空间问题的桌面机器中，double 的优先级高于 float。但是，在 Android 设备中，这一点并不适用，因为在设备硬件的条件下，使用整数会比浮点数快两倍。另外，即使是整数，一些芯片也只有乘法而没有除法。在这些情况下，整数的除法和取模操作都是通过软件实现的。基于这些问题的存在，在 Android 编程中应尽量避免使用浮点型数据。

标准操作时间比较

15.4　标准操作的时间比较

所谓的性能提高是有据可循的，读者可以从表 15-1 中看到一些基本操作的大概时间，这些时间没有考虑 CPU 和时钟频率，所以并不是绝对的时间，在不同系统中会有所差别。从中可以看出不同操作所需时间的多少，例如创建一个成员变量的时间比创建一个本地变量的时间多 4 倍。

表 15-1　操作时间对比表

行　　为	关　　系
添加一个本地变量	1
添加一个成员变量	4
调用 String.length()	5
调用空的静态本地方法	5
调用空的静态方法	12
调用空的虚拟方法	12.5
调用空的接口方法	15
调用 HashMap 中的 Iterator:next()方法	165
调用 HashMap 中的 put()方法	600
用 XML 源填充一个 View	22000
填充一个包含一个 TextView 对象的 LinearLayout	25000
填充一个包含 6 个 View 对象的 LinearLayout	100000
填充一个包含 6 个 TextView 对象的 LinearLayout	135000
启动一个空的 Activity	3000000

编写嵌入式程序时，要时刻保持清晰的头脑，必须清楚程序的每一步在做什么，才能保证在硬件条件有限的情况下程序可以高效运行。依照上述原则和方法，开发人员可以有效地优化程序。当然优化程序的方法和因素还有很多，最重要的是要有优化程序和考虑应用程序性能的思想。

15.5　本章小结

本章针对 Android 设备平台的特点阐述了 Android 环境下 Java 编程性能优化的必要性，介绍了优化原则，从要做的事情和不要做的事情两个角度给出了优化的具体方法。相信读者通过此章学习可以建立起程序优化的意识，掌握基本的技巧。

课后练习题

简答题

1. 为什么在 Android 环境下 Java 编程要特别注意程序的效率？
2. 在 Android 环境下编程，提高效率都要注意什么？
3. 为什么在 Android 下进行 Java 编程要尽可能避免使用浮点类型？
4. 除了本章介绍的提高效率的方法外，你还有别的办法来提高 Android 程序的效率吗？